# "高等职业教育分析检验技术专业模块化系列教材"
# 编写委员会

**主 任**：李慧民

**副主任**：张 荣　王国民　马滕文

**编 委**（按拼音顺序排序）：

| | | | | | | |
|---|---|---|---|---|---|---|
| 曹春梅 | 陈本寿 | 陈 斌 | 陈国靖 | 陈洪敏 | 陈小亮 | 陈 渝 |
| 陈 源 | 池雨芮 | 崔振伟 | 邓冬莉 | 邓治宇 | 刁银军 | 段正富 |
| 高小丽 | 龚 锋 | 韩玉花 | 何小丽 | 何勇平 | 胡 婕 | 胡 莉 |
| 黄力武 | 黄一波 | 黄永东 | 季剑波 | 姜思维 | 江志勇 | 揭芳芳 |
| 黎 庆 | 李 芬 | 李慧民 | 李 乐 | 李岷轩 | 李启华 | 李希希 |
| 李 应 | 李珍义 | 廖权昌 | 林晓毅 | 刘利亚 | 刘筱琴 | 刘玉梅 |
| 龙晓虎 | 鲁 宁 | 路 蕴 | 罗 谧 | 马 健 | 马 双 | 马滕文 |
| 聂明靖 | 欧蜀云 | 欧永春 | 彭传友 | 彭华友 | 秦 源 | 冉柳霞 |
| 任莉萍 | 任章成 | 孙建华 | 谭建川 | 唐 君 | 唐淑贞 | 王 波 |
| 王 芳 | 王国民 | 王会强 | 王丽聪 | 王文斌 | 王晓刚 | 王 雨 |
| 韦莹莹 | 吴丽君 | 夏子乔 | 熊 凤 | 徐 溢 | 薛莉君 | 严 斌 |
| 杨 兵 | 杨静静 | 杨 沛 | 杨 迅 | 杨永杰 | 杨振宁 | 姚 远 |
| 易达成 | 易 莎 | 袁玉奎 | 曾祥燕 | 张华东 | 张进忠 | 张径舟 |
| 张 静 | 张 兰 | 张 雷 | 张 丽 | 张曼玲 | 张 荣 | 张潇丹 |
| 赵其燕 | 周柏丞 | 周卫平 | 朱明吉 | 左 磊 | | |

高等职业教育分析检验技术专业模块化系列教材

# 化工工艺基础

马 健 陈 源 主编

周卫平 主审

化学工业出版社

·北京·

## 内容简介

本书是高等职业教育分析检验技术专业模块化系列教材的一个分册，包括 7 个模块，32 个学习单元。本书着眼于职业院校分析检验专业群的职业岗位要求，以通俗易懂的方式介绍了化工工艺基础知识、常用化工机械与设备操作，以及无机化工、石油加工、有机化工、精细化工和高分子化工等方面的典型产品生产技术。在每个模块的学习单元后，都安排有适量的习题，方便读者学以致用、巩固提高。

本书既可作为职业院校分析检验技术专业教材，又可作为从事化工工艺相关工作在职人员的培训教材，还可供其他相关人员自学参考。

**图书在版编目（CIP）数据**

化工工艺基础 / 马健，陈源主编. —北京：化学工业出版社，2024.8
ISBN 978-7-122-44808-8

Ⅰ.①化… Ⅱ.①马…②陈… Ⅲ.①化工过程-生产工艺-高等职业教育-教材 Ⅳ.①TQ02

中国国家版本馆 CIP 数据核字（2024）第 111291 号

责任编辑：刘心怡　　　　加工编辑：崔婷婷
责任校对：刘 一　　　　装帧设计：关 飞

出版发行：化学工业出版社
（北京市东城区青年湖南街 13 号　邮政编码 100011）
印　　装：北京科印技术咨询服务有限公司数码印刷分部
787mm×1092mm　1/16　印张 13¾　字数 324 千字
2024 年 11 月北京第 1 版第 1 次印刷

购书咨询：010-64518888　　　售后服务：010-64518899
网　　址：http://www.cip.com.cn
凡购买本书，如有缺损质量问题，本社销售中心负责调换。

定　　价：39.80 元　　　　　　　　　　版权所有　违者必究

# 本书编写人员

主　编：马　健　重庆化工职业学院
　　　　陈　源　重庆化工职业学院

参　编：唐　君　重庆化工职业学院
　　　　唐淑贞　湖南化工职业技术学院
　　　　姜思维　重庆化工职业学院
　　　　杨振宁　重庆长风化学工业有限公司

主　审：周卫平　重庆渝化新材料有限责任公司

# 序

根据《关于推动现代职业教育高质量发展的意见》和《国家职业教育改革实施方案》文件精神，为做好"三教"改革和配套教材的开发，在中国化工教育协会的领导下，全国石油和化工职业教育教学指导委员会分析检验类专业委员会具体组织指导下，由重庆化工职业学院牵头，依据学院二十多年教育教学改革研究与实践，在改革课题"高职工业分析与检验专业实施 MES（模块）教学模式研究"和"高职工业分析与检验专业校企联合人才培养模式改革试点"研究基础上，为建设高水平分析检验专业群，组织编写了分析检验技术专业活页式模块化系列教材。

本系列教材为适应职业教育教学改革，科学技术发展的需要，采用国际劳工组织（ILO）开发的模块式技能培训教学模式，依据职业岗位需求标准、工作过程，以系统论、控制论和信息论为理论基础，坚持以技术技能为中心的课程改革，将"立德树人、课程思政"有机融合到教材中，将原有课程体系专业人才培养模式，改革为工学结合、校企合作的人才培养模式。

本系列教材分为 124 个模块、553 个学习单元，每个模块包含若干个学习单元，每个学习单元都有明确的"学习目标"和与其紧密对应的"进度检查"。"进度检查"题型多样、形式灵活。进度检查合格，本学习单元的学习目标即达到。对有技能训练的模块，都有该模块的技能考试内容及评分标准，考试合格，该模块学习任务完成，也就获得了一种或一项技能。分析检验检测专业群中的各专业，可以选择不同学习单元组合成为专业课部分教学内容。

根据课堂教学需要或岗位培训需要，可选择学习单元，进行教学内容设计与安排。每个学习单元旁的编号也便于教学内容按顺序安排，具有使用的灵活性。

本系列教材可作为高等职业院校分析检验专业群教材使用，也可作为各行业相关分析检验技术人员培训教材使用，还可供各行业、企事业单位从事分析检验和管理工作的有关人员自学或参考。

本系列教材在编写过程中得到中国化工教育协会、全国石油和化工职业教育教学指导委员会、化学工业出版社的帮助和指导，参加教材编写的教师、研究员、工程师、技师有 103 人，他们来自全国本科院校、职业院校、企事业单位、科研院所等 34 个单位，在此一并表示感谢。

张荣

2022 年 12 月

# 前言

本书是在中国化工教育协会领导下，全国石油和化工职业教育教学指导委员会高职工业分析与环境类专业委员会具体组织指导下，由重庆化工职业学院牵头，组织多所职业院校教师、企业工程技术人员和高级技师等编写而成。

本分册教材为《化工工艺基础》，由7个模块、32个学习单元组成。本书主要介绍了化工工艺基础知识、常用化工机械与设备操作，以及无机化工、石油加工、有机化工、精细化工和高分子化工等方面的部分典型产品生产技术。本教材学习单元前的学习目标明确学习要求及知识点；进度检查安排在每个学习单元后面，及时进行知识点的巩固；注重介绍我国传统技术及中华人民共和国成立后取得的成就及科技工作者的科学家精神和优良学风，有机融入党的二十大精神。本教材能够帮助学习者掌握化工工艺的基本知识，并将这些知识在实际工作中加以运用。

本书由马健、陈源任主编，周卫平主审。其中模块2、模块4、模块7由马健编写，模块3、模块5由陈源、唐君和唐淑贞编写，模块1、模块6由姜思维和杨振宁编写，全书由马健统稿。

本书在编写过程中参考和引用了相关文献资料和著作，在此一并表示感谢。由于编者水平和实际工作经验等方面的限制，书中难免有不妥之处，敬请读者和同行们批评指正。

编者

2023年10月

# 目录

## 模块 1 化工工艺基础知识　　1

　　学习单元 1-1　化工工艺基本概念　/ 1
　　学习单元 1-2　工业催化剂的使用　/ 7
　　学习单元 1-3　化工单元过程及操作的重要概念　/ 12

## 模块 2 常用化工机械与设备操作　　19

　　学习单元 2-1　化工机械与设备简介　/ 19
　　学习单元 2-2　管路设备及操作　/ 21
　　学习单元 2-3　物料输送设备及操作　/ 28
　　学习单元 2-4　传热设备及操作　/ 38
　　学习单元 2-5　化学反应设备及操作　/ 51
　　学习单元 2-6　分离设备及操作　/ 57
　　学习单元 2-7　单元仿真操作　/ 63

## 模块 3 无机化工产品生产技术　　70

　　学习单元 3-1　无机化工简介　/ 70
　　学习单元 3-2　硫酸生产技术　/ 76
　　学习单元 3-3　烧碱生产技术　/ 85
　　学习单元 3-4　合成氨生产技术　/ 91
　　学习单元 3-5　合成氨合成工序开停车　/ 101

## 模块 4 石油加工生产技术　　104

　　学习单元 4-1　石油及其组成　/ 104
　　学习单元 4-2　石油加工简介　/ 107
　　学习单元 4-3　石油炼制技术　/ 111

## 模块 5　有机化工产品生产技术　　121

　　学习单元 5-1　有机化工简介　/ 121
　　学习单元 5-2　乙烯生产技术　/ 130
　　学习单元 5-3　甲醇生产技术　/ 139
　　学习单元 5-4　甲醛生产技术　/ 150
　　学习单元 5-5　醋酸生产技术　/ 156
　　学习单元 5-6　甲醇合成装置开停车操作　/ 163

## 模块 6　精细化工产品生产技术　　165

　　学习单元 6-1　精细化工简介　/ 165
　　学习单元 6-2　涂料生产技术　/ 169
　　学习单元 6-3　农药生产技术　/ 176
　　学习单元 6-4　表面活性剂生产技术　/ 185

## 模块 7　高分子化工产品生产技术　　192

　　学习单元 7-1　高分子化工简介　/ 192
　　学习单元 7-2　合成树脂生产技术　/ 195
　　学习单元 7-3　合成纤维生产技术　/ 200
　　学习单元 7-4　合成橡胶生产技术　/ 204

## 参考文献　　208

# 模块 1 化工工艺基础知识

编号 FJC-118-01

## 学习单元 1-1 化工工艺基本概念

**学习目标：** 完成本单元的学习之后，能够了解化学工业概况，掌握化工过程的基本原理和主要指标。

**职业领域：** 化工、石油、环保、医药、冶金、汽车、食品、建材等工程。

**工作范围：** 分析检验。

同学们知道图 1-1 中的人是谁吗？他有什么伟大的成就？

他就是侯氏制碱法的发明人——侯德榜。"侯氏制碱法"是一个以中国人的姓名命名的发明，中国人的名字能够闪耀在世界科学的舞台上，将世界制碱科学史推向一个新阶段，这充分显示出中华民族的智慧和力量。

纯碱既是一种重要的化工原料，也是一种化工产品。采用侯氏制碱法生产纯碱，不仅使原盐的利用率达到 96% 以上，而且整个生产能够连续进行。在化工生产中，利用率、产率、化工原料、化工产品是如何定义的呢？通过本单元的学习，我们将得到答案。

图 1-1

### 一、我国的化学工业

化学工业是指以天然资源或以其他产品为原料，用物理和化学手段将其加工为产品的工业，也被称为化学加工工业。按原料来源和产品去向可将其分为基本化学工业、中间化学品工业和精细化学品工业。

**1. 化学工业在国民经济中的重要地位和作用**

化学工业是我国国民经济的重要基础工业，与农业、工业、交通运输业、国防工业和人民生活有着密切的关系。化学工业是多行业、多品种的工业，产品应用范围很广，对国民经济的发展和人民生活的改善有十分重要的作用。

（1）化学工业为农业现代化提供了物质条件  目前我国化肥总产量居世界第一位，已经形成了具有我国特色的煤、油、气三种原料并举，大、中、小企业相结合的化肥工业生产体系。我国农药市场发展迅速，行业总体呈现良好发展态势，已发展成为世界第一的农药生产大国。2022 年，中国农药产量达 250 万吨，占全球总产量的 38.5%，农药的发展为农业生产提供了重要支持。

(2) **化学材料可作为建筑材料**　我国人口众多，建筑材料库存一直较为紧张。近年来，化学材料开始逐渐取代传统建筑材料，诸如建筑塑料、建筑涂料、防水材料、保温材料、密封材料、胶黏剂、混凝土外加剂等，这些材料具有质量轻、强度高、耐腐蚀、不霉、不蛀、保温、隔音、美观大方等特点。使用化学建材，可降低建筑物质量，减轻施工劳动强度，提高经济效益。

(3) **化学工业为国防建设和科学技术现代化提供物质基础**　化学工业能够提供航天、卫星等使用的复合材料、信息材料、纳米材料、高温超导体等。

(4) **化学工业能够提供大量的生活用品**　涤纶和饮料瓶等化工产品可以使人民生活更加丰富多彩。

(5) **化学工业为国家增加积累**　据统计，2016年全国石油和化学工业主营业务收入达到 13.29 万亿元，显示了石油和化工大企业的强劲发展势头。

以上内容充分说明，化学工业为社会主义建设做出重大贡献，在国民经济建设中占有重要地位。

### 2. 我国化学工业概况

(1) **我国化学工业发展简史**　化学加工在形成工业之前的历史，可以从 18 世纪中叶追溯到远古时期。从远古时期开始，人类就能运用化学加工方法制作一些生活必需品，如制陶、酿造等。但当时规模较小，技术落后，只能算是手工艺。

早在 2000 多年前，人们对于铜合金的制造就已经有了比较完善的认识，并已制作出相当精细的铜合金器具。在陶器、漂染、发酵等方面也都有了一定成就，周朝时已制出精美的涂色漆器。东汉时用树皮、破布已能造出漂白的纸，约 600 年后，我国的造纸技术传到了阿拉伯，以后又传到欧洲各国。

在唐代，陶瓷工业有了显著的发展，彩绘陶瓷已经出现并广泛使用。我国的炼丹术发展得更早些。人们很早就发现用硝酸钾（硝石）、硫及木炭的混合物，可以制成猛烈燃烧的黑色炸药。到宋代和明代时，在合金制造方面，更有不少改进和发明，最引人瞩目的是炼锌法的发明及其应用。

所有这些，都是我国古代劳动人民辛勤劳动的成果，是世界化学史上辉煌的一页，是值得我们自豪的。但是，由于当时的社会制度，劳动人民的血汗结晶被封建王朝统治阶级所掠夺，所以生产力发展极慢，我国化学工业和其他工业一样，长期处于落后状态。直到 20 世纪初，我国民族企业家才在国内创办了永利化学公司、天原电化厂等少量的化学工厂。

(2) **我国化学工业现状**　中华人民共和国成立以来，我国的化学工业和其他工业一样，发展十分迅速，化工产品的品种和产量都有了显著的增加。我国是化学品生产和使用大国，主要化学品产量和使用量都居世界前列。目前全球能够生产十几万种化学品，我国能生产化学品 40000 多种（包括各种品种、规格）。

在化学工业行业方面，我们已有了基本有机合成化学工业、石油化学工业、合成橡胶工业、合成纤维工业、塑料工业、涂料工业、医药工业、试剂工业和农药工业等二十多种工业。这些工业，在中华人民共和国成立前基本上是空白，如涂料工业、医药和试剂工业；塑料工业等虽然有少数品种的生产，但它们的原料、设备以及生产技术等却大都依赖进口，而且只能进行某些加工或者规模很小的生产，不能作为一种独立的行业和体系存在。中华人民共和国成立后，在党和政府的正确领导下，各化工行业都得到了迅速的发展。从原料到生产成品，甚至生产所用的成套设备，基本上都能够自行设计制造了。随着社会主义经济建设的高速发展，国民经济各部门不断地对化学工业提出新的要求，这就促使化学工业更快地向现代化方向发展。

## 二、化工工艺

化工产品种类繁多。对于一个特定的化工产品，从原料到产品的生产过程称为化工过程。每种产品的生产过程都有自己的特点，但又有许多相同的内容，将这些相同的部分进行抽象分类，即化工工艺。化工工艺即化工技术或化学工艺，是指将原料经过化学反应转变为产品的方法和过程，包括实现这一转变的全部措施。化工工艺过程是由原料的预处理过程、化学反应过程及反应产物后处理三个环节构成。从物质的来源来说，化工原料主要是无机原料和有机原料。例如酸、碱、盐属于无机原料，石油和天然气属于有机原料。无论是哪一种原料，在实际生产中必须经过一系列的预处理以达到生产所需要的纯度、粒度、强度等。第二环节化学反应过程是整个生产过程的核心，工业条件必须保证化学反应很好地发生和进行，尽可能多地生成产品。实际生产中，化学反应得到的反应产物不是单一的，往往产生一些副产物，为了得到合格的、可以销售的产品，通常要对产品进行分离、提纯、精制等后处理。

化工工艺过程的三个环节中，化学反应过程是从原料到产品的化学转化环节，其形式包括多种化学反应类型，统称为化工单元过程，包括氧化、还原、氯化、硝化、磺化、烷基化、聚合、电解等；原料的预处理过程和反应产物后处理环节大都是物理过程，统称为化工单元操作，包括流体输送、传热、吸收、干燥、蒸馏、结晶等。

## 三、化工原料及产品

### 1. 化工原料

化工原料就生产程序来说，有起始原料、基本原料和中间原料。起始原料是人们经过开采、种植、收集等生产劳动获得的原料。基本原料是起始原料经过加工制得的原料。中间原料是基本原料再加工制得的原料。这样的区分，不是绝对的，而是相对的。比如从矿山中开采出来的煤，可直接用作燃料；但它又可当作起始原料与石灰在电炉中制成电石，这又是基本原料；而后又由电石反应得到乙炔，由乙炔生产乙醛、乙酸、丙酮等中间原料。

根据物质来源分类，化工原料分为无机原料和有机原料。

（1）无机原料　起始的无机原料主要是空气、水和化学矿物，通过一系列的工艺过程又制出了作为无机原料的酸、碱、盐和氧化物四大类产品。这些原料不仅在化工生产中用途很广，其他工业部门有许多生产也离不开它们，有的是直接应用，有的是间接应用，通常这时就不再分基本无机原料和中间无机原料。

（2）有机原料　起始的有机原料主要是农、林、牧、渔类产品，以及煤、石油和天然气。如用粮食发酵可以生产乙醇、丙酮、柠檬酸等。随着石油工业的发展，基本有机原料主要是烃类，如脂肪烃、脂环烃、芳香烃等。中间有机原料往往是中间体，它们的种类很多，如烃类的含氧化合物甲醇、丙酮、乙酸等。有的是烃类的含氮化合物，例如苯胺。有的是烃类的含氯化合物，例如氯乙烯。此外，还有含磷化合物、含氟化合物等。

### 2. 化工产品

化工原料经过单元过程和单元操作而制得的可作为生产资料和生活资料的成品，都是化工产品。如化学肥料、农药、塑料、合成纤维、合成橡胶等。化工产品一般分为三类：

（1）成品　为了制出所需的产品，在工艺过程中，原料常常要经过几个步骤的处理，最后一个步骤所得到的产品叫成品。

（2）半成品　原料在处理过程中，其任意一个中间步骤所得到的产品，均可称为半成品或中间产品。例如，一个生产尿素的工厂，合成氨车间的产品为液氨，若液氨直接出售则为成品；若将液氨加工为尿素，则液氨又称为半成品。

（3）副产品　副产品是指生产过程中附带生产出来的非主要产品。副产品与产品是相对的，主要是根据企业的性质来决定。如裂解柴油馏分生产乙烯的过程中，也生产裂解汽油副产品。

## 四、化工过程的四个基本原理

### 1. 物料衡算

物料衡算的依据是质量守恒定律，即输入系统的物料质量等于从系统输出的物料质量和系统中积累的物料质量之和。公式如下：

$$\sum G_i = \sum G_o + G_a$$

$\sum G_i$——输入系统的总物料；

$\sum G_o$——输出系统的总物料；

$G_a$——系统中的积累量。

上式适用于任何指定的系统。表达式虽然很简单，但对于化工生产过程的正确进行起着重要的指导作用。

### 2. 能量衡算

在化工生产中，能量的形式是多样的，在一个单元过程中，各种能量之间可以相互转化，但整个过程的能量保持守恒。所以能量衡算的依据是能量守恒定律，即任何时间内输入系统的总能量等于系统输出的总能量与系统中积累能量之和。

$$输入能量 = 输出能量 + 系统中积累能量$$

### 3. 平衡关系

在无机化学中，我们学过化学平衡和电离平衡，知道很多化学变化过程是可逆的，在一定的条件下会达到动态平衡，不会朝着某个反应方向一直进行下去。而物理变化中也同样存在平衡关系，例如气液平衡。这说明无论是物理变化过程还是化学变化过程，总是由不平衡达到平衡的。

平衡关系是研究一个过程在一定条件下进行的方向和所能达到的极限，可以得到理想操作条件。

### 4. 过程速率

平衡关系只说明了过程进行的方向和极限，没有说明其进行得快慢，而过程速率就表示了某一过程进行得快慢。过程速率是指单位时间内过程的变化量。例如传质速率是单位时间内传递的物质量。影响过程速率的因素较多，把所有因素都表达出来很困难，目前主要用下列公式表达过程速率：

$$过程速率 = 过程推动力 / 过程阻力$$

过程推动力：过程所处的状态与平衡状态的差距；

过程阻力：各种因素对速率影响总的体现。

### 五、化工生产过程的主要指标

#### 1. 生产能力

生产能力是指一个设备、一套装置或一个工厂在单位时间内生产的产品量，或在单位时间处理的原料量，其单位为 kg/h、t/d 或 kt/a 等。

化工过程有化学反应以及热量、质量和动量传递等过程，在许多设备中可能同时进行上述几种过程，需要分析各种过程各自的影响因素，然后进行综合和优化，找出最佳操作条件，使总过程速率加快，才能有效地提高设备生产能力。设备或装置在最佳条件下可以达到的最大生产能力，称为设计能力。由于技术水平不同，同类设备或装置的设计能力可能不同，使用设计能力大的设备或装置能够降低成本，提高生产率。

#### 2. 生产强度

生产强度为设备单位特征几何量的生产能力，即设备的单位体积或单位面积在单位时间内的生产能力，其单位为 $kg/(h \cdot m^3)$、$t/(d \cdot m^3)$、$kg/(h \cdot m^2)$ 或 $t/(d \cdot m^2)$ 等。生产强度指标主要用于比较那些相同反应过程或物理加工过程的设备或装置。设备中进行的过程速率高，其生产强度就高。提高生产强度，可以在单位时间内，在同一设备中获得更多的产品。

#### 3. 产率

产率是化学反应过程中得到目的产品的百分率。

常用产率指标为理论产率。理论产率是以产品理论产量为基础来计算的产率，即化学反应过程中实际产量占理论产量的百分率。

$$产率 = \frac{实际原料转变为成品的质量}{原料转变为成品的理论质量} \times 100\%$$

$$或产率 = \frac{实际产量}{理论最高产量} \times 100\%$$

#### 4. 转化率

转化率是原料中某一反应物转化的量与初始反应物的量（或反应物的进料量）的比值，它是化学反应进行程度的一种标志。

工业生产中有单程转化率和总转化率，其表达式为：

$$单程转化率 = \frac{输入反应器的反应物 - 从反应器输出的反应物}{输入反应器的反应物}$$

$$总转化率 = \frac{输入过程的反应物 - 从过程中输出的反应物}{输入过程的反应物}$$

简化后可写为：

$$转化率\ X = \frac{反应物转化的量}{初始反应物的量} \times 100\%$$

**【例1-1】** 已知丙烯氧化法生产丙烯醛的一段反应器，原料丙烯投料量为600kg/h，出料中有丙烯醛640kg/h，另有未反应的丙烯25kg/h，试计算原料丙烯的转化率、选择性及丙烯醛的收率。

**解：**

丙烯(600kg/h) → 一段反应器 → 丙烯(25kg/h)，丙烯醛(640kg/h)

丙烯氧化生成丙烯醛的化学反应方程式为

$$\underset{42}{CH_2=CHCH_3} + O_2 \longrightarrow \underset{56}{CH_2=CHCHO} + H_2O$$

丙烯转化率 $X = \dfrac{(600-25)}{600} \times 100\% = 95.83\%$

丙烯的选择性 $S = \dfrac{640 \times 42}{56 \times (600-25)} \times 100\% = 83.48\%$

丙烯醛的收率 $Y = \dfrac{640 \times 42}{56 \times 600} \times 100\% = 80\%$

## 进度检查

**一、填空题**

1. 一般情况下，化工生产过程是由_____、_____及_____三个环节组成。
2. 从物质的来源来说，化工原料包括_____和_____两种。

**二、判断题（正确的在括号内画"√"，错误的画"×"）**

1. 平衡关系可以确定一个过程是否能够进行，以及可能达到的程度。（　　）
2. 生产强度是指设备的单位容积或单位面积在单位时间内得到产物的数量。（　　）
3. 平衡关系可以说明过程进行的方向和极限，以及进行得快慢。（　　）

**三、简答题**

1. 什么是反应转化率？
2. 什么是物料衡算和能量衡算？
3. 产率和转化率之间有什么关系？

编号 FJC-118-02

# 学习单元 1-2　工业催化剂的使用

**学习目标**：完成本单元的学习之后，能够掌握催化剂的定义及特征，熟知催化剂的分类和应用，理解工业催化剂使用的基本要求。
**职业领域**：化工、石油、环保、医药、冶金、汽车、食品、建材等工程。
**工作范围**：分析检验。

超过90％的化工过程会用到催化剂和催化技术，一种新型催化剂的使用可能为企业带来很好的经济效益。例如我们熟悉的氨，它是重要的无机化工产品，合成氨的快速发展，使人类不再依靠天然氮肥，促进了农业的发展。而合成氨的生产过程中，催化剂起到了重要的作用。我国的催化剂研究起步比较晚，曾受到国外公司的技术垄断。但是，张大煜、闵恩泽等老一辈科学家，不畏艰难，专心研究，打破了一个个国外公司的垄断，为我国的社会发展做出了重要贡献。

## 一、催化剂的历史

催化现象由来已久，早在古代，人们就利用酶酿酒制醋，中世纪炼金术士用硝石催化从事硫黄制硫酸的反应。13世纪发现硫酸能使乙醇产生乙醚，18世纪利用氧化氮制硫酸，即所谓的铅室法。最早记载"催化现象"的资料可以追溯到16世纪末德国的《炼金术》一书，但是当时"催化作用"还没有被作为一个正式的化学概念提出。一直到19世纪初期，由于催化现象的不断发现，为了要解释众多的催化现象，开始提出了"催化"这一个名词。1835年，瑞典化学家J.J.Berzelius在其著名的"二元学说"的基础上，引入了"催化作用"一词。从此，对于催化作用的研究才广泛开展起来。

### 1. 萌芽时期（20世纪以前）

催化剂工业发展史与工业催化过程的开发及演变有密切关系。1740年，英国医生J.沃德在伦敦附近建立了一座燃烧硫黄和硝石制硫酸的工厂。1746年，英国人罗巴克建立了铅室反应器，生产过程中由硝石产生的氧化氮实际上是一种气态的催化剂，这是利用催化技术从事工业规模生产的开端。1831年，菲利普斯获得二氧化硫在铂上氧化成三氧化硫的英国专利。19世纪60年代，开发了用氯化铜为催化剂使氯化氢进行氧化以制取氯气的迪肯过程。1875年，德国人雅各布在巴特克罗伊茨纳赫建立了第一座生产发烟硫酸的接触法装置，并制造所需的铂催化剂，这是固体工业催化剂的先驱。铂是第一种工业催化剂，现在铂仍然是许多重要工业催化剂中的催化活性组分。19世纪，催化剂工业的产品品种少，都采用手工作坊的生产方式。由于催化剂在化工生产中的重要作用，自工业催化剂问世以来，其制造方法就被视为秘密。

## 2. 奠基时期（20世纪初）

在这一时期内，制成了一系列重要的金属催化剂，催化活性成分由金属扩大到氧化物，液体酸催化剂的使用规模扩大。制造者开始利用较为复杂的配方来开发和改善催化剂，并运用高度分散可提高催化活性的原理，设计出有关的制造技术，例如沉淀法、浸渍法、热熔融法、浸取法等，成为现代催化剂工业中的基础技术。催化剂载体的作用及其选择也受到重视，选用的载体包括硅藻土、浮石、硅胶、氧化铝等。为了适应大型固定床反应器的要求，生产工艺中出现了成型技术，已有条状和锭状催化剂投入使用。这一时期已有较大的生产规模，但品种较为单一，除自产自用外，某些广泛使用的催化剂已作为商品进入市场。同时，工业实践的发展也推动了催化理论的进展。1925年，泰勒提出活性中心理论，这对以后催化剂制造技术的发展起了重要作用。

## 3. 大发展时期（20世纪30～60年代）

此阶段工业催化剂生产规模扩大，品种增多。在第二次世界大战前后，由于对战略物资的需要，燃料工业和化学工业迅速发展而且相互促进，新的催化过程不断出现，相应的催化剂工业也得以迅速发展。首先由于对液体燃料的大量需要，石油炼制工业中催化剂用量很大，促进了催化剂生产规模的扩大和技术进步。移动床和流化床反应器的兴起，促使催化剂工业创立了新的成型方法，包括小球、微球的生产技术。同时，由于生产合成材料及其单体的过程陆续出现，工业催化剂的品种迅速增多。这一时期开始出现生产和销售工业催化剂的大型工厂，有些工厂已开始多品种生产。

## 4. 更新换代时期（20世纪70～80年代）

在这一阶段，高效率的配合催化剂相继问世。为了节能而发展了低压作业的催化剂，固体催化剂的造型渐趋多样化，出现了新型分子筛催化剂，开始大规模生产环境保护催化剂，生物催化剂受到重视。各大型催化剂生产企业纷纷加强研究和开发部门的力量，以适应催化剂更新换代周期日益缩短的趋势，力争领先，并加强对用户的指导性服务，出现了经营催化剂的跨国公司。

## 二、催化剂的定义及特征

催化剂是一类能够改变化学反应速度，而本身不进入最终产物分子组成的物质。催化剂不能改变热力学平衡，只能影响反应过程达到平衡的速度。有催化剂存在的化学反应叫催化反应。加快反应速率的催化剂为正催化剂，使反应速率减慢的催化剂为负催化剂。正催化剂在工业上用得最多，范围最广。例如，二氧化硫被催化氧化生产三氧化硫，用的是五氧化二钒催化剂；一氧化碳通过变换反应生成二氧化碳，则是用四氧化三铁作催化剂。负催化剂，一般又称抑制剂，种类亦很多，应用也较广，它主要应用在有机化工工业中。例如，油脂、橡胶等工业中所用的抗氧剂、泡沫抑制剂、缓蚀剂、乙烯基树脂阻化剂、高分子阻聚剂等，它们常被用于减缓人们不愿意发生的自发化学反应，或者用来减弱过于剧烈的反应。

催化剂在化工生产中起着重要作用。据统计，90%的化学工业中均包含有催化过程，其主要特征是：

① 正催化剂能够加快化学反应速率，其原理是改变了反应历程，降低了活化能；

② 催化剂对反应类型、反应方向和反应产物的结构具有选择性，特定的催化剂只能催化特定的反应；

③ 催化剂只能加速热力学上可能进行的反应，而不能加速热力学上无法进行的反应；

④ 催化剂只能改变化学反应速率，而不能改变化学平衡的位置。

工业催化剂特指具有工业生产实际意义的催化剂，它们必须能适用于大规模工业生产过程，可在工厂的实际操作条件下长期运转。

### 三、催化剂的分类

催化剂的分类方式有很多种，可以按聚集状态、化学键、催化剂组成和使用功能分类以及按催化剂工艺和工程特点分类。目前国内外均以功能划分为主，兼顾市场类型及应用产业。工业催化剂可以分成石油炼制催化剂、无机化工催化剂、有机化工催化剂、环境保护催化剂和其他催化剂5大类。

（1）石油炼制催化剂　包括催化裂化催化剂，催化重整催化剂，加氢裂化催化剂，加氢精制催化剂，烷基化催化剂和异构化催化剂。

（2）无机化工催化剂　包括脱硫催化剂，转化（天然气转化、炼厂气转化、轻油转化）催化剂；变换催化剂；甲烷化催化剂，硫酸制造催化剂，硝酸制造催化剂，氨合成催化剂等。

（3）有机化工催化剂　包括加氢催化剂，脱氢催化剂，氧化催化剂，氨氧化催化剂，氧氯化催化剂，烯烃反应（聚合、歧化、加成）催化剂等。

（4）环境保护催化剂　包括硝酸尾气处理催化剂，内燃机排气处理催化剂等。

（5）其他催化剂　以上分类之外的催化剂。

### 四、催化剂的组成

催化剂的主要成分为活性组分、助催化剂和载体三部分，有时也需要加入共催化剂。

#### 1. 活性组分

活性组分又称主催化剂，是多元催化剂的主体，起主要催化作用。根据反应机理不同，活性组分分为氧化还原型催化剂和酸碱催化剂。根据使用条件下的物态分为固体催化剂（金属催化剂、硫化物催化剂等）、液态催化剂（均相配合物催化剂）和气体催化剂。

#### 2. 助催化剂

助催化剂是加入催化剂中的少量物质，本身没有活性或者活性很小，但却能显著改善和提高主催化剂的效能，如活性、选择性、稳定性、抗毒性等。助催化剂虽然在催化剂中占的分量很少，但却起着很重要的作用。助催化剂按作用机理不同，可分为结构助催化剂和电子助催化剂等。

#### 3. 载体

载体主要起机械承载作用，可增加催化剂有效的反应表面积及提供合适的孔结构，通常能显著改善催化剂的活性与选择性，提高催化剂的抗冲击性，增强催化剂的热稳定性和抗毒能力，减少催化剂活性组分的用量，降低催化剂的制备成本。

## 五、催化剂常用术语

### 1. 催化剂的活性

工业催化剂的活性指单位体积（或质量）催化剂在一定的条件（$T$、$p$、$c$、$v$）下，单位时间内所得到产品的产量，用来衡量催化剂生产能力的大小。单位为 g/(g·h)、g/(cm$^3$·h) 和 mol/(mol·h)。

### 2. 催化剂的寿命

催化剂在使用过程中随着时间的延续，其活性会逐渐下降，下降到一定程度后就不能再继续使用。从开始使用到不能使用的时间称为催化剂的寿命。造成催化剂活性衰减而缩短其寿命的原因有很多，主要有原料中杂质的毒化作用（催化剂中毒）；高温时的热作用使催化剂中活性组分的晶粒增大，从而导致比表面积减少，或者引起催化剂变质；反应原料中的尘埃或反应过程中生成的碳沉积物覆盖了催化剂表面；催化剂中的有效成分在反应过程中流失；强烈的热冲击或压力起伏使催化剂颗粒破碎；反应物流体的冲刷使催化剂粉化吹失等。催化剂的寿命不仅取决于正常操作条件范围内保证使用期的长短，也和用户实际的作业条件和使用方法有关。

### 3. 催化剂的失活

对大多数工业催化剂来说，物理化学性质的变化在一次反应完成之后是微不足道的，很难察觉。然而经过长期运转，这些变化累积起来就造成了催化剂活性或选择性显著下降，这就是催化剂的失活。引起催化剂失活的原因有很多，例如堵塞、中毒、烧结、磨损等，其中中毒是引起失活的主要原因。

催化剂在活性稳定期间往往会因接触少量杂质而使活性显著下降，这种现象称为催化剂中毒。使催化剂丧失催化作用的物质，称为催化剂的毒物。催化剂中毒的原因有几种可能，原料中所含的少量杂质，或是强吸附（多为化学吸附）在活性中心上，或是与活性中心反应变为别的物质，都能使活性组分中毒。另外，反应产物中也可能有这样的毒物。

催化剂中毒失活后，如果消除中毒因素，活性仍能恢复，称为暂时性中毒，否则称为永久性中毒。例如合成氨生产中使用的铁系催化剂，水和氧是毒物，当这种中毒现象发生时，可以用还原或加热的方法，使催化剂重新活化，这种中毒是暂时性中毒，或称可逆中毒；而硫或磷的化合物对于铁系催化剂也是毒物，但当由它们引起中毒时，催化剂就很难重新活化，这种就是永久性中毒，或称不可逆中毒。后一种中毒是可以预防的。

### 4. 催化剂的再生

使催化作用效率已经衰退的催化剂重新恢复的过程，称为催化剂的再生。再生过程不涉及催化剂整体结构的解体，仅仅是用适当的方法消除那些导致催化效能衰退的因素。

催化剂的再生主要是通过高温烧焦，将覆盖于催化剂金属或者活性中心的碳烧掉；还可通过离子交换，是用其他金属离子与使催化剂中毒的金属进行交换，达到使催化剂恢复活性，延长寿命的目的。

## 六、工业催化剂的基本要求

在化工产品合成的工业生产中，使用催化剂目的是加快主反应的速率，减少副反应，使反应定向进行，缓和反应条件，降低对设备的要求，从而提高设备的生产能力和降低产品成本。某些化工产品虽然在理论上是可以合成的，之所以长期以来不能实现工业化生产，就是因为未研究出适宜的催化剂，反应速率太慢。因此，在化工生产中研究、使用和选择合适的催化剂具有十分重要的意义。

工业上为了合理地使用催化剂，通常对催化剂的性能提出如下要求：

① 满足工业生产要求的活性和选择性；
② 具有合理的流体流动性质，有最佳的颗粒形状；
③ 有足够的力学性能、热稳定性和耐毒性，使用寿命长；
④ 原料获取方便，制备容易，成本低；
⑤ 毒性小；
⑥ 易生产。

因此，一种性能优良的催化剂，需要通过无数次催化反应实验方能得到。

## 进度检查

### 一、填空题

1. 活性组分又称为_____，是多元催化剂的主体，起主要催化作用。
2. 催化剂经过一定处理后又恢复了活性，这一过程称为催化剂的_____。
3. 催化剂失活有多种原因，其中_____是引起失活的主要原因。

### 二、判断题（正确的在括号内画"√"，错误的画"×"）

1. 催化剂既能改变化学反应的速度，也能改变化学平衡的位置。　　　　　　（　　）
2. 载体使催化剂增大了接触面积，降低了它对毒物的敏感性。　　　　　　　（　　）

### 三、简答题

1. 什么是催化剂？催化剂在化工生产中有何意义？
2. 催化剂的主要成分有哪些？
3. 工业催化剂使用的基本要求有哪些？

编号 FJC-118-03

## 学习单元 1-3　化工单元过程及操作的重要概念

**学习目标**：完成本单元的学习之后，能够掌握化工单元过程和化工单元操作的概念及分类。
**职业领域**：化工、石油、环保、医药、冶金、汽车、食品、建材等工程。
**工作范围**：分析检验。

生态文明建设是实现中华民族伟大复兴中国梦的重要内容，党的二十大报告提出"必须牢固树立和践行绿水青山就是金山银山的理念，站在人与自然和谐共生的高度谋划发展。"作为化工人，我们要为生态文明建设做出自己的贡献。在化工生产中，会产生废液、废气和废渣，同学们想一想，怎样优化化工单元操作，降低或者除去其中的有害成分？

### 一、化工单元过程概念

化工生产具备了足够的化工原料，还不能说就具备了生产条件。在化工原料问题解决之后，首先拟定的是化工单元过程（化工单元反应），即在原料变成产品的过程中，需要通过哪些化学反应和如何实现这些化学反应。

化工生产过程既有化学反应过程，也有物理加工过程。通常把具有共同化学变化特点的基本过程称为化工单元过程，也叫化工单元反应。例如碳的燃烧生成二氧化碳和硫的燃烧生成二氧化硫，都具有单质元素和氧化合的特点，因此，可以概括为一个氧化的化工单元过程。同一个化工单元过程，具有同一类型的化学反应。

同一种原料，能够生产出不同的产品；不同的原料，采用不同的方法进行加工，才能获得需要的产品。这些都是由化工单元过程来确定的。一般说来，化工单元过程有的是化合，有的是分解，有的是取代（置换），有的是双分解；在具体单元过程中有的是单一的化学反应，有的是两种反应，甚至是多种反应的结合。主要的化工单元过程有：

#### 1. 氧化

氧化是指失去电子的作用，或是指物质与氧的化合作用。氧化剂指能氧化其他物质而自身被还原的物质，也就是在氧化还原反应中得到电子的物质。常见的氧化剂有氧气、重铬酸钠、重铬酸钾、双氧水、氯酸钾、铬酸酐以及高锰酸钾等。

氧化反应在化学工业中的应用十分普遍。硫酸、硝酸、乙酸、苯甲酸、邻苯二甲酸酐、环氧乙烷、甲醛等基本化工原料均是通过氧化反应制备的。例如硫黄氧化制备硫酸，其氧化反应过程为：

$$S + O_2 \longrightarrow SO_2$$

$$2SO_2 + O_2 \xrightarrow{V_2O_5} 2SO_3$$

$$SO_3 + H_2O \longrightarrow H_2SO_4$$

### 2. 还原

还原是指物质得到电子的过程，或是指物质被夺去氧或得到氢的反应。

还原剂指能还原其他物质而自身被氧化的物质，也就是在氧化还原反应中失去电子的物质。还原反应在化学工业中的应用非常普遍。如通过还原反应可以制备苯胺、环己烷、硬化油等化工产品。硝基苯还原制备苯胺，还原反应式为：

$$4C_6H_5NO_2 + 9Fe + 4H_2O \longrightarrow 4C_6H_5NH_2 + 3Fe_3O_4$$

### 3. 氢化

氢化是指有机化合物和分子氢发生反应的单元过程，通常在催化剂存在下进行，方法有加氢和氢解两种。

① 加氢是单纯增加有机化合物中氢原子的数目，使不饱和的有机物变为饱和的有机物，如将苯加氢生成环己烷以用于制造锦纶；将鱼油加氢制作硬化固体油以便于贮藏和运输；制造肥皂、甘油的过程也是一种加氢过程。

例如，苯酚在镍的催化作用下，在130~150℃、0.5~2MPa条件下，芳环加氢转化为环己醇。

$$\text{C}_6\text{H}_5\text{OH} + 3H_2 \xrightleftharpoons{Ni} \text{C}_6\text{H}_{11}\text{OH}$$

② 氢解是同时将有机物分子进行破裂和增加氢原子。如煤或重油经氢解，变成小分子液体状态的人造石油，经分馏可以获得人造汽油。

例如，硝基苯气相加氢制备苯胺。

$$\text{C}_6\text{H}_5\text{NO}_2 + 3H_2 \xrightarrow{Cu} \text{C}_6\text{H}_5\text{NH}_2 + 2H_2O$$

### 4. 脱氢

有机化合物脱去氢的单元过程，就是减少有机化合物分子中氢原子数目的过程。脱氢是一个重要的单元过程，有催化脱氢和氧化脱氢两种。

催化脱氢主要使用催化剂使有机物中碳-氢链断裂，达到脱氢的目的，同时还要维持更容易断裂的碳-碳链不使其断裂，因此必须选择合适的催化剂。例如在氧化铁催化剂的作用下，乙苯催化脱氢生成苯乙烯。

$$\text{C}_6\text{H}_5-CH_2-CH_3 \longrightarrow \text{C}_6\text{H}_5-CH=CH_2 + H_2$$

氧化脱氢是在脱氢过程中通入氧，能使氢原子更容易脱离与其结合的有机物分子，这种方法主要用于有机物及其脱氢产物不和水反应的情况。例如丁烯氧化脱氢生成丁二烯：

$$CH_2=CHCH_2CH_3 + 1/2 O_2 \longrightarrow CH_2=CH-CH=CH_2 + H_2O$$

### 5. 水合

水合或水化是物质和水化合的单元过程。水合有两种形式：

① 以整个水分子进行水合，生成的含水分子是水合物或水化物。如盐类的含水晶体，烃类的水合物等。

② 水分子以氢和羟基与物质分子的不饱和键加成生成新的化合物。例如乙烯水合生成乙醇，乙炔水合生成乙醛。

$$CH_2=CH_2+H_2O \xrightarrow{300℃,7MPa,磷酸} CH_3CH_2OH$$

### 6. 脱水

脱水和水合是两个相反的过程。脱水有两种形式：

① 脱去整个水分子，例如碳酸钠水合物脱水成无水碳酸钠。

② 脱去水分子组分，例如乙醇在一定条件下分子内脱水生成乙烯。

$$CH_3CH_2OH \longrightarrow CH_2=CH_2+H_2O$$

### 7. 氯化

氯化是指以氯原子取代有机化合物中氢原子的反应。根据氯化反应条件的不同，有热氯化、光氯化、催化氯化等，在不同条件下，可以得到不同产品。工业生产通常采用天然气（甲烷）、乙烷、苯、萘、甲苯及戊烷等原料进行氯化，制取溶剂和各种杀虫剂，如氯仿、四氯化碳、氯乙烷、氯苯、1-氯萘等产品。天然气（甲烷）氯化生产氯仿和四氯化碳的反应方程式如下。

$$CH_4+3Cl_2 \longrightarrow CHCl_3+3HCl$$
$$CH_4+4Cl_2 \longrightarrow CCl_4+4HCl$$

### 8. 硝化

硝化通常是指在有机化合物分子中引入硝基（—$NO_2$），取代氢原子生成硝基化合物的反应。常用的硝化剂是浓硝酸或混酸（浓硝酸和浓硫酸的混合物）。

硝化是染料、炸药及某些药物生产中的重要反应过程。通过硝化反应可生产硝基苯、TNT、硝化甘油、对硝基氯苯、苦味酸、1-氨基蒽醌等重要化工医药原料。如甘油硝化制取硝化甘油反应式为：

$$\begin{array}{c} CH_2-OH \\ | \\ CH-OH \\ | \\ CH_2-OH \end{array} + 3HNO_3 \xrightarrow{H_2SO_4} \begin{array}{c} CH_2-ONO_2 \\ | \\ CH-ONO_2 \\ | \\ CH_2-ONO_2 \end{array} + 3H_2O$$

### 9. 磺化

磺化是在有机化合物分子中引入磺（酸）基（—$SO_3H$）的反应。磺化通常有两种方法：直接磺化和间接磺化。常用的磺化剂有发烟硫酸、亚硫酸钠、焦亚硫酸钠、亚硫酸钾、三氧化硫、氯磺酸等。

磺化是有机合成中的一个重要过程，在化工生产中的应用较为普遍。如生产苯磺酸、磺胺、太古油等重要化工医药原料。苯与硫酸直接磺化制备苯磺酸，其磺化反应式为：

$$C_6H_6 + H_2SO_4 \longrightarrow C_6H_5SO_3H + H_2O$$

### 10. 胺化

胺化是指向有机物分子中引入氨基（—$NH_2$）生成胺的反应过程，有时也称氨解。最常用的胺化剂是氨水、氨气和液氨，有时也用碳酸氢铵、尿素、伯胺和仲胺等。胺化反应的种类很多，主要有卤化物的胺化、醇或酚的胺化、芳磺酸盐的胺化和羰基化合物的氢化胺化。

$$ROH + NH_3 \longrightarrow RNH_2 + H_2O$$

### 11. 烷基化

烷基化亦称为烃化，是在有机化合物分子的氮、氧、碳等原子上引入烷基（R—）的反应。常用的烷基化剂有烯烃、卤代烷、硫酸烷酯和饱和醇类等。苯胺和甲醇作用制备 $N,N$-二甲基苯胺的反应式如下。

$$C_6H_5NH_2 + 2CH_3OH \xrightarrow{H_2SO_4} C_6H_5N(CH_3)_2 + 2H_2O$$

### 12. 脱烷基

有机化合物分子中脱去烷基的单元过程，一般是脱去和碳原子连接的烷基。脱烷基方法主要有两种：

① 催化剂法，使用有选择性的催化剂可以有效地防止产生副产品。

$$C_6H_5CH(CH_3)_2 \longrightarrow C_6H_6 + CH_3CH=CH_2$$

② 加热加氢法，在加热的同时加氢，可以防止脱掉其他氢原子。

$$C_6H_5CH_3 + H_2 \longrightarrow C_6H_6 + CH_4$$

### 13. 酯化

酯化通常指醇和酸作用而生成酯和水的单元过程。酯化有两种形式，包括醇与有机酸进行酯化和醇与无机酸进行酯化。

$$CH_3COOH + ROH \rightleftharpoons CH_3COOR + H_2O$$

### 14. 聚合

聚合反应是把低分子量的单体转化成高分子量的聚合物的过程。这种聚合物具有低分子量单体所不具备的可塑、成纤、成膜、高弹等重要性能，可广泛地用作塑料、纤维、橡胶、涂料、黏合剂以及其他用途的高分子材料。聚合物是由一种以上的结构单元（单体）构成的，由单体经重复反应合成的高分子化合物。只用一种单体进行的聚合称为均聚反应，如聚乙烯、聚丙烯的生产；两种及两种以上的单体进行的聚合称为共聚反应，如乙丙橡胶的生产。

从大的方面来说，聚合分为加聚反应和缩聚反应。按照聚合的方式可分为本体聚合、悬浮聚合、溶液聚合、乳液聚合。聚合反应广泛应用于合成树脂工业中。

$$nCH_2=CH_2 \xrightarrow{催化剂} \underset{聚乙烯}{-[CH_2-CH_2]_n-}$$

### 15. 电解

电解是电流通过电解质溶液或熔融电解质时，在两个电极上所引起的化学变化。电解在工业上有着广泛的应用。如氢气、氯气、氢氧化钠、双氧水、高氯酸钾、高锰酸钾等许多基本工业化学产品的制备都是通过电解来实现的。例如，电解食盐水可得到氢气、氯气和氢氧化钠。

$$2NaCl + 2H_2O \xrightarrow{电解} 2NaOH + H_2\uparrow + Cl_2\uparrow$$

## 二、化工单元操作简介

在化工生产中，除了需要通过单元过程使原料反应之外，还需要对原料和反应后的产物进行分离、提纯、精制等过程，这些过程多为物理过程，是化工生产过程必不可少的组成部分。比如，流体输送不论用来输送何种物料，其目的都是将流体从一个设备输送至另一个设备；加热与冷却的目的都是得到需要的操作温度；分离提纯的目的都是得到指定浓度的混合物等。我们把具有共同物理变化特点的基本操作称为化工单元操作。

化工单元操作和化工单元过程不同之处在于：其一，化工单元操作是以物理方法为主的处理方法，而不是以化学方法为主的处理方法；其二，化工单元操作具有共同物理变化特点，而不具有共同化学变化特点。

根据操作原理不同，化工单元操作分为五类：
① 流体流动过程的操作，如流体输送、过滤、固体流态化等。
② 传热过程的操作，如蒸发、冷却等。
③ 传质过程的操作，如气体吸收、精馏、萃取、干燥等。
④ 热力过程的操作，如气体液化、冷凝、冷冻等。
⑤ 机械过程的操作，如固体输送、粉碎、筛选等。

化工单元操作应用于各种化工生产中。在 20 世纪初，由美国麻省理工学院的科学家总结成一门独立的学科，和化工单元过程一起，组成化学工业生产的基础，这些单元的原理和计算方法，可以应用到各种化工门类的设计和生产过程中。

近年来，随着新技术的应用，像膜分离、吸附、超临界萃取、反应与分离耦合等新的单元操作也得到了越来越广泛的应用。

**1. 流体输送**

在化工生产中，大多数物料为流体（液体和气体）。根据生产需要，常常需要将流体从一个设备输送到另一个设备，从一个车间输送到另一个车间。还有很多单元操作过程也与流体流动息息相关，如沉降、搅拌等，化工生产中的传热、传质的研究也离不开流体流动。由此可见，流体输送在化工生产中有很大作用。流体的输送方式主要有四种：压力输送、真空输送、高位槽输送和流体机械输送。

（1）压力输送　压力输送也叫作压缩空气送料。送料时，空气的压力必须满足输送任务对扬程的要求。压缩空气输送物料不能用于易燃和可燃液体物料的压送，因为压缩空气在压送物料时可以与液体蒸气混合形成爆炸性混合物系，同时又可能产生静电积累，很容易导致系统爆炸。

（2）真空输送　真空输送是指通过真空系统的负压来实现流体从一个设备到另一个设备的操作。真空抽料是化工生产中常用的一种流体输送方法，结构简单，操作方便，没有动件，但流量调节不方便，需要真空系统，不适于输送易挥发的液体，主要用在间歇送料场合。在连续真空抽料时（例如多效并流蒸发中），下游设备的真空度必须满足输送任务的流量要求，还要符合工艺条件对压力的要求。

（3）高位槽输送　化工生产中，各容器、设备之间常常会存在一定的位差，当工艺要求将处在高位设备内的液体输送到低位设备内时，可以通过直接将两个设备用管道连接的办法实现，这就是所谓的高位槽送液。另外，在要求特别稳定的场合，也常常设置高位槽，以避免输送机械带来的波动。

（4）流体机械输送　流体输送机械送料是指借助流体输送机械对流体做功，实现流体输送的操作。由于输送机械的类型多，压力及流量的可选范围广且易于调节，因此该方法是化工生产中最常见的流体输送方法。用流体输送机械送料时，流体输送机械的型号必须满足流体性质及输送任务的需要。

### 2. 传热

传热就是热量的传递，是自然界和工程技术领域中极普遍的一种传递过程。传热与化工行业的关系密不可分。首先，绝大多数化学反应过程都要求在一定的温度下进行，为了使物料达到并保持指定的温度，就要预先对物料进行加热或冷却，并在过程中及时移走放出的热量或补充需要吸收的热量。其次，一些单元操作过程，例如蒸发、蒸馏和干燥等，需要按一定的速率向设备输入或输出热量。

### 3. 吸收

利用混合气体中各组分在液体中溶解度的差异分离气体混合物的单元操作称为吸收。吸收操作时，某些易溶组分进入液相形成溶液，不溶或难溶组分仍留在气相，从而实现混合气体的分离。一个完整的吸收分离过程包括吸收和溶剂再生（解吸）两部分。解吸是吸收的逆过程（将溶质从吸收后的溶液中分离出来）。在工业生产中可以利用吸收操作分离混合气体，制备某种气体的溶液，净化和精制气体。

### 4. 蒸馏

化工生产中所处理的原料、中间产物和粗产品等几乎都是由若干组分组成的混合物，而且其中大部分是均相物系。许多生产工艺常常涉及互溶液体混合物的分离问题，如不同沸点的石油馏分的分离，有机合成产品的提纯，溶剂回收和废液排放前的达标处理等。分离的方法有多种，工业上最常用的是蒸馏。

蒸馏是利用液体混合物各组分在一定压力下相对挥发度（沸点）的不同进行分离提纯的一种单元操作。蒸馏操作按照不同的方式有多种分类。按原料中所含的组分数分为双组分蒸馏、多组分蒸馏；按操作压强分为常压蒸馏、减压蒸馏、加压蒸馏；按操作方式分为间歇蒸馏、连续蒸馏；根据蒸馏方式可以分为简单蒸馏、平衡蒸馏（闪蒸）、精馏、特殊精馏。

（1）简单蒸馏　简单蒸馏也称微分蒸馏，为间歇非稳态操作。原料液一次加入蒸馏釜中，加入蒸馏釜的原料液持续吸热沸腾汽化，产生的蒸气由釜顶连续引入冷凝器得到馏出液产品。例如原油的初馏。

（2）平衡蒸馏　平衡蒸馏是指将液体进行一次部分汽化的蒸馏操作，也称闪蒸，属于连续稳定蒸馏。一定组成的原料液连续进入加热器，被加热后经节流阀减压进入闪蒸塔。液体因沸点下降，变为过热状态而骤然汽化，汽化消耗热量使得液体温度下降，气、液两相温度趋于一致，两相组成趋于平衡。由闪蒸室塔顶和塔底引出的气、液两相即为闪蒸产品。

（3）精馏　精馏是通过多次气体的部分冷凝和液体的部分汽化实现分离提纯的操作，分离提纯效果好，能得到高浓度的产品。精馏过程可连续或间歇操作，完成精馏操作的核心设备是精馏塔。

（4）特殊精馏　当原料液中欲分离组分间的相对挥发度接近1时，或形成共沸物系时，采用一般的精馏方法经济上不合理、不适用。这时通常采用特殊精馏，目前开发的特殊精馏方法主要有恒沸精馏、萃取精馏、吸收精馏和催化精馏等。

## 进度检查

**一、填空题**

1. 化工单元操作中的"三传"是指：_____、_____ 和 _____。
2. 通常把具有_____特点的基本操作称为化工单元操作。
3. 蒸馏操作根据蒸馏方式可以分为_____、_____、_____ 和 _____。

**二、判断题（正确的在括号内画"√"，错误的画"×"）**

1. 化工单元操作是一种物理操作，只改变物质的物理性质而不改变其化学性质。（    ）
2. 对物料进行萃取、结晶属于化工单元反应过程。（    ）

**三、简答题**

1. 什么叫化工单元过程，一般有哪些单元过程？
2. 比较重要的化工单元操作包括哪几类？其操作目的是什么？

# 模块 2　常用化工机械与设备操作

编号 FJC-119-01

## 学习单元 2-1　化工机械与设备简介

**学习目标：** 完成本单元的学习之后，能够掌握常用化工机械与设备的分类和特点。
**职业领域：** 化工、石油、环保、医药、冶金、汽车、食品、建材等工程。
**工作范围：** 分析检验。

中国古代在机械方面有许多发明创造，在动力的利用和机械结构的设计上都有自己的特色。许多专用机械的设计和应用，如指南车、地动仪等，均有独到之处。中华人民共和国成立后特别是近三十年来，中国的机械科学技术发展速度很快，向机械产品大型化、精密化、自动化和成套化的趋势发展。

### 一、化工机械与设备的分类

在各种化工产品的化工生产过程中，原料不断从工艺前端加入，通过发生各种化学反应，最终得到目的产品。这些过程必须要通过一定的化工单元操作和单元反应相互配合来完成。特定的单元操作，需要特定的机械和设备来完成。同样，特定的单元反应则由特定的反应器来完成。实际上，正是由单元操作设备和反应器组成了设备林立、管道如织的化工厂，才完成了各种化工产品的生产。所以，化工机械和设备是化工厂的核心。

化工机械与设备一般是按照具体操作和功能来分类的。例如物料输送设备通常包括固体输送机械、液体输送机械、气体输送机械，而根据机械的具体结构、工作原理的不同，又可以进行进一步的细分。化工机械与设备的具体分类如表 2-1 所示。

表 2-1　化工机械与设备的分类

| 化工机械与设备类别 | 类型 | 主要设备 |
| --- | --- | --- |
| 物料输送设备 | 固体输送机械 | 皮带运输机、斗式运输机、螺旋运输机 |
|  | 气体输送机械 | 通风机、鼓风机、压缩机、真空泵 |
|  | 液体输送机械 | 离心泵、往复泵、螺杆泵 |
| 化工反应设备 | 反应塔 | 合成塔 |
|  | 反应器 | 固定床反应器、流化床反应器 |
|  | 反应炉 | 管式炉 |
|  | 反应釜 | 搅拌釜式反应器 |
| 分离设备 | 固-固分离 | 浮选槽、筛分槽 |
|  | 液-液分离 | 精馏塔、萃取塔、蒸馏塔 |
|  | 气-气分离 | 吸收塔、过滤器、分子筛吸附器 |
|  | 液-固分离 | 沉降器、过滤机、离心机 |
|  | 气-固分离 | 旋风分离器、电沉降器、袋式过滤器 |
|  | 气-液分离 | 除雾器、除沫器 |

续表

| 化工机械与设备类别 | 类型 | 主要设备 |
|---|---|---|
| 传热设备 | 加热冷却设备 | 加热器、冷却器 |
|  | 蒸发结晶设备 | 蒸发器、结晶器 |
|  | 干燥设备 | 干燥器 |
| 粉碎设备 | 破碎设备 | 颚式破碎机、锤击式破碎机 |
|  | 粉碎设备 | 球磨机、研磨机、辊式磨碎机 |
| 冷冻设备 | 氨冷冻设备 | 氨冷凝器 |
|  | 深度冷冻设备 | 主冷器 |
| 容器设备 | 储存物料设备 | 料斗、储槽、气柜、酸槽、循环水槽 |
| 特殊操作设备 | 热力设备 | 高压锅炉、废热锅炉、汽轮机 |
|  | 电力设备 | 变电设备、输电设备、配电设备、发电机 |

## 二、化工机械与设备的特点和要求

有些化学反应或物理变化要在高温、高压、真空、深冷等条件下进行，有许多物料具有易燃、易爆、易腐蚀、有毒等性质，这些特点决定了化工生产机械和设备的特殊性。

随着科技的不断发展，化工产品的种类日益繁多，生产方法日益多样，化工厂的竞争日益激烈，这些都对化工机械和设备提出了更高的要求，概括起来有以下几点：

① 因为生产条件的特殊性，化工机械与设备与其他设备相比，要具有耐高温、高压、真空、深冷的特点。

② 因为介质的特殊性，化工机械与设备要具有耐燃性、防爆炸、耐腐蚀性和防毒性等特点。

③ 因为化工生产的污染性，所以要求化工机械与设备要有高度的密闭性，避免或尽量减少生产过程中的"跑""冒""滴""漏"现象。

④ 由于生产技术不断提高，劳动生产率不断提高，对化工机械与设备的自动化和连续化要求也在逐渐提高。

### 进度检查

**一、填空题**

1. 物料输送设备包括_____输送机械、_____输送机械和_____输送机械。

2. 化工机械与设备通常是按照_____和_____进行分类的。

**二、判断题（正确的在括号内画"√"，错误的画"×"）**

1. 化工机械与设备是化工厂的核心。（  ）

2. 设备可以分为动设备和静设备两大类。（  ）

**三、简答题**

1. 什么是化工机械与设备？

2. 现代化工厂对化工机械与设备的要求有哪些？

编号 FJC-119-02

# 学习单元 2-2　管路设备及操作

**学习目标**：完成本单元的学习之后，能够掌握常用化工管路的组成，各种阀门的种类和作用及操作要求。
**职业领域**：化工、石油、环保、医药、冶金、汽车、食品、建材等工程。
**工作范围**：分析检验。

从一名现场的管路安装工，到国之重器的建造者，杨德将用 20 年持之以恒的执着坚守，挺起了"大国工匠"的脊梁。作为烟台中集来福士海洋工程有限公司管路班班长，他参与了包括"兴旺号""蓝鲸 1 号"等 10 余座半潜式钻井平台在内的 30 多个海工项目的管路建造工作。在一线生产中，杨德将解决现场疑难杂症百余项，提出上百条创新改良方案，并攻克许多由国际厂商垄断的钻井系统的技术瓶颈，其中"蓝鲸 1 号"的节流压井管汇系统创造了海工行业最高压力纪录（2100bar，1bar＝0.1MPa），为企业创造了巨大的收益。

## 一、管路的组成

管道设备在化工生产中起着重要的作用，是化工厂的关键设备。管道把机器与设备连接起来，既起到输送的作用，又起到稳定生产的作用，甚至起到安全保护的作用。如果没有管道设备，机器与设备将失去作用，所以说管道的作用是极端重要的。在实际生产中，管路的费用在设备费用中占相当大的比例。

化工生产系统庞杂、工艺流程长、工艺过程复杂，输送介质的性质和输送条件千差万别，例如高温、高压、低温、低压、易燃易爆、毒性、腐蚀性等，对管路的材质、壁厚、耐腐蚀性能、安装的要求等各不相同，所以化工管路的组成种类繁多。虽然种类千差万别，但是管路的基本组成还是有一定的相似性，即化工管路由管子、管件、阀门及支承架等附属结构组成。

## 二、管子的分类

管子是管路的主体，按照不同的分类包括以下几种。

按输送介质的压力可分为：高压管、中压管、低压管、常压管。

按照输送介质的种类可分为：蒸汽管、压缩空气管、酸液管、碱液管、给水管、排水管等。

按照管路的材质可分为：金属管和非金属管。

常见的金属管有：

① 无缝钢管。一般无缝钢管适用于压力较高的冷、热水管和蒸汽管道，一般在 0.6MPa 以上的管路都应采用无缝钢管。由于用途的不同，所以管子所承受的压力也不同，要求管壁

的厚度差别很大。因此，无缝钢管的规格是用外径×壁厚来表示。热轧无缝钢管通常长度为3.0~12.0m，冷拔无缝钢管通常长度为3.0~10.0m。

② 焊接钢管（有缝钢管）。焊接钢管又称黑铁管，将焊接钢管镀锌后则称为镀锌钢管（白铁管）。按焊缝的形状可分为直缝钢管、螺旋缝钢管和双层卷焊钢管；按其用途不同又可分为水、煤气输送钢管；按壁厚分薄壁管和加厚管等。

③ 合金钢管。合金钢具有高强度性，在同等条件下采用合金钢管可达到节省钢材的目的。

④ 铸铁管。铸铁管分给水铸铁管和排水铸铁管两种。其特点是经久耐用，抗腐蚀性强、性质较脆，多用于耐腐蚀介质及给排水。铸铁管的连接形式分为承插式和法兰式两种。

⑤ 有色金属管。包括铝管、铅管、铜管、钛管等。铝管多用于耐腐蚀性介质管道，用于输送浓硝酸、乙酸、脂肪酸、过氧化氢等液体及硫化氢、二氧化碳等气体。铜管的导热性能良好，多用于制造换热器、压缩机输油管、低温管道、自控仪表以及保温伴热管和氧气管道等。

⑥ 钛管。具有质量轻、强度高、耐腐蚀性强和耐低温等特点，常被用于其他管材无法胜任的工艺部位，用于输送强酸、强碱及其他材质管道不能输送的介质。钛管虽然具有很多优点，但因价格昂贵，焊接难度很大，所以还没有被广泛采用。

常见的非金属管有：

① 混凝土管。主要用于输水管道，管道连接采取承插接口，用圆形截面橡胶圈密封。

② 陶瓷管。陶瓷管分普通陶瓷管和耐酸陶瓷管两种。一般都是承插接口。

③ 玻璃管。玻璃管具有表面光滑，输送流体时阻力小，耐磨且价格低，并具有保持产品高纯度和便于观察生产过程等特点。用于输送除氢氟酸、氟硅酸、热磷酸和热浓碱以外的一切腐蚀性介质和有机溶剂。

④ 玻璃钢管。玻璃钢管具有质量轻、隔音、隔热、耐腐蚀性能好等优点，可输送氢氟酸和热浓碱以外的腐蚀性介质和有机溶剂。

⑤ 橡胶管。橡胶具有较好的力学性能和耐腐蚀性能。根据用途不同可分为输水胶管、耐热胶管、耐酸碱胶管、耐油胶管和专用胶管（如焊接氧气乙炔专用管）。

⑥ 塑料管。常用的塑料管有硬聚氯乙烯（PVC）管、聚乙烯（PE）管、聚丙烯（PP）管和耐酸酚醛塑料管等。塑料管具有质量轻、耐腐蚀、加工容易（易成型）和施工方便等特点，在有些场合可以取代金属管。

## 三、管件的种类和作用

管件是用来连接管子、改变管路方向、变化管路直径、接出支路、封闭管路的管路附件的总称，一种管件可以有一种或多种功能，如弯头可以改变管路方向，也可以连接管路。化工生产中，管件的种类很多，根据管件的材料来分，有钢管件、铸铁管件、塑料管件、耐酸陶瓷管件和电焊钢管管件。根据管件在管路中的作用来分，有以下六类：

① 改变管路方向的管件，如90°肘管或弯头、长颈肘管、45°肘管或弯头、回弯头等。

② 连接直径不同的管件，如异径管、大小头、内外螺纹管接头等。

③ 连接管路支管的管件，如双曲肘管、四通管、三通管、Y形管等。

④ 堵塞管路的管件，如管帽、丝堵、法兰盖等。

⑤ 连接两段管路的管件，如内外接头、活接头、法兰等。
⑥ 连接固定钢管和临时胶管的管件，如吹扫接头等。
常见管件的种类和用途见表 2-2。

表 2-2 管件的种类和用途

| 种类 | 用途 | 种类 | 用途 |
| --- | --- | --- | --- |
| 内螺纹管接头 | 俗称"内牙管、管箍、束节、管接头、死接头"等。用以连接两段公称直径相同的管子 | 等径三通 | 俗称"T形管"。用于接出支管，改变管路方向和连接三段公称直径相同的管子 |
| 外螺纹管接头 | 俗称"外牙管、外螺纹短接、外丝扣、外接头、双头丝对管"等。用于连接两个公称直径相同的具有内螺纹的管件 | 异径三通 | 俗称"中小天"。可以由管中接出支管，改变管路方向和连接三段公称直径相同的管子 |
| 活管接头 | 俗称"活接头、由任"等。用以连接两段公称直径相同的管子 | 等径四通 | 俗称"十字管"。可以连接四段公称直径相同的管子 |
| 异径管 | 俗称"大小头"。可以连接两段公称直径不相同的管子 | 异径四通 | 俗称"大小十字管"。用以连接四段具有两种公称直径的管子 |
| 内外螺纹管接头 | 俗称"内外牙管、补心"等。用以连接一个公称直径较大的内螺纹的管件和一段公称直径较小的管子 | 外方堵头 | 俗称"管塞、丝堵、堵头"等。用以封闭管路 |
| 等径弯头 | 俗称"弯头、肘管"等。用以改变管路方向和连接两段公称直径相同的管子，它可分40°和90°两种 | 管帽 | 俗称"闷头"。用以封闭管路 |
| 异径弯头 | 俗称"大小弯头"。用以改变管路方向和连接两段公称直径不同的管子 | 锁紧螺母 | 俗称"背帽、根母"等。它与内牙管联用，可以看得到的可拆接头 |

## 四、阀门的种类和作用

阀门是用来开启、关闭和调节流量及控制安全的机械装置。化工生产中，通过阀门可以调节流量、系统压力、流动方向，从而确保工艺条件的实现与安全生产。按照阀的构造和作用，常见的阀门有以下几种：

（1）旋塞阀　旋塞阀又名考克，它的主要部件为一个空心的铸铁阀体中插入一个可旋转的圆形旋塞，旋塞中间有一个孔道，当孔道与管子相通时，流体即沿孔道流过，当旋塞转过 90°，其孔道被阀体挡住，流体即被切断。旋塞阀的优点是结构简单，启闭迅速，全开时流体阻力较小，流量较大，但不能准确调节流量，旋塞易卡住阀体难以转动，密封面容易破损，故旋塞阀一般用在常压、温度不高、管径较小的场合，适用于输送带有固体颗粒的流体。如图 2-1 所示。

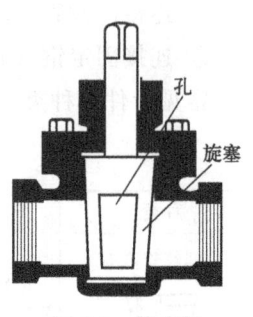

图 2-1　旋塞阀

(2) 截止阀　阀体内有一个 Z 形隔层，隔层中央有一圆孔，当阀盘将圆孔堵住时，管路内流体被切断，因此可以通过旋转阀杆使阀盘升降，隔层上开孔的大小发生变化而进行流体流量调节。如图 2-2 所示。

截止阀结构复杂，流体阻力较大，但严密可靠，耐酸、耐高温和高压，因此可以用来输送蒸汽、压缩空气和油品。但黏度大的流体或者含有固体颗粒的液体物料不能使用，否则会使阀座磨损，引起漏液。截止阀安装时一定要注意使流体流向与阀门进出口一致。

(3) 闸板阀　闸板阀又名闸阀，阀体内装有一个闸板，转动手轮使阀杆下面的闸板上下升降，从而调节管路内流体的流量。闸阀全开时，流体阻力较小，流量较大。但闸阀制造修理困难，阀体高，占地多，价格较贵，多用在大型管路中作启闭阀门，不适用于输送含固体颗粒的流体。如图 2-3 所示。

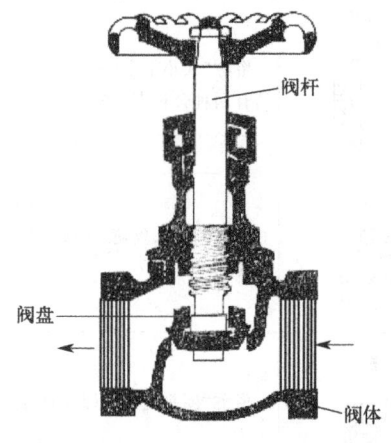

图 2-2　截止阀

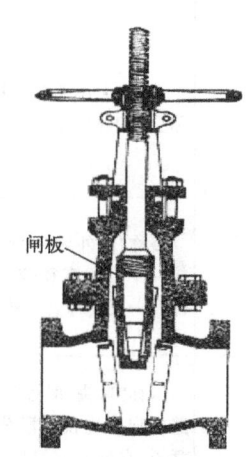

图 2-3　闸板阀

(4) 其他阀门　化工生产中常见的阀门还有安全阀、减压阀、止回阀和疏水阀等。

安全阀（图 2-4）是受压设备（如：容器、管道）上的超压保护装置。安全阀的启闭件受外力作用时处于常闭状态，当设备或管道内的介质压力升高达到预定值时，安全阀自动开启泄压，防止设备压力继续升高。当压力降低到规定值时，安全阀及时自动关闭，防止设备内介质大量流失。安全阀属于自动阀类，主要用于锅炉、压力容器和管道上，控制压力不超过规定值，对人身安全和设备运行起重要保护作用。

减压阀（图 2-5）是一种自动降低管路工作压力的专门装置，作用是在给定减压范围后，可以将介质的压力减到给定压力并维持出口压力稳定。减压阀常用在高压设备上，通过自动降低管路及设备内的高压，达到规定的低压，从而保证化工生产安全。例如，高压钢瓶出口都要接减压阀，以降低出口的压力，满足后续设备的压力要求。

止回阀（图2-6）称止逆阀或单向阀，是在阀的上下游压力差的作用下自动启闭的阀门，其作用是仅允许流体向一个方向流动，一旦倒流就自动关闭。常用在泵的进出口管路中、蒸汽锅炉的给水管路上。例如，离心泵在启动前需要灌泵，为了保证停车时液体不倒流，防止发生气缚现象，常在泵的吸入口安装一个单向阀。

疏水阀（图2-7）是一种能自动间歇排除冷凝液，并能自动阻止蒸汽排出的阀门。其作用是及时排出加热蒸汽冷凝后的冷凝水，又不让蒸汽漏出。几乎所有使用蒸汽的地方，都要使用疏水阀。

图 2-4　安全阀

图 2-5　减压阀

图 2-6　止回阀

图 2-7　疏水阀

### 五、管路的连接方式

管子与管子、管子与管件、管子与阀件、管子与设备之间常见的连接方式有螺纹连接、法兰连接、承插式连接及焊接连接。

(1) 螺纹连接　螺纹连接（图2-8）是依靠内、外螺纹管接头和活接头以丝扣方式把管子与管路附件连接在一起。以螺纹管接头连接管子时，操作方便，结构简单，但不易拆装。活接头连接构造复杂，易拆装，密封性好，不易漏液。螺纹连接通常用于小直径管路、水煤气管路、压缩空气管路、低压蒸汽管路等的连接。安装时，为了保证连接处的密封，常在螺纹上涂上胶黏剂或包上填料。

(2) 法兰连接　法兰连接（图2-9）是化工管路中最常用的连接方法。其主要特点是已经标准化，拆装方便，密封可靠，一般适用于大管径、密封要求高、温度及压力范围较宽、需要经常拆装的管路上，但费用较高。连接时，为了保证接头处的密封，需在两法兰盘间加垫片，并用螺栓将其拧紧。法兰连接也可用于玻璃管、塑料管的连接。

(3) 承插式连接　承插式连接（图 2-10）是将管子的一端插入另一管子的插套内，再在连接处用填料（丝麻、油绳、水泥、胶黏剂、熔铅等）加以密封的一种连接方法。主要用于水泥管、陶瓷管和铸铁管等埋在地下管路的连接，其特点是安装方便，对各管段中心重合度要求不高，但拆卸困难，不能耐高压。

(4) 焊接连接　焊接也称作熔接，是一种以加热、高温或者高压的方式接合金属或其他热塑性材料的制造工艺及技术。焊接连接（图 2-11）是一种方便、价廉、严密耐用但却难以拆卸的连接方法，广泛使用于钢管、有色金属管及塑料管的连接，主要用在不经常拆装的长管路和高压管路中。

图 2-8　螺纹连接

图 2-9　法兰连接

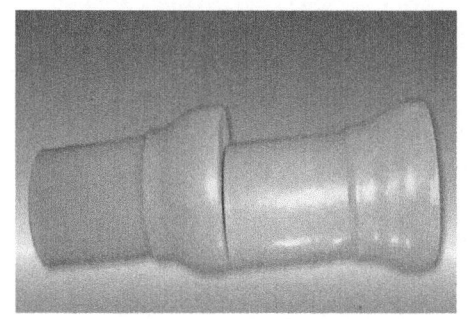

图 2-10　承插式连接

图 2-11　焊接连接

## 六、化工管路的保温与涂色

为了维持生产需要的高温或低温条件，节约能源，维护劳动条件，必须采取措施减少管路与环境的热量交换，这就是管路的保温。保温的方法是在管道外包上一层或多层保温材料。

化工生产中的管路是很多的，为了方便操作者区别各种类型的管路，应在不同介质的管道上（保护层外或保温层外）涂上不同颜色的涂料，称为管路的涂色。涂色有两种方法，其一是整个管路均涂上一种颜色（涂单色），其二是在底色上每间隔 2m 涂上一个 50～100mm 的色圈。常见化工管路的颜色如给水管为绿色，饱和蒸汽为红色，氨气管为黄色，真空管为白色，低压空气管为天蓝色，可燃液体管为银白色，可燃气体管为紫色等。

## 七、化工管路的热补偿

化工管路的两端是固定的，由于管道内介质温度、环境温度的变化，必然引起管道产生热胀冷缩而变形，严重时将造成管子弯曲、断裂或接头松脱等现象。为了消除这种现象，工业生产中常对管路进行热补偿。热补偿方法主要有两种：一种是依靠管路转弯的自然补偿方法，通常，当管路转角不大于150°时，均能起到一定的补偿作用；另一种是在直线段管道每隔一定距离安装补偿器（也叫伸缩器）进行补偿。常用的补偿器主要有方形补偿器、波形补偿器、填料补偿器。

## 八、化工管路的防静电措施

静电是一种常见的带电现象。在化工生产中，由于电解质之间相互摩擦或电解质与金属之间的摩擦都会产生大量的静电，如当粉尘、液体和气体电解质在管路中流动，或从容器中抽出注入时，都会产生静电。这些静电如不及时消除，很容易产生电火花而引起火灾或爆炸。管路的抗静电措施主要是静电接地和控制流体的流速。

### 进度检查

**一、填空题**

1. 管路的连接方式包括_____、_____、_____和承插式连接。
2. 管道中的管子，根据材质不同分为_____和_____。
3. 仅允许流体向一个方向流动，一旦倒流就自动关闭的阀门是_____。
4. 管路中通常用_____阀调节流体流量。

**二、判断题**（正确的在括号内画"√"，错误的画"×"）

1. 闸板阀通常用于调节流量。（  ）
2. 管路涂色是为了减少管路与环境的热量交换。（  ）

**三、简答题**

1. 常见的管件有哪些？
2. 常见的阀门有哪些？各自的特点及使用场合是什么？
3. 化工管路为什么要进行热补偿？常用的方式有哪些？
4. 化工厂为什么要防静电？怎样防静电？

编号 FJC-119-03

# 学习单元 2-3　物料输送设备及操作

**学习目标**：完成本单元的学习之后，能够掌握物料输送设备的类型和操作要求。
**职业领域**：化工、石油、环保、医药、冶金、汽车、食品、建材等工程。
**工作范围**：分析检验。

为了满足生产生活上对水的需要，早在商、周两代，我国农村先后出现了桔槔、辘轳、翻车、筒车等原始提水工具，到东汉和三国时期进一步发展为龙骨水车，成为现代水泵的前身。龙骨水车亦称"翻车""踏车""水车"，因为其形状犹如龙骨，故名龙骨水车。龙骨水车约始于东汉，三国时发明家马钧曾予以改进。此后一直在农业上发挥巨大的作用。龙骨水车其实就是一种输送设备。

## 一、物料输送设备的分类

要将原料和其他物料输送到工艺要求的反应器或设备中，这就需要用到物料输送设备。按照输送介质的不同，物料输送设备可以分为固体输送设备、液体输送设备和气体输送设备。

## 二、固体输送设备的分类和操作

在化工生产中，往往要处理大量的固体物料，例如氯碱工业中的食盐、石灰石，合成氨中的原料煤，硫酸生产中的硫铁矿等。固体物料输送机械分为连续式物料输送机械和间断式物料输送机械。连续式物料输送机械有带式输送机、螺旋式输送机、埋刮板输送机和斗式提升机等。间断式输送机械有有轨行车（包括悬挂输送机）、无轨行车、专用输送机等。

### 1. 带式输送机

在短距离运输物料过程中，带式输送机的应用非常广泛，在食品、化工等行业都很常见。因为它有以下优点：既可输送粉状、块状或粒状物料，又可输送成件的物料；不仅可作水平方向的输送，而且可以按一定倾斜角度向上输送；输送能力大，最高可达每小时数百吨甚至数千吨；还具有运输距离长、操作方便、噪声小、在整个机长内的任何地方都可装料或卸料的优点。

带式输送机的结构主要由输送带、滚筒、料斗、托辊、卸料装置、驱动装置等组成，其结构示意图见图 2-12。

带式输送机的基本原理是借助一根移动的带子来输送固体物料。带条由主动轮带动，另一端由张紧轮借重力张紧（或借螺旋张紧）。带的承载段由支承装置的上托辊支承，空载段由下托辊支承，带式输送机物料由加料斗加在带上，到末端卸落。

带式输送机的主要性能指标有输送能力、带宽和带速等。

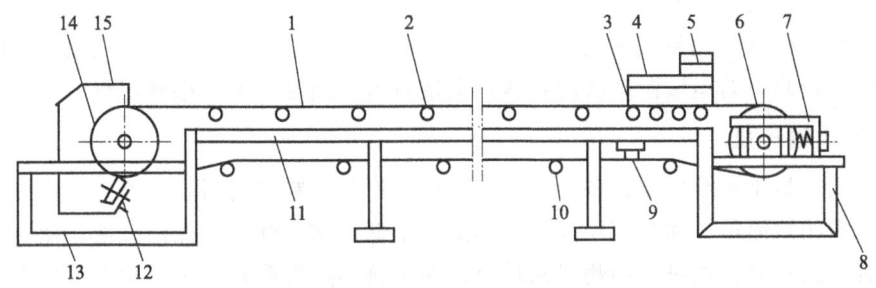

图 2-12 带式输送机

1—输送带；2—上托辊；3—缓冲托辊；4—导料板；5—加料斗；6—改向滚筒；7—张紧装置；8—尾架；9—空段清扫器；10—下托辊；12—弹簧清扫器；13—头架；14—传动滚筒；15—头罩

## 2. 斗式提升机

在带或链等牵引件上均匀地安装着若干料斗，用来连续运送物料的运输设备即为斗式提升机。斗式提升机主要用于垂直、倾斜连续输送散状物料。它结构简单，占地面积小，提升高度大（一般 12～20m，最高可达 30～60m），密封性好，不易产生粉尘。但是它的料斗和牵引件易磨损，对过载的敏感性大。

斗式提升机主要由牵引件、传动滚筒、张紧装置、料斗、加料及卸料装置和驱动装置等组成，其结构示意图见图 2-13。整个装置封闭在金属外壳内，一般传动滚筒和驱动装置放在提升机的上端。斗式提升机的牵引件有的是胶带，用于中小生产能力，中等提升高度，提升较轻的物料的场合。有的是链带，主要用于提升高度要求高，提升较重的物料的场合。斗

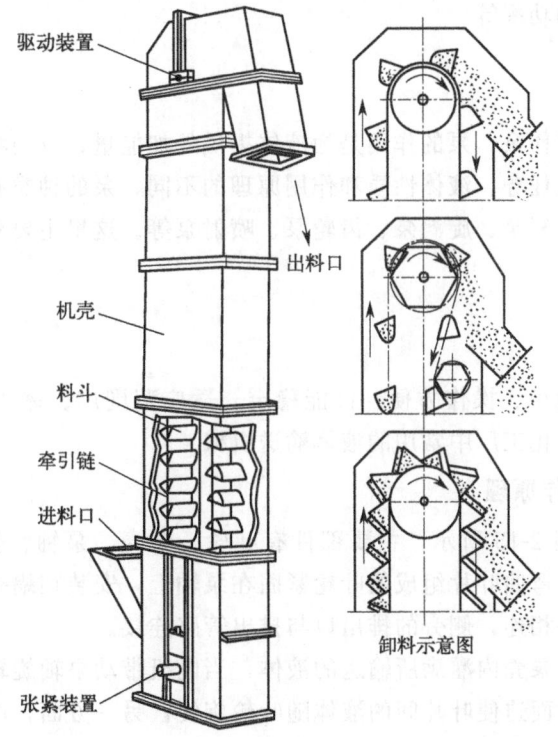

图 2-13 斗式提升机

式提升机的主要性能指标有提升能力和功率等。

斗式提升机的结构比带式输送机要复杂，运行速度及运输能力都比带式输送机的低，而且它的密闭性较高，若运输湿度大的物料，会使设备受腐蚀，所以维修困难。

**3. 螺旋式输送机**

螺旋式输送机是密封输送设备，主要用来输送粉状或粒状物料，能够起到输送、混合和挤压作用。它构造简单，横截面尺寸小，制造成本低，密封性好，操作方便，便于改变加料和卸料位置。缺点是输送过程中物料易粉碎；输送机零部件磨损较重，动力消耗大；输送长度较小，输送能力较低。螺旋式输送机结构示意图见图2-14。

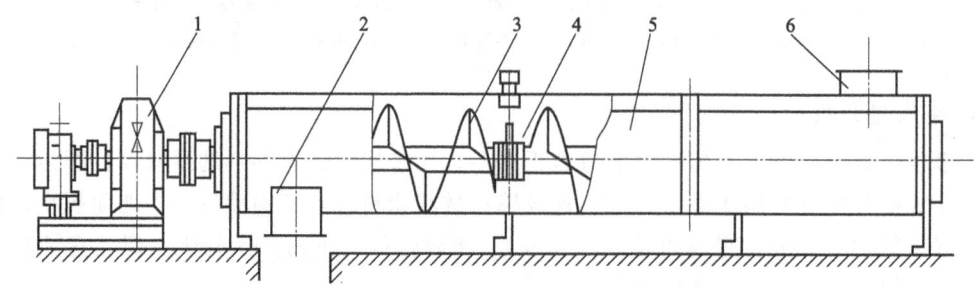

图 2-14 螺旋式输送机
1—驱动装置；2—出料口；3—螺旋轴；4—中间吊挂轴承；5—壳体；6—进料口

螺旋式输送机的工作原理是利用螺旋把物料在固定的机壳（料槽）内推移进行输送。螺旋式输送机主要由螺旋轴和料槽构成。螺旋式输送机的主要性能指标有输送能力、螺旋轴的转速、螺旋轴的直径和功率等。

## 三、液体输送设备

输送液体的机械叫作泵，泵的作用是为液体提供外加能量，以便将液体由低处送往高处或送往远处。由于输送任务、液体性质和作用原理的不同，泵的种类有很多。按照工作原理不同，分为离心泵、往复泵、旋涡泵、齿轮泵、喷射泵等。这里主要介绍离心泵、往复泵和齿轮泵。

### （一）离心泵

离心泵具有结构简单、操作方便、性能稳定、适应范围广、体积小、流量均匀、故障少、寿命长等优点，是化工厂中常用的液体输送机械。

**1. 基本结构和工作原理**

离心泵的结构如图2-15所示，主要部件有叶轮、泵壳、泵轴、吸入管路、排出管路、滤网和调节阀，由若干弯曲叶片组成的叶轮紧固在泵轴上，安装在蜗壳形的泵壳内。泵壳中央的吸入口与吸入管路相连，侧旁的排出口与排出管路连接。

离心泵启动前应在泵壳内灌满所输送的液体，当电机带动泵轴旋转时，叶轮亦随之高速旋转。叶轮的旋转一方面迫使叶片间的液体随叶轮旋转，另一方面，由于受离心力的作用使液体向叶轮外缘运动。在液体被甩出的过程中，流体通过叶轮获得了能量，以很高的速度进入泵壳。在蜗壳中由于流道的逐渐扩大，又将大部分动能转变为静压能，使压强进一步提高,最终以较高的压强沿切向进入排出管道,实现输送的目的,即为排液原理。当液体由叶轮中心流向外缘时,在叶轮中心处形成了低压,在液面压强与泵内压强差的作用下,液体经吸入管路进入泵的叶轮内,以填补被排出液体的位置,即为吸液原理。只要叶轮旋转不停,液体就被源源不断地吸入和排出,这就是离心泵的工作原理。

离心泵无自吸能力。因此在启动泵之前一定要使泵壳内充满液体。通常吸入口位于贮槽液面上方时,在吸入管路中安装一个单向底阀和滤网,以防止停泵时液体从泵内流出和吸入杂物。

### 2. 离心泵的主要性能参数

反映离心泵工作特性的参数称为性能参数。离心泵主要有流量、扬程、功率、效率等性能参数,在离心泵的铭牌上标有泵在最高效率时的各种性能参数,以供选用时参考。

① 流量。离心泵在单位时间内排出的液体体积,亦称为送液能力,用 $Q$ 表示,单位为 $m^3/h$ 或 $m^3/s$。

② 扬程。指离心泵对单位质量的液体所提供的有效能量,用 $H$ 表示,单位为 m。

③ 轴功率。指泵轴转动时所需要的功率,亦即电机提供的功率,用 $N$ 表示,单位为 kW。

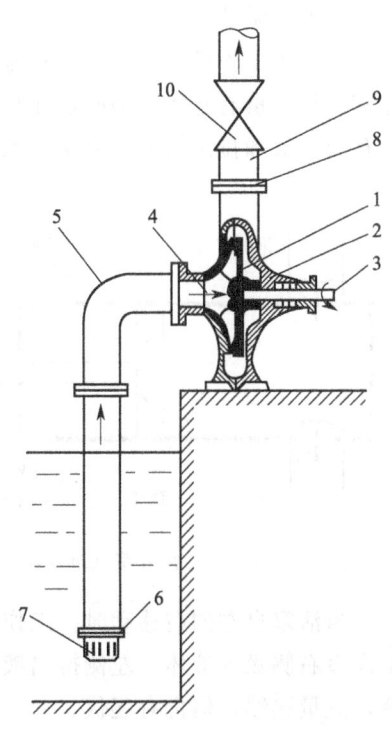

图 2-15 离心泵结构示意图
1—叶轮;2—泵壳;3—泵轴;
4—吸入口;5—吸入管;
6—单向底阀;7—滤网;8—排出口;
9—排出管;10—调节阀

④ 效率。泵轴对液体提供的有效功率与泵轴转动时所需功率之比,称为泵的效率,用 $\eta$ 表示,无因次,其值恒小于1,它的大小反映泵在工作时能量损失的大小。泵的效率与泵的大小、类型、制造精密程度和工作条件等有关。

### 3. 分类

离心泵按输送介质不同分为水泵、油泵、耐腐蚀泵、杂质泵等;按照吸液方式不同分为单吸泵和双吸泵;按照叶轮数目不同分为单级泵和多级泵。

### (二)往复泵

往复泵是一种典型的容积式输送机械。

### 1. 主要部件和工作原理

往复泵的主要部件有泵缸、活塞、活塞杆、吸入阀和排出阀(均为单向阀),如图 2-16 所示。活塞杆与传动机械相连,带动活塞在泵缸内做往复运动。活塞与阀门间的空间称为工作室。

活塞自左向右移动时,排出阀关闭,吸入阀打开,液体进入泵缸,直至活塞移至最右端。活塞由右向左移动,吸入阀关闭而排出阀开启,将液体以高压排出。活塞移至左端,则排液完毕,完成了一个工作循环,周而复始实现了送液目的。因此往复泵是依靠其工作容积改变对液体做功。

在一次工作循环中,吸液和排液各交替进行一次,液体的输送是不连续的。活塞往复非等速,故流量有起伏。为改善往复泵流量不均匀的特点,有双动泵,即活塞两侧的泵缸内均装有吸入阀和排出阀的往复泵,如图 2-17 所示。

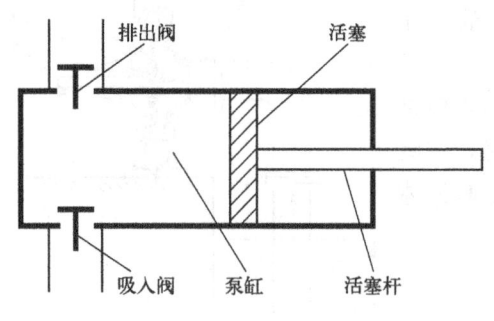

图 2-16　往复泵(单动泵)

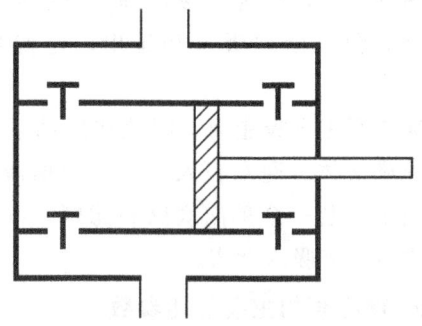

图 2-17　往复泵(双动泵)

当活塞自左向右移动时,工作室左侧吸入液体,右侧排出液体。活塞自右向左移动时,工作室右侧吸入液体,左侧排出液体。即活塞无论向哪一方向移动,都能同时进行吸液和排液,流量连续,但仍有起伏。

**2. 适用范围**

化工生产中,往复泵主要用于输送黏度大、温度高的液体,特别适用于小流量、高扬程的场合,但不能输送腐蚀性液体和有固体颗粒的悬浮液,以免损坏缸体。

**(三)齿轮泵**

如图 2-18 所示,齿轮泵主要是由椭圆形泵壳和两个齿轮组成。其中一个齿轮为主动齿轮,由传动机构带动,另一个为从动齿轮,与主动齿轮相啮合而随之做反方向旋转。在吸入腔内,当齿轮转动时,因两齿轮的齿相互分开而形成低压,将液体吸入,并沿壳壁推送至压出腔。在压出腔内,两齿轮的齿互相合拢而形成高压将液体排出。如此连续进行以完成液体输送任务。

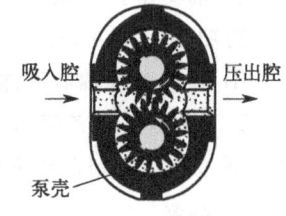

图 2-18　齿轮泵

齿轮泵流量较小,产生压头很高,适于输送黏度大的液体,如甘油等。

## 四、气体输送机械

气体的输送和压缩是化工生产过程中比较常见的操作。输送和压缩气体的设备统称气体输送机械,用于气体输送、气体压缩或产生真空。气体输送机械的分类比较多,按照作用原理可以分为离心式、往复式和流体作用式等;若按照压缩比(ε),即气体压缩后与压缩前的绝对压力之比可以分为以下四类。

(1) 压缩机　压缩比大于 4,终压在 300kPa(表压)以上。主要有往复式和离心式,用于产生高压气体。

(2) 鼓风机　压缩比小于 4,终压在 15~300kPa(表压)。主要有多级离心式、旋转式,用于输送气体。

(3) 通风机　压缩比为1~1.15,终压小于15kPa（表压）。主要有离心式、轴流式，用于通风换气和送气。

(4) 真空泵　造成设备真空，压缩比视真空度而定。

离心式压缩机在大型化工厂中应用较多。这里主要介绍往复式压缩机、离心式压缩机和真空泵。

### （一）往复式压缩机

#### 1. 基本结构和工作原理

往复式压缩机的构造与往复泵相类似，主要由气缸、活塞、阀门（入口单向阀和出口单向阀）和传动机构（曲柄、连杆等）组成，如图2-19所示。

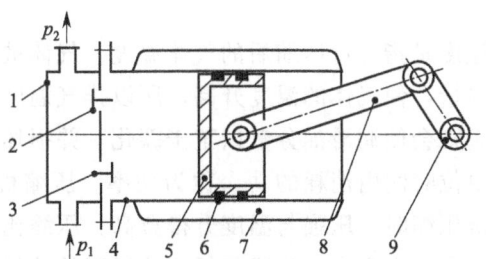

图2-19　往复式压缩机简图

1—气缸盖；2—排气阀；3—进气阀；4—气缸；5—活塞；6—活塞环；7—冷却套；8—连杆；9—曲轴

往复式压缩机的一个工作循环包括四个阶段：

(1) 吸气阶段　当活塞从左向右移动时，活塞左侧的容积增大，使气缸内的压力降低，当压力小于吸入管口的压力时，入口单向阀（进气阀）打开，气体进入气缸，而此时由于排出口处有一定的压力，出口单向阀（排气阀）是关闭的。吸气过程持续到活塞运行到右端点。

(2) 压缩阶段　当活塞开始从右端点向左移动时，进气阀被关闭，而排气阀也是关闭的，所以气缸内的气体量没有变化，而被压缩，体积减小，压力升高。在这个过程中进气阀和排气阀均处于关闭状态。

(3) 排气阶段　当气缸内的气体压力大于排出管口处的压力时，排气阀打开，气体被排出，进气阀仍然处于关闭状态。

(4) 膨胀阶段　当活塞运行到最左端时，活塞与气缸之间还应该留一段间隙，这个间隙叫作余隙。由于余隙的存在，气缸内还残留一部分高压气体，当活塞从左端点向右移动时，这部分气体会膨胀，直到压力等于排气压力为止，在这个过程里，排气阀关闭，进气阀也处于关闭状态。

活塞在气缸中每往复运动一次，就要经过吸气、压缩、排气和膨胀四个阶段，也称为一个工作循环。在压缩机中，活塞与气缸盖之间必须留有余隙。原因是：

① 可避免活塞与气缸盖发生撞击损坏；
② 避免活塞与气缸盖发生"水击"现象而损坏机器；
③ 残留在余隙内的气体能起缓冲作用，减轻了阀门和阀片的撞击作用。

气缸中留有余隙容积，能给压缩机的装配、操作和安全使用带来很多好处，所以气缸中要留有余隙；但余隙也不能留得过大，以免吸入气量减少，影响压缩机的生产能力。

**2. 主要性能参数**

（1）排气量　压缩机在单位时间排出的气体量，称为压缩机的排气量，也称为生产能力或输气量。由于气缸留有余隙，余隙内高压气体膨胀后占有气缸部分容积，同时由于填料函、活塞、进气阀及排气阀等处密封不严，造成气体泄漏，以及阀门阻力等原因，使实际排气量小于理论排气量。往复式压缩机的排气量也是不均匀的，为了改善流量的不均匀性，压缩机出口均安装缓冲罐，既能起到缓冲作用，又能去除油沫、水沫等，同时吸入口处需要安装过滤器，以免杂质被吸入。

影响压缩机排气量的主要原因有：余隙容积、气体泄漏、进气阀阻力、吸气温度、吸气压强等。

（2）排气温度　排气温度是指经过压缩后的气体温度。气体被压缩时，由于压缩机对气体做了功，会产生大量的热量，使气体的温度升高，所以排气温度总是高于吸气温度。压缩机的排气温度不能过高，否则会使润滑油分解以至于碳化，并损坏压缩机部件。

（3）功率　压缩机在单位时间内消耗的功，称为功率。压缩机铭牌上标明的功率数值，为压缩机最大功率。气体被压缩时，压强与温度升得愈高，压缩比愈大，排气量愈大，功耗也愈大；反之则功耗愈小。实际生产中，为了降低压缩过程的功耗，要及时移去压缩时所产生的热量，降低气体的温度。因此，一般在气缸外壁设置水冷装置，冷却缸内的气体，并设置冷却器冷却压缩后的气体。冷却效果越好，压缩机的功耗就越小。

（4）压缩比　气体的出口压强（即排气压强）与进口压强（即吸气压强）之比称为压缩比，压缩比表示气体被压缩的程度。

**3. 多级压缩**

由于往复式压缩机的气缸中有余隙容积，每压缩一次所允许的压缩比不能太大，在压缩机中每压缩一次其压缩比一般为5～7。在生产中，会遇到将某些气体的压力从常压提高到几兆帕，甚至几十兆帕以上的情况，采用单级压缩不仅不经济，有时甚至不能实现，因此须采用多级压缩。

多级压缩就是把两个或两个以上的气缸串联起来，气体在一个气缸被压缩后，又送入另一个气缸再压缩，经过几次压缩才达到要求的压力。压缩一次称为一级，连续压缩的次数就是级数。

### （二）离心式压缩机

离心式压缩机是透平式压缩机的一种。早期只用于压缩空气，并且只用于低、中压力及气量很大的场合。目前离心式压缩机可用来压缩和输送化工生产中的多种气体。它具有处理量大，体积小，结构简单，运转平稳，维修方便以及气体不受污染等特点。离心式压缩机的结构见图2-20。

**1. 基本结构与工作原理**

离心式压缩机主要由转动部分和固定部分两大部分组成，其中转动部分包括转轴，固定在轴上的叶轮、轴套、联轴节及平衡盘等；固定部分包括气缸，气缸上的各种隔板以及轴承

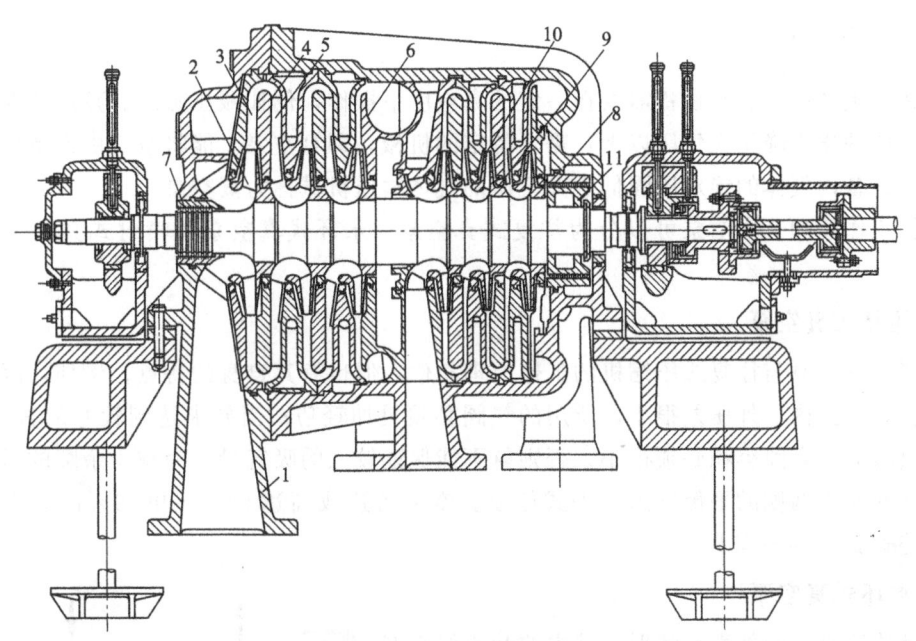

图 2-20　离心式压缩机的结构

1—吸入室；2—叶轮；3—扩压器；4—弯道；5—回流器；
6—蜗室；7，8—轴端密封；9—隔板密封；10—轮改密封；11—平衡盘

等其他零部件，如扩压器、弯道、回流器、蜗壳、吸气室等。离心式压缩机的工作原理和多级离心泵相似，气体在叶轮带动下做旋转运动，由于离心力的作用使气体的压强升高，经过一级一级的增压作用，最后得到比较高的排气压强。

在讨论离心式压缩机时，常常会涉及下列几个术语。级：由一个叶轮与其相配合的固定元件所构成。段：从气体吸入机内到流出机外去冷却期间气体所流经的级的组合。这样根据冷却次数的多少，压缩机又被分为若干个段，一段可以包括几个级，也可以只有一个级，以中间冷却器作为分段的标志。压缩机的缸，指机壳所包括的整体。

**2. 喘振现象及流量的调节**

离心式压缩机的实际操作流量要在其特性曲线的最小流量和最大流量之间，在这个范围内运行，效率最高，运行最经济。当实际流量小于最小流量时，压缩机出口压力升高。流量减少到一定程度时，机器出现不稳定状态，流量在较短时间内发生很大波动，而且压缩机压力突降，变动幅度很大，很不稳定，机器产生剧烈振动，同时发出异常的声响，称为喘振现象。若实际流量大于最大流量，叶轮对气体所做的功几乎全部用来克服流动阻力，气体的压力无法再升高，因此最大流量又叫滞止流量。在实际操作中应注意流量的调节与控制。

离心式压缩机的流量调节方法主要有：

① 压缩机进口节流调节，即在进气管上安装节流阀改变阀门的开度，改变压缩机的特性曲线，从而调节流量，这种方法应用比较广泛；

② 改变压缩机的转速调节流量；

③ 压缩机出口节流调节，在出口处安装节流阀，通过改变管路特性曲线调节流量，这种方法会降低压缩机的效率，因此一般不用。

### （三）真空泵

在化工生产中，有些设备需要在一定的真空度下操作，例如减压蒸发、减压蒸馏等。为了将设备内的压力降至大气压以下，需要特定的机械，即真空泵。能将空气由设备内抽至大气中，使设备内气体的绝对压强低于大气压的气体输送机械称为真空泵。

根据工作原理，真空泵可以分为往复式真空泵、水环式真空泵和喷射式真空泵等几种类型。

#### 1. 往复式真空泵

往复式真空泵与往复式压缩机的工作原理相似，但也有其自身的特点。例如，因为在低压下操作，气缸内、外压差很小，所用的气阀必须更加轻巧；当要求达到较好的真空度时，压缩比会很大，余隙容积必须很小，否则就不能保证较大的吸气量。为减少余隙的影响，设有连通活塞左右两侧的平衡气道。干式往复真空泵可造成高达96%～99.9%的真空度；湿式则只能达到80%～85%。

#### 2. 水环式真空泵

水环式真空泵的外壳呈圆形，其中的叶轮偏心安装。启动前，泵内注入一定量的水，当叶轮旋转时，由于离心力的作用，水被甩至壳壁形成水环。此水环具有密封作用，使叶片间的空隙形成许多大小不同的密封室。由于叶轮的旋转运动，密封室外由小变大形成真空，将气体从吸入口吸入，继而密封室由大变小，气体由压出口排出。水环式真空泵的结构见图2-21。水环式真空泵结构简单、紧凑，最高真空度可达85%。

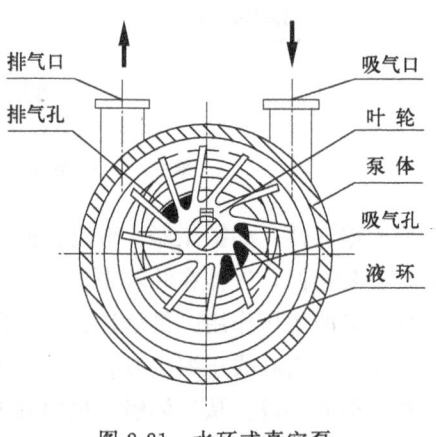

图 2-21 水环式真空泵

#### 3. 喷射式真空泵

喷射式真空泵是利用高速射流使压力能向动能转换所造成的真空，将气体吸入泵内，并在混合室通过碰撞、混合以提高吸入气体的机械能，气体和工作流体一并排出泵外。喷射泵的流体可以是水，也可以是水蒸气，分别称为水喷射泵和蒸汽喷射泵。喷射式真空泵的结构见图 2-22。

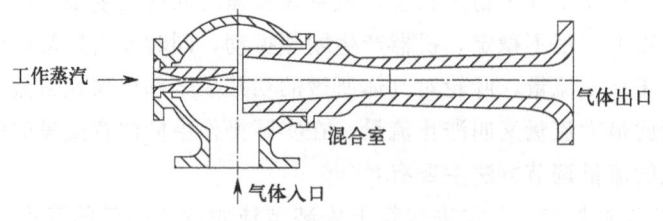

图 2-22 喷射式真空泵

单级蒸汽喷射泵仅能达到90%的真空度，为获得更高的真空度可采用多级蒸汽喷射泵。喷射泵的优点是工作压强范围大，抽气量大，结构简单，适应性强。缺点是效率低。

## 进度检查

**一、填空题**

1. 离心泵的主要结构包括_____、_____和_____。
2. 离心泵属于_____泵，往复泵属于_____泵。

**二、选择题**

1. 化工过程中常用到下列类型泵：a. 离心泵，b. 往复泵，c. 齿轮泵。其中属于正位移泵的是（    ）。

   A. a，b，c　　　　B. b，c　　　　C. a

2. 离心泵的扬程是（    ）。

   A. 液体的升扬高度

   B. 1kg 液体经泵后获得的能量

   C. 从泵出口到管路出口间的垂直高度，即压出高度

   D. 1N 液体经泵后获得的能量

3. 将含晶体 10% 的悬浊液送往料槽宜选用（    ）。

   A. 往复泵　　　B. 离心泵　　　C. 齿轮泵　　　D. 喷射泵

**三、判断题**（正确的在括号内画"√"，错误的画"×"）

1. 离心泵的泵壳内有空气是引起离心泵气缚现象的原因。（   ）
2. 离心泵在调节流量时是用回路来调节的。（   ）
3. 往复泵有自吸作用，安装高度没有限制。（   ）
4. 水环真空泵属于液体输送机械。（   ）

**四、简答题**

1. 常用的固体输送机械有哪些？
2. 离心泵的主要部件有哪些？
3. 离心泵有哪些主要的性能参数？
4. 往复泵有哪些主要性能参数？
5. 气体输送机械如何分类？
6. 喷射式真空泵的作用方式是什么？

编号 FJC-119-04

## 学习单元 2-4  传热设备及操作

**学习目标**：完成本单元的学习之后，能够掌握传热的基本原理和传热设备的分类及操作要点。
**职业领域**：化工、石油、环保、医药、冶金、汽车、食品、建材等工程。
**工作范围**：分析检验。

　　换热设备是使热量从热流体传递到冷流体的设备。换热设备广泛应用于炼油、化工、轻工、制药、机械、食品加工、动力以及原子能工业部门当中。通常，在某些化工厂的设备投资中，换热器占总投资的 30%；在现代炼油厂中，换热器约占全部工艺设备投资的 40%；在海水淡化工业生产当中，几乎全部设备都是由换热器组成的。换热器的先进性、合理性和运转的可靠性直接影响产品的质量、数量和成本。改进、优化换热设备，提高换热器效率，对于节能减排、绿色化工，以及碳达峰、碳中和的实施都非常重要。

### 一、传热在化工生产中的作用

　　化工生产中的化学反应通常是在一定的温度下进行的，为此需要将反应物加热到适当的温度；而反应后的产物常需要移去热量进行冷却。在其他单元操作中，如蒸馏、吸收、干燥等，物料都有一定的温度要求，需要输入或输出热量。此外，高温或低温下操作的设备和管道都要求保温，以便减少它们和外界的热量交换。近年来，能源价格不断上升和环保要求更加严格，热量的合理利用和废热的回收越来越得到人们的重视。例如在合成氨工业中，利用换热器使煤气发生炉中产生的温度较高的半水煤气与原料气换热，既达到初步冷却半水煤气的目的，又达到预热原料气的目的。热量综合利用需要通过换热设备来完成。
　　化工对传热过程有两方面的要求：
　　（1）强化传热过程　在传热设备中加热或冷却物料，希望以高传热速率来进行热量传递，使物料达到指定温度或回收热量，同时使传热设备紧凑，节省设备费用。
　　（2）削弱传热过程　是指采取隔热保温措施，降低换热设备的热损失，以达到节能、安全防护和满足工艺要求的目的。如对高低温设备或管道进行保温。

### 二、传热方式分类

　　根据传热机理的不同，热量传递分为三种基本方式：热传导、热对流和热辐射。热量传递可以依靠其中一种或者几种方式进行。无论以哪种方式进行热量传递，净热量总是由温度高的地方向温度低的地方传递。不同的传热方式，其热量传递遵循着不同的规律，外界条件对不同的传热方式的影响程度也不同。因此，了解热量传递的基本方式是研究和掌握传热规律的第一步，具有重要的意义。

1. 传导传热

热量从物体内温度较高的部分传递到温度较低的部分,或传递到与之接触的另一物体的过程称为传导传热,又称热传导。在热传导过程中,物体各部分之间不发生相对位移,即没有物质的宏观位移。例如加热铁丝的一端,另一端也会热起来,直到整个铁丝温度相同为止,这就说明热量是从铁丝的高温端传递到低温端的。在固体、静止的流体、静止的气体中都可以发生热传导。

各种物质导热的能力并不相同。物质导热能力的大小可以用导热系数来衡量。导热系数又称热导率,是指在稳定传热条件下,1m 厚的材料,两侧表面温差为 1K 时,在 1 秒钟内,通过 $1m^2$ 面积传递的热量,单位为 $W/(m \cdot K)$。热导率越大,在相同的条件下传递的热量越多,导热能力也越强。热导率通常由实验测得,其大小与物质的组成、结构、密度、温度及压强都有关系。一般来说,金属的热导率最大,固体非金属次之,液体较小,气体的热导率最小。物质导热系数的大致范围见表 2-3。

物质的热导率受温度影响较大。在固体物质中,金属是良好的导热体,纯金属的热导率一般随温度的升高而降低。合金的热导率一般比纯金属的要低。液体可以分为金属液体和非金属液体,金属液体的热导率高,大多数液态金属的热导率随温度的升高而降低;在非金属液体中,水的热导率最高,除了水和甘油以外,常见液体的热导率随温度升高而略有减小。气体的热导率很小,约为液体的十分之一,对导热不利,但是有利于绝热和保温,气体的热导率随温度的升高而增大。某些固体和液体的导热系数见表 2-4 和表 2-5。

研究发现,单层平壁导热,单位时间内通过固体壁面的传热量(传热速率)$Q$ 与壁面的导热系数(热导率)$\lambda$、壁面两侧的温度差 $\Delta t$、传热面积 $A$ 成正比,而与壁面的厚度 $\delta$ 成反比,用公式表达为:

$$Q = \lambda \Delta t A / \delta \qquad (2-1)$$

式中 $Q$——单位时间内通过固体壁面的传热量,W 或 J/s;

$\lambda$——壁面的导热系数,$W/(m \cdot K)$;

$\Delta t$——壁面两侧的温度差,K;

$A$——壁的面积,$m^2$;

$\delta$——壁面的厚度,m。

表 2-3 物质导热系数的大致范围

| 物质种类 | 气体 | 液体 | 固体(绝缘体) | 金属 | 绝热材料 |
|---|---|---|---|---|---|
| $\lambda/[W/(m \cdot K)]$ | 0.006~0.6 | 0.07~0.7 | 0.2~3.0 | 15~420 | <0.25 |

表 2-4 某些固体在 273~373K 时的导热系数

| 金属材料 | | 建筑或绝热材料 | |
|---|---|---|---|
| 物质种类 | $\lambda/[W/(m \cdot K)]$ | 物质种类 | $\lambda/[W/(m \cdot K)]$ |
| 铝 | 204 | 石棉 | 0.15 |
| 青铜 | 64 | 混凝土 | 1.28 |
| 黄铜 | 93 | 耐火砖 | 1.05 |
| 铜 | 384 | 松木 | 0.14~0.38 |

续表

| 金属材料 | | 建筑或绝热材料 | |
|---|---|---|---|
| 物质种类 | $\lambda/[W/(m\cdot K)]$ | 物质种类 | $\lambda/[W/(m\cdot K)]$ |
| 不锈钢 | 17.4 | 保温砖 | 0.12~0.21 |
| 铸铁 | 46.5~93 | 锯木屑 | 0.07 |
| 钢 | 46.5 | 建筑用砖 | 0.7~0.8 |
| 铅 | 35 | 玻璃 | 0.7~0.8 |

表 2-5 某些液体在 293K 时的导热系数

| 物质种类 | $\lambda/[W/(m\cdot K)]$ | 物质种类 | $\lambda/[W/(m\cdot K)]$ | 物质种类 | $\lambda/[W/(m\cdot K)]$ |
|---|---|---|---|---|---|
| 水 | 0.6 | 苯 | 0.148 | 丙酮 | 0.175 |
| 30%氯化钙盐水 | 0.55 | 苯胺 | 0.175 | 甲酸 | 0.256 |
| 水银 | 8.36 | 甲醇 | 0.212 | 醋酸 | 0.175 |
| 90%硫酸 | 0.36 | 乙醇 | 0.172 | 煤油 | 0.151 |
| 60%硫酸 | 0.43 | 甘油 | 0.594 | 汽油 | 0.18 |

**2. 对流传热**

流体内部质点发生相对位移而引起的热量传递过程，叫对流传热，又称热对流。例如用炉子烧水，锅底部靠近炉子的部分先得到热量，温度升高，密度减小而上升，而上部冷的水分子向下移动，由于这些分子的相对运动，最后使所有的水达到相同的温度。对流传热只能发生在流体中。

根据引起质点发生相对位移的原因不同，对流传热可分为自然对流和强制对流。自然对流是指流体在静止的状况下，由于内部温度的差异或者密度的差异，造成流体上升下降运动而发生对流。强制对流是指流体在某种外力的强制作用下运动而发生的对流。化工生产中的对流，多是强制对流。

对流传热在生产中应用相当广泛，例如气流干燥器、喷雾干燥器、厢式干燥器，都是以对流为主的干燥器。锅炉水暖系统主要利用对流原理将热量从锅炉传递到散热器。换热器则充分运用对流原理实现热交换。

对流传热过程的阻力主要在层流内层。如果要强化对流传热，就要设法降低阻力，加大湍流程度，减小层流内层的厚度。流体的对流传热速率可以用下式来计算。

$$Q = \alpha A(T_w - T) \tag{2-2}$$

式中　$Q$——对流传热速率，W；

$\alpha$——对流传热系数，$W/(m^2\cdot K)$；

$A$——对流传热面积，$m^2$；

$T_w$——壁温，K；

$T$——流体（平均）温度，K。

**3. 辐射传热**

因热的原因而产生的电磁波在空间的传递，称为辐射传热，又称热辐射。当人站在熊熊燃烧的火炉旁时，虽然没有和火焰直接接触，却感到有热气逼人，这就是热量以辐射方式传递到人体的现象。其实质是高温物体将内能转化为辐射能,借助电磁波以射线的形式发射出去;低温物体吸收这种辐射能,并转化为内能,使其温度上升,这样热量就由高温物体传递到低温物体。

辐射传热具有以下三个特点:①辐射传热不需要任何介质作媒介,所以辐射传热可以在真空中进行;②辐射传热过程伴随着两次能量转化,即"热能→电磁波(电磁能)→热能";③辐射传热是物体之间热量相互交换的结果。

物体表面越黑暗、粗糙,其吸收和辐射能力越强;反之,白色、光滑的物体表面,吸收和辐射的能力很弱。化工厂设备和管路的保温层常加一层银白色的光泽金属板,其作用不仅是加固、美观,更重要的是这层板吸收能力最小,反射能力最大,可以有效地减少设备内部与外界的辐射传热。物体的温度越高,吸收和辐射的能力越大。在常温和低温的场合,热辐射不是主要的传热方式,而在高温场合,热辐射是主要的传热方式。因此在高温场合,一定要注意辐射传热的规律。

## 三、工业换热方式

工业上的换热主要有间壁式换热、直接混合式换热和蓄热式换热三种方式。

### 1. 间壁式换热

间壁式换热是化工厂中常用的换热方式,依据对流传热和传导传热的原理实现热量的交换。

如图 2-23 所示,热量自热流体传给冷流体,热流体的温度从 $T_1$ 降至 $T_2$,冷流体的温度从 $t_1$ 上升至 $t_2$。这个过程中热量传递包括三个步骤:即热流体以对流传热方式把热量 $Q_1$ 传递给管壁内侧;热量 $Q_2$ 从管壁内侧以热传导方式传递给管壁外侧;管壁外侧以对流传热方式把热量 $Q_3$ 传递给冷流体。整个过程中,$Q=Q_1=Q_2=Q_3$。

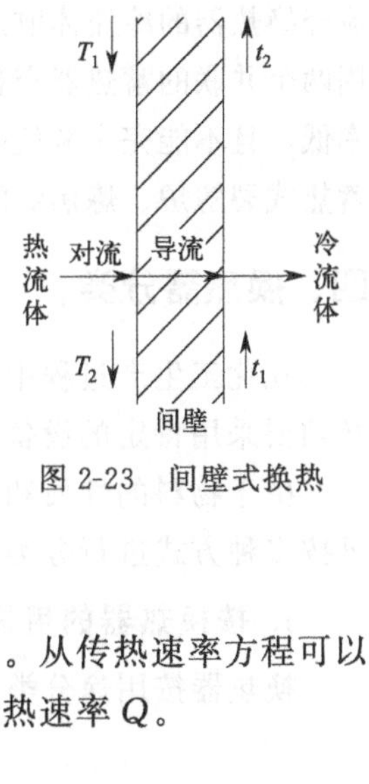

总传热速率方程为:

$$Q=KA\Delta t_m \quad (2-3)$$

式中 $Q$——传热速率,W 或 J/s;
$K$——总传热系数,W/(m² · K) 或 W/(m² · ℃);
$A$——总传热面积,m²;
$\Delta t_m$——两流体的平均温差,K 或 ℃。

图 2-23 间壁式换热

强化传热,就是尽可能地增大传热速率,提高换热器的生产能力。从传热速率方程可以看出,提高等式右边 $K$、$A$、$\Delta t_m$ 三项中的任何一项,都可以增大传热速率 $Q$。

(1) 增大传热系数 $K$

$$K=\frac{1}{\frac{1}{\alpha_1}+\frac{1}{\alpha_2}+\frac{\lambda}{\delta}+R_1+R_2} \quad (2-4)$$

式中 $\alpha_1$、$\alpha_2$——管内外的对流传热系数,W/(m² · K);
$\delta$——传热壁的厚度,m;
$\lambda$——传热壁的热导率,W/(m² · K);
$R_1$、$R_2$——管内外的污垢热阻,(m² · K)/W。

从式 (2-4) 可以看出,要提高传热系数 $K$,主要从提高对流传热系数 $\alpha$ 值和减小垢层热阻两个方面来考虑。①提高两股流体的对流传热系数 $\alpha$ 值的方法有：加大湍流程度，增加管程或壳程数，加装折流挡板，增加搅拌，改变流动方向；②防止结垢和清除垢层。污垢的存在会大大降低传热系数 $K$。在生产中，要防止结垢、及时清垢。

（2）增大传热面积 $A$　增大传热面积 $A$，可以提高传热速率。但从实际情况看，单纯地增大传热面积，会使设备加大，材料增加，成本加大，增加操作和管理的困难。因此，增大传热面积不应靠加大换热器的尺寸来实现，而应改进换热器的结构，增加单位体积内的传热面积。

（3）增大传热平均温度差 $\Delta t_m$　由传热速率方程得知，当其他条件不变时，平均温度差越大，则传热速率越大。生产上常从以下两个方面来增大平均温度差。

① 在条件允许的情况下，尽量提高热流体的温度，降低冷流体的温度。

② 当冷、热流体进出温度一定时，逆流操作可以获得更大的平均温度差。

### 2. 直接混合式换热

将冷热流体直接混合，使得热流体的热量直接传递给冷流体的换热方式称为混合式换热，各种混合式换热器就是实现这种换热方式的设备。该类型换热器结构简单，传热效率高，适用于允许两流体混合的场合。常见的冷水塔、洗涤塔、喷射冷凝器就属于这类换热器。

### 3. 蓄热式换热

这种换热方式需要一个蓄积热量的中间介质，称为蓄热体，通常由热容量较大的固体物质充当，例如能耐高温的蜂窝陶瓷蓄热体。热流体流经换热器时将热量储存在蓄热体中，然后由流经换热器的冷流体取走，从而达到换热的目的。为了达到连续生产的目的，通常在生产中采用两个并联的蓄热器交替地使用。此类换热器结构简单，可耐高温，缺点是设备体积庞大，效率低，且不能完全避免两流体的混合，常用于高温气体的热量回收或冷却。小型石油化工厂的蓄热式裂解炉、炼焦炉的蓄热室、合成氨造气工段中的燃烧-蓄热炉等都属于这类换热器。

## 四、换热器分类

在化工生产过程中，传热通常是在两种流体间进行的，故称换热。要实现热量的交换，必须要采用特定的设备，通常把这种用于热量交换的设备称为换热器。

由于物料的性质和传热的要求各不相同，因此换热器种类繁多，结构形式多样。换热器可按多种方式进行分类。

### 1. 按换热器的用途分类

换热器按用途分类见表 2-6。

表 2-6　按换热器的用途分类

| 名称 | 应用 |
| --- | --- |
| 加热器 | 用于把流体加热到所需的温度,被加热流体在加热过程中不发生相变 |
| 预热器 | 用于流体的预热,以提高整套工艺装置的效率 |
| 过热器 | 用于加热饱和蒸汽,使其达到过热状态 |
| 蒸发器 | 用于加热液体,使之蒸发汽化 |
| 再沸器 | 是蒸馏过程的专用设备,用于加热塔底液体,使之受热汽化 |
| 冷却器 | 用于冷却流体,使之达到所需的温度 |
| 冷凝器 | 用于冷凝饱和蒸汽,使之放出潜热而凝结液化 |

## 2. 按换热器的作用原理分类

换热器按作用原理分类见表 2-7。

**表 2-7　按换热器的作用原理分类**

| 名称 | 特点 | 应用 |
| --- | --- | --- |
| 间壁式换热器 | 两流体被固体壁面分开，互不接触，热量由热流体通过壁面传给冷流体 | 适用于两流体在换热过程中不允许混合的场合。应用最广，形式多样 |
| 混合式换热器 | 两流体直接接触，相互混合进行换热。结构简单，设备及操作费用均较低，传热效率高 | 适用于两流体允许混合的场合，常见的设备有冷水塔、洗涤塔、文氏管及喷射冷凝器等 |
| 蓄热式换热器 | 借助蓄热体将热量由热流体传给冷流体。结构简单，可耐高温，缺点是设备体积庞大，传热效率低且不能完全避免两流体的混合 | 煤制气过程的气化炉、回转式空气预热器、炼焦炉的蓄热室、合成氨造气工段中的燃烧-蓄热炉 |
| 中间载热体式换热器 | 将两个间壁式换热器由在其中循环的载热体（又称热媒）连接起来，载热体在高温流体换热器中从热流体吸收热量后，带至低温流体换热器传给冷流体 | 多用于核能工业、冷冻技术及余热利用中。热管式换热器即属此类 |

## 3. 按换热器传热面形状和结构分类

换热器按传热面形状和结构分类见表 2-8。

**表 2-8　换热器的结构分类**

| | | | |
| --- | --- | --- | --- |
| 管式 | 管壳式 | 固定管板式 | 刚性结构：用于管壳温差较小的情况（一般≤50℃），管间不能清洗 |
| | | | 带膨胀节：有一定的温度补偿能力，壳程只能承受较低压力 |
| | | 浮头式 | 管内外均能承受高压，可用于高温高压场合 |
| | | U形管式 | 管内外均能承受高压，管内清洗及检修困难 |
| | | 填料函式 | 外填料函：管间容易漏泄，不宜处理易挥发、易燃易爆及压力较高的介质 |
| | | | 内填料函：密封性能差，只能用于压差较小的场合 |
| | | 釜式 | 壳体上都有个蒸发空间，用于蒸汽与液相分离 |
| | 套管式 | 双套管式 | 结构比较复杂，主要用于高温高压场合或固定床反应器中 |
| | | 套管式 | 能逆流操作，用于传热面较小的冷却器、冷凝器或预热器 |
| | 蛇管式 | 沉浸式 | 用于管内流体的冷却、冷凝，或者管外流体的加热 |
| | | 喷淋式 | 只用于管内流体的冷却或冷凝 |
| 板式 | 螺旋板式 | | 可进行严格的逆流操作，有自洁作用，可回收低温热能 |
| | 板式 | | 拆洗方便，传热面能调整，主要用于黏性较大的液体间换热 |
| | 伞板式 | | 伞形传热板结构紧凑，拆洗方便，通道较小，易堵，要求流体干净 |
| | 板壳式 | | 板束类似于管束，可抽出清洗检修，压力不能太高 |
| 扩展式 | 板翅式 | | 结构十分紧凑，传热效率高，流体阻力大 |
| | 管翅式 | | 适用于气体和液体之间传热，传热效率高，用于化工、动力、制冷等工业 |

## 五、常用换热器的使用

换热器种类繁多，下面介绍几类常用的换热器。

### 1. 管壳式换热器

管壳式换热器又称列管式换热器，是一种通用的标准换热设备。它具有结构简单、坚固耐用、造价低廉、用材广泛、清洗方便、适应性强等优点，应用最为广泛，在换热设备中占据主导地位。管壳式换热器根据结构特点分为以下几种。

(1) 固定管板式换热器　固定管板式换热器的结构如图 2-24 所示。它由壳体、管束、封头、管板、折流挡板、接管等部件组成。其结构特点是两块管板分别焊于壳体的两端，管束两端固定在管板上。整个换热器分为两部分：换热管内的通道及与其两端相贯通处称为管程；换热管外的通道及与其相贯通处称为壳程。冷、热流体分别在管程和壳程中连续流动，流经管程的流体称为管（管程）流体，流经壳程的流体称为壳（壳程）流体。

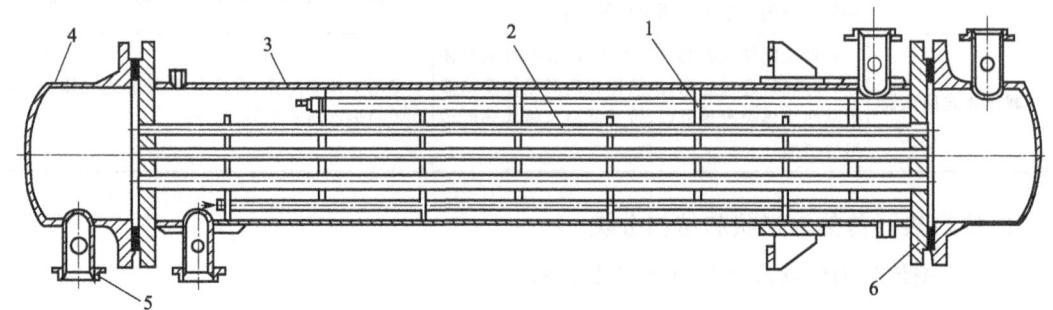

图 2-24　固定管板式换热器
1—折流挡板；2—管束；3—壳体；4—封头；5—接管；6—管板

若管流体一次通过管程，称为单管程。当换热器传热面积较大，所需管子数目较多时，为提高管流体的流速，常将换热管平均分为若干组，使流体在管内依次往返多次，则称为多管程，管程数可为 2、4、6、8。管程数太大，虽提高了管流体的流速，增大了管内对流传热系数，但同时会导致流动阻力增大。因此，管程数不宜过多，通常以 2、4 管程最为常见。壳流体一次通过壳程，称为单壳程。为提高壳流体的流速，也可在与管束轴线平行方向放置纵向隔板使壳程分为多程。壳程数即为壳流体在壳程内沿壳体轴向往返的次数。分程可使壳流体流速增大，流程增长，扰动加剧，有助于强化传热。但是，壳程分程不仅使流动阻力增大，而且制造安装较为困难，故工程上应用较少。为改善壳程换热，通常采用设置折流挡板的方式，达到强化传热的目的。

固定管板式换热器的优点是结构简单、紧凑。在相同的壳体直径内，排管数最多，旁路最少；每根换热管都可以进行更换，且管内清洗方便。其缺点是壳程不能进行机械清洗；当换热管与壳体的温差较大（大于 50℃）时产生温差应力，需在壳体上设置膨胀节，因而壳程压力受膨胀节强度的限制，不能太高。固定管板式换热器适用于壳程流体清洁且不易结垢，两流体温差不大或温差较大但壳程压力不高的场合。

(2) 浮头式换热器　浮头式换热器的结构如图 2-25 所示。其结构特点是两端管板之一不与壳体固定连接，可在壳体内沿轴向自由伸缩，该端称为浮头。浮头式换热器的优点是当换热管与壳体有温差存在，壳体或换热管膨胀时互不约束，不会产生温差应力；管束可从壳体内抽出，便于管内和管间的清洗。其缺点是结构较复杂，用材量大，造价高；浮头盖与浮动管板之间若密封不严，会发生内漏，造成两种介质的混合。浮头式换热器适用于壳体和管束壁温差较大或壳程介质易结垢的场合。

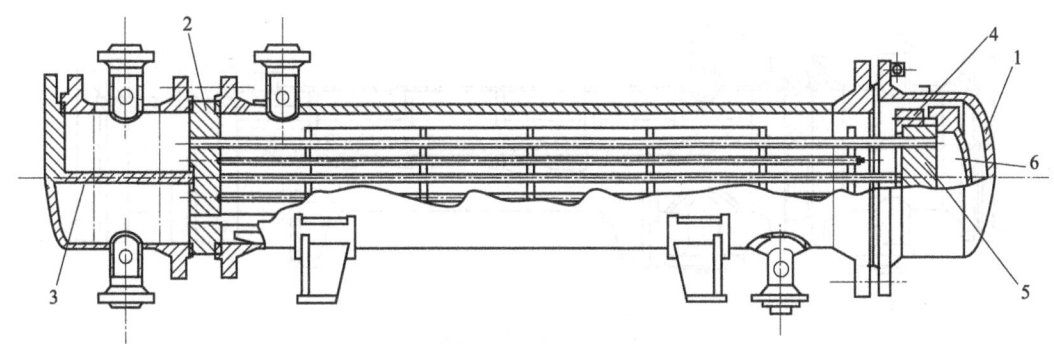

图 2-25  浮头式换热器
1—壳盖；2—固定管板；3—隔板；4—浮头钩圈法兰；5—浮动管板；6—浮头盖

（3）U形管式换热器  U形管式换热器的结构如图 2-26 所示。其结构特点是只有一个管板，换热管为U形，管子两端固定在同一管板上。管束可以自由伸缩，当壳体与U形换热管有温差时，不会产生温差应力。U形管式换热器的优点是结构简单，只有一个管板，密封面少，运行可靠，造价低；管束可以抽出，管间清洗方便。其缺点是管内清洗比较困难；由于管子需要有一定的弯曲半径，故管板的利用率较低；管束最内层管间距大，壳程易短路；内层管子坏了不能更换，因而报废率较高。

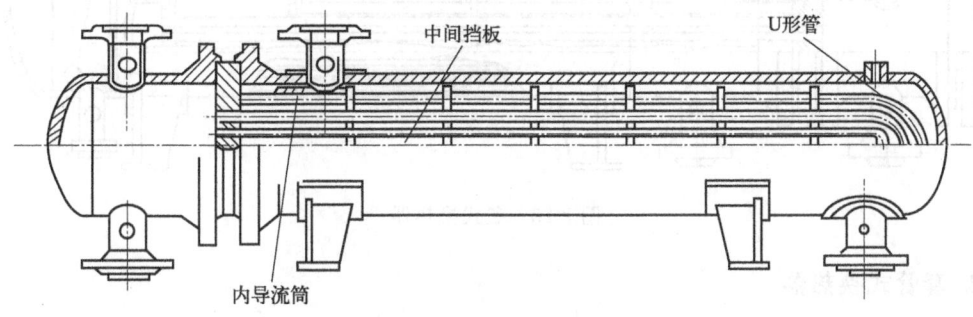

图 2-26  U形管式换热器

U形管式换热器适用于管、壳壁温差较大，或壳程介质易结垢而管程介质清洁不易结垢，以及高温、高压、腐蚀性强的场合。一般高温、高压、腐蚀性强的介质走管内，可使高压空间减小，密封易解决，并可节约材料和减少热损失。

（4）填料函式换热器  填料函式换热器的结构如图 2-27 所示。其结构特点是管板只有一端与壳体固定连接，另一端采用填料函密封。管束可以自由伸缩，不会产生因壳壁与管壁温差引起的温差应力。填料函式换热器的优点是结构较浮头式换热器简单，制造方便，耗材少，造价低；管束可从壳体内抽出，管内、管间均能进行清洗，维修方便。其缺点是填料函耐压不高，一般小于 4.0MPa；壳程介质可能通过填料函外漏，易燃、易爆、有毒和贵重的介质不适用。填料函式换热器适用于管、壳壁温差较大或介质易结垢，需要经常清理且压力不高的场合。

（5）釜式换热器  釜式换热器的结构如图 2-28 所示。其结构特点是在壳体上部设置适当的蒸发空间，同时兼有蒸汽室的作用。管束可以为固定管板式、浮头式或U形管式。釜

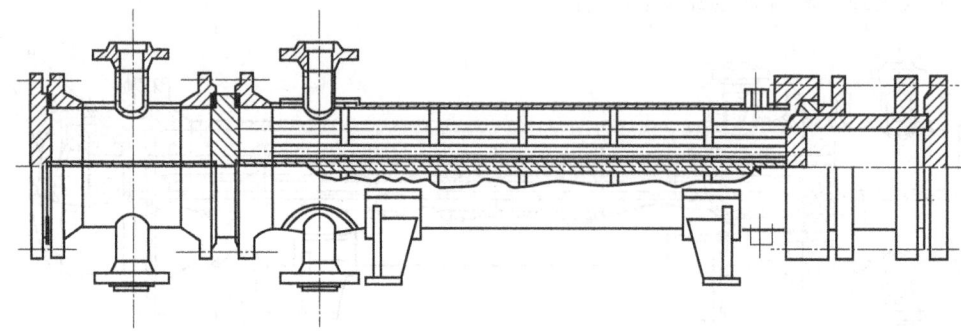

图 2-27 填料函式换热器

式换热器清洗维修方便,可处理不清洁、易结垢的介质,并能承受高温、高压。它适用于液-汽式换热,可作为最简结构的废热锅炉。

管壳式换热器除上述五种外,还有插管式换热器、滑动管板式换热器等其他类型。

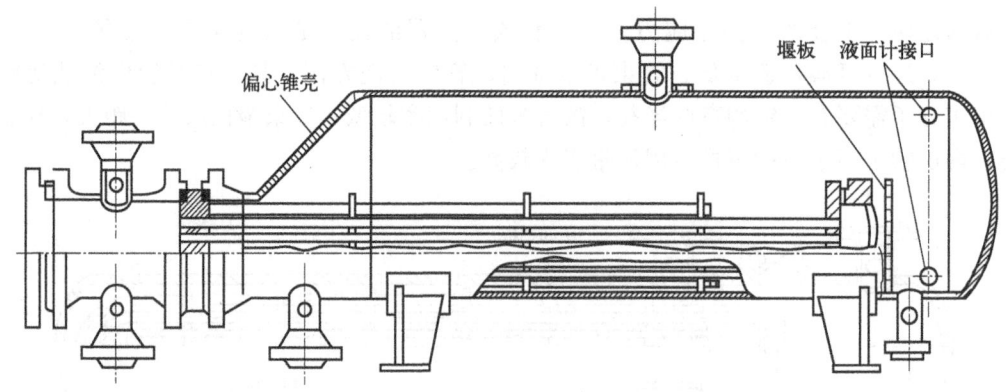

图 2-28 釜式换热器

### 2. 套管式换热器

套管式换热器是由两种不同直径的直管套在一起组成同心套管,其内管用 U 形肘管顺次连接,外管与外管互相连接而成,其构造如图 2-29 所示。每一段套管称为一程,程数可根据传热面积要求进行增减。换热时一种流体走内管,另一种流体走环隙,内管的壁面为传热面。套管式换热器的优点是结构简单,能耐高压,传热面积可根据需要增减,适当地选择管内径、外径,可使流体的流速增大,且两种流体呈逆流流动,有利于传热。其缺点是单位传热面积的金属耗量大,管子接头多,检修清洗不方便。此类换热器适用于高温、高压及小流量流体间的换热。

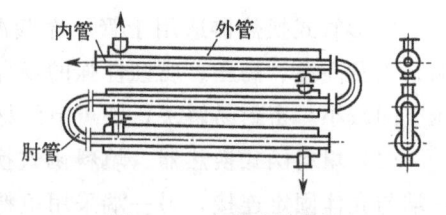

图 2-29 套管式换热器

### 3. 蛇管式换热器

蛇管式换热器是管式换热器中结构最简单,操作最方便的一种换热设备。通常按照换热方式不同,将蛇管式换热器分为沉浸式和喷淋式两类。

(1) 沉浸式蛇管换热器　此种换热器多以金属管弯绕而成，制成适应容器的形状，沉浸在容器内的液体中。两种流体分别在管内、管外进行换热。几种常用的蛇管形状如图 2-30 所示。

沉浸式蛇管换热器的优点是结构简单、价格低廉、防腐蚀、能承受高压。其缺点是由于容器的体积较蛇管的体积大得多，管外流体的传热膜系数较小，故常需加装搅拌装置，以提高传热效率。

(2) 喷淋式蛇管换热器　喷淋式蛇管换热器的结构如图 2-31 所示。此种换热器多用于冷却管内的热流体。固定在支架上的蛇管排列在同一垂直面上，热流体自下部的管进入，由上部的管流出。冷却水由管上方的喷淋装置均匀地喷洒在上层蛇管上，并沿着管外表面淋漓而下，降至下层蛇管表面，最后收集在排管的底盘中。该装置通常放在室外空气流通处，冷却水在空气中汽化时，可带走部分热量，以提高冷却效果。

与沉浸式蛇管换热器相比，喷淋式蛇管换热器具有检修清理方便，传热效果好等优点。其缺点是体积庞大，占地面积大；冷却水量较大，喷淋不易均匀。蛇管式换热器因其结构简单、操作方便，常被用于制冷装置和小型制冷机组中。

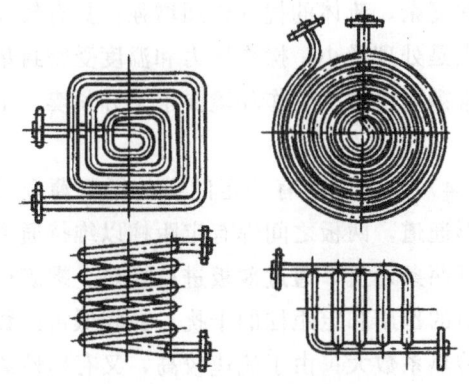

图 2-30　沉浸式蛇管的形状

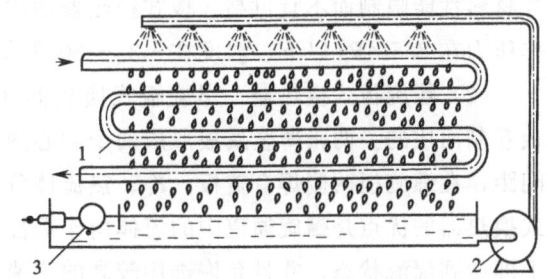

图 2-31　喷淋式蛇管换热器
1—蛇管；2—冷却水泵；3—支架

### 4. 夹套式换热器

夹套式换热器的结构如图 2-32 所示，这种换热器结构简单，主要用于反应器的加热或冷却。夹套装在容器外部，在夹套和器壁之间形成密闭空间，成为一种流体的通道。当用蒸汽进行加热时，蒸汽由上部接管进入夹套，冷凝水由下部接管中排出。用于冷却时，冷却水由下部进入，上部流出。因为夹套内部的清洗困难，一般用不易产生垢层的水蒸气、冷却水等作为载热体。

夹套式换热器的传热面积受到限制，当需要及时移走大量热量时，则应在容器内部加设蛇管冷却器，管内通入冷却水，及时取走热量，使容器内液体保持一定的温度。当夹套内通冷却水时，为提高其对流传热系数，可在夹套内加设挡板，这样既可使冷却水流向一定，又可提高流速，从而增大总传热系数。

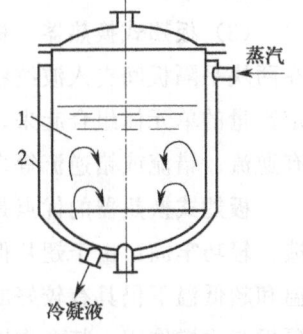

图 2-32　夹套式换热器
1—容器；2—夹套

### 5. 板式换热器

(1) 平板式换热器　平板式换热器简称板式换热器，其结构如图 2-33 所示。它是由一组长方形的薄金属板平行排列，夹紧组装于支架上面构成。两相邻板片的边缘衬有垫片，压紧后板间形成密封的流体通道，且可用垫片的厚度调节通道的大小。每块板的四个角上各开一个圆孔，其中有两个圆孔和板面上的流道相通，另两个圆孔则不相通。它们的位置在相邻板上是错开的，以分别形成两流体的通道。冷、热流体交替地在板片两侧流动，通过金属板片进行换热。

板片是板式换热器的核心部件。为使流体均匀流过板面，增加传热面积，并促使流体的湍动，常将板面冲压成凹凸的波纹状，波纹形状有几十种，常用的波纹形状有水平波纹、人字形波纹和圆弧形波纹等。

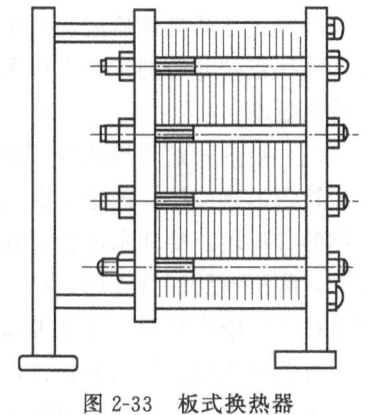

图 2-33　板式换热器

板式换热器的优点是结构紧凑，单位体积设备所提供的换热面积大；组装灵活，可根据需要增减板数以调节传热面积；板面波纹使截面变化复杂，流体的扰动作用增强，具有较高的传热效率；拆装方便，有利于维修和清洗。其缺点是处理量小；操作压力和温度受密封垫片材料性能限制而不宜过高。板式换热器适用于经常需要清洗、工作环境要求十分紧凑、工作压力在 2.5MPa 以下、温度在 -35~200℃ 场合。

(2) 螺旋板式换热器　螺旋板式换热器（图 2-34）是由两张有一定间隔的平行薄金属板卷制而成的。两张薄金属板形成两个同心的螺旋形通道，两板之间焊有定距柱以维持通道间距，在螺旋板两侧焊有盖板。冷、热流体分别通过两条通道，通过薄板进行换热。螺旋板式换热器的优点是螺旋通道中的流体由于惯性离心力的作用和定距柱的干扰，在较低雷诺数下即达到湍流状态，并且允许选用较高的流速，故传热系数大；由于流速较高，又有惯性离心力的作用，流体中悬浮物不易沉积下来，故螺旋板式换热器不易结垢和堵塞；由于流体的流程长并且两流体可进行完全逆流，故可在较小的温差下操作，能充分利用低温热源；结构紧凑，单位体积的传热面积约为管壳式换热器的 3 倍。其缺点是操作温度和压力不宜太高，目前最高操作压力为 2MPa，温度在 400℃ 以下；因整个换热器为卷制而成，一旦发现泄漏，维修很困难。

(3) 板翅式换热器　板翅式换热器是由平隔板和各种形式的翅片构成的板束组装而成。在两块平隔板间夹入波纹状或其他形状的翅片，两边用侧条密封，即组成一个单元体。将一定数量的单元体组合起来，并进行适当排列，然后焊在带有进出口的集流箱上，便可构成具有逆流、错流或错逆流等多种形式的换热器。其结构如图 2-35 所示。

板翅式换热器的优点是结构紧凑，单位体积设备具有较大的传热面积；一般用铝合金制造，轻巧牢固；由于翅片促进了流体的湍动，其传热系数很高；由于所用铝合金材料，在低温和超低温下仍具有较好的导热性和抗拉强度，故可在 -273~200℃ 范围内使用；因翅片对隔板有支撑作用，其允许操作压力可达 5MPa。其缺点是易堵塞，流动阻力大；清洗检修困难。板翅式换热器因其轻巧、传热效率高等许多优点，其应用已从航空航天、电子等领域逐渐发展到化工等行业。

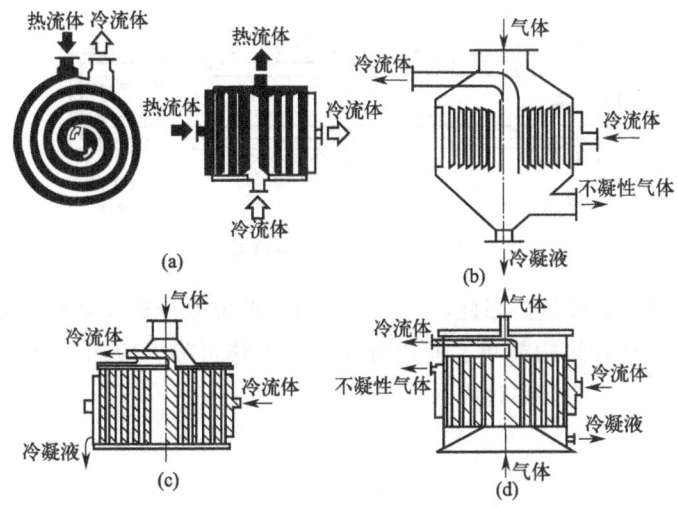

(a) Ⅰ型螺旋板式换热器　(b) Ⅱ型螺旋板式换热器
(c) Ⅲ型螺旋板式换热器　(d) G型螺旋板式换热器

图 2-34　螺旋板式换热器

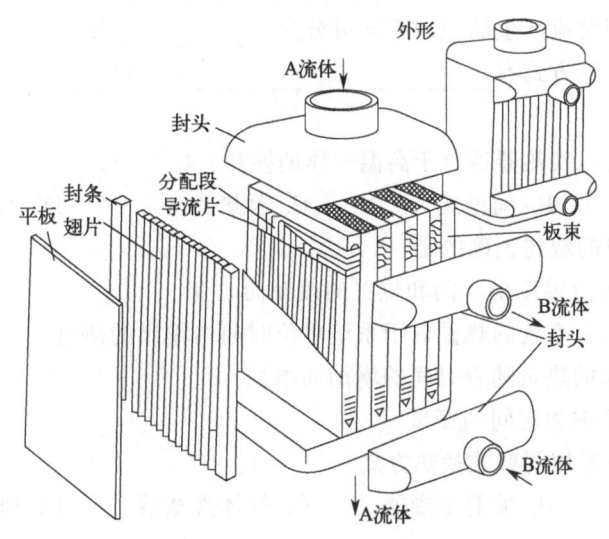

图 2-35　板翅式换热器

## 6. 热管式换热器

以热管为传热单元的热管式换热器（图 2-36）是一种新型高效换热器，它是由壳体、热管和隔板组成的。热管作为主要的传热元件，是一种具有高导热性能的传热装置。它是一种真空容器，其基本组成部件为壳体、吸液芯和工作液。将壳体抽真空后充入适量的工作液，密闭壳体便构成一支热管。当热源对其一端供热时，工作液自热源吸收热量而蒸发汽化，携带潜热的蒸汽在压差作用下，高速传输至壳体的另一端，向冷源放出潜热而凝结，冷凝液返回至热端，再次沸腾汽化。如此反复循环，热量就不断从热端传至冷端。

热管中的热量传递通过沸腾汽化、蒸汽流动和蒸汽冷凝三步进行。由于沸腾和冷凝的对流传热强度都很大，而蒸汽流动阻力损失又较小，因此热管两端温度差可以很小，即能在很

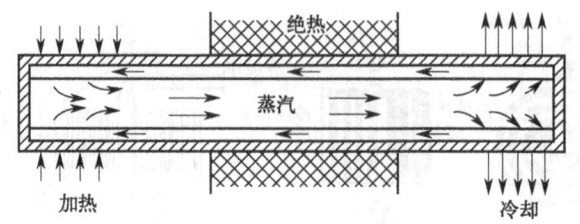

图 2-36 热管式换热器

小的温差下传递很大的热流量。因此,它特别适用于低温差传热及某些对等温性要求较高的场合。热管式换热器具有结构简单、使用寿命长、工作可靠、应用范围广等优点,可用于气-气、气-液和液-液之间的换热过程。

### 进度检查

#### 一、填空题

1. 热量传递的三种基本方式分别是_____、_____和_____。
2. 对流传热按照对流产生的原因不同可分为_____和_____。
3. 工业换热的常见方式有_____、_____和_____。

#### 二、选择题

1. 以下哪种类型的换热器适合于高温气体的换热?(　　)。
   A. 直接混合式　　B. 间壁式　　C. 蓄热式　　D. 列管式
2. 关于稳定传热的叙述正确的是(　　)。
   A. 传热系统中各点温度随时间和位置的改变而改变
   B. 单位时间内输入系统的热量等于系统单位时间内输出的热量
   C. 传热系统内部的热量随着时间的增加而增加
   D. 系统的传热速率为时间的变量
3. 以下哪种设备采用间壁式换热方式?(　　)。
   A. 冷水塔　　B. 喷射冷凝器　　C. 气体洗涤器　　D. 列管式换热器

#### 三、简答题

1. 传热有哪些基本方式?
2. 如何强化传热?
3. 换热器的种类有哪些?
4. 常见的管壳式换热器有哪些?各适用于哪些场合?

编号 FJC-119-05

# 学习单元 2-5 化学反应设备及操作

**学习目标：** 完成本单元的学习之后，能够掌握常用化学反应设备的分类和操作。
**职业领域：** 化工、石油、环保、医药、冶金、汽车、食品、建材等工程。
**工作范围：** 分析检验。

## 一、化学反应设备的分类

任何化学品的生产，都离不开三个阶段：原料预处理、化学反应和后处理。化学反应过程是化工生产过程的核心。若要使化学反应在一定的工艺条件下正常进行，则需要用到化学反应设备。由于化学反应过程既受传热、传质过程的影响，又受温度、压力、浓度等因素的影响，因此，化学反应设备的结构、类型与化学反应过程有密切的联系，对生产的稳定和高效起着重要的作用。

按照物质的聚集状态，化学反应设备可分为均相反应器和非均相反应器。均相反应器是反应物料均匀地混合或溶解成为单一的气相或液相，分为气相反应器（石油气裂解）和液相反应器（乙酸和乙醇的酯化反应）。而非均相反应器则分为气-液相、气-固相、液-液相、液-固相和气-液-固相反应器等。

按照操作方式，化学反应设备可分为间歇式、半连续式和连续式三种。

按照反应器的结构可分为釜式反应器、管式反应器、塔式反应器、固定床反应器、流化床反应器等。见表 2-9。

反应器根据温度条件可分为等温和非等温两种。根据传热方式又可分为绝热式、外热式和自然式。

表 2-9 反应器的形式、特性及其应用举例

| | 形式 | 适用的相态 | 优缺点 | 生产举例 |
|---|---|---|---|---|
| 管式 | 单管<br>排管<br>列管 | 气相、液相 | 返混小，所需反应器容积小，比传热面积大；轴向温差大，慢反应时，要求管长，压降大 | 石脑油裂解，甲基丁炔醇的合成，管式法高压聚乙烯生产等 |
| 釜式 | 搅拌釜<br>（单釜或多釜串联） | 液相,液-液相,液-固相<br>（可连续可间歇） | 适应性强，操作弹性大，产品质量较均一；连续操作，容积要求大 | 苯的硝化，氯乙烯的聚合，乙烯的聚合，顺丁橡胶聚合以及制药，涂料、染料的生产 |
| | 鼓泡式搅拌釜 | 气-液相,<br>气-液-固相 | 返混程度大，传质速度快，需耗动力 | 苯甲酸氧化，苯的氯化，液态烃的氧化等 |
| 塔式 | 空塔或搅拌塔 | 液相,液-液相 | 结构简单，返混程度与高径比及搅拌有关；轴向温差大 | 苯乙烯本体聚合，乙酸乙烯溶液聚合,己内酰胺缩合等 |
| | 鼓泡塔 | 气-液相,气-液-固相 | 气体返混小，液体返混大，气体压降大，流速有限制 | 苯的烷基化，乙醛氧化，二甲苯氧化等 |

续表

| | 形式 | 适用的相态 | 优缺点 | 生产举例 |
|---|---|---|---|---|
| 塔式 | 填料塔 | 液相,气-液相 | 结构简单,返混小,压降小,有温差,填料装卸麻烦 | 化学吸收 |
| | 板式塔 | 气-液相 | 逆流接触,气液返混均小,可板间换热;流速有限制 | 异丙苯氧化,苯连续磺化等 |
| | 喷雾塔 | 气液相快速反应 | 结构简单,相界面积大;气速有限制 | 氯乙醇制丙烯腈,高级醇的连续磺化等 |
| 固体相静止 | 固定床(列管或塔) | 气固相 | 返混小,固体催化剂不易磨损,传热不佳 | 乙苯脱氢,合成氨,$SO_2$接触氧化,乙烯直接氧化制环氧乙烷等 |
| | 蓄热床 | 气相,以固相为载热体 | 结构简单,材料易得,切换频繁,温度波动大 | 石油裂解,天然气裂解等 |
| | 滴液床 | 气-液-固相 | 催化剂带出少,易分离,气液分布均匀;温度调节困难 | 焦油加氢精制,丁炔二醇加氢等 |

## 二、釜式反应器

釜式反应器是一种低高径比的圆筒形反应器。反应器内常设有搅拌(机械搅拌、气流搅拌等)装置。在高径比较大时,可用多层搅拌桨叶。在反应过程中,物料需要加热或冷却时,可在反应器器壁处设置夹套,或在器内设置换热面,也可通过外循环进行换热。

釜式反应器是化学工业中应用广泛的一种反应设备,特别是在医药、农药、染料等行业中。优点是适用范围广泛,投资少,投产容易,可以方便地改变反应内容。缺点是换热面积小,反应温度不易控制,停留时间不一致。绝大多数用于有液相参与的反应,如:液-液、液-固、气-液、气-液-固反应等。

釜式反应器的结构如图 2-37 所示,包括釜体、换热装置、搅拌装置及传动装置等。釜体由壳体和上、下封头组成,其高度与直径之比一般在 1~3 之间。在加压操作时,上、下封头多为

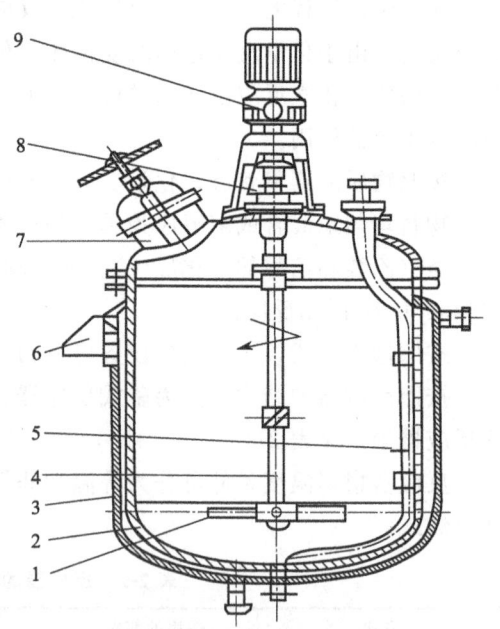

图 2-37 搅拌釜式反应器
1—搅拌器;2—釜体;3—夹套;4—搅拌轴;
5—压料管;6—支座;7—人孔;
8—轴封;9—传动装置

半球形或椭圆形;在常压操作时,上、下封头可做成平盖;为了放料方便,下底也可做成锥形。为了提高传热效果,可以设置换热装置,基本形式有夹套式、蛇管式、回流冷凝式等,如图 2-38 所示。为了使传质、传热更加均匀,通常设有搅拌装置。

## 三、管式反应器

管式反应器(图 2-39)是一种呈管状、长径比很大的连续操作反应器,可以近似看成是理想置换流动反应器。它既适用于液相反应,又适用于气相反应。这种反应器可以很长,

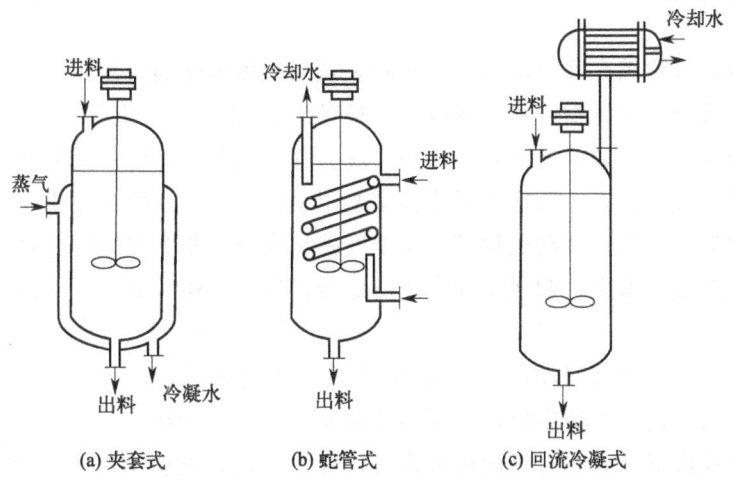

图 2-38　釜式反应器基本形式

如丙烯二聚的反应器管长以千米计。反应器的结构可以是单管，也可以是多管并联；可以是空管，如管式裂解炉，也可以是在管内填充颗粒状催化剂的填充管，以进行多相催化反应，如列管式固定床反应器。管式反应器返混小，因而容积效率（单位容积生产能力）高，对要求转化率较高或有串联副反应的场合尤为适用。此外，管式反应器可实现分段温度控制。但对于反应速率很低的反应，则存在管子过长、压降大的不足。

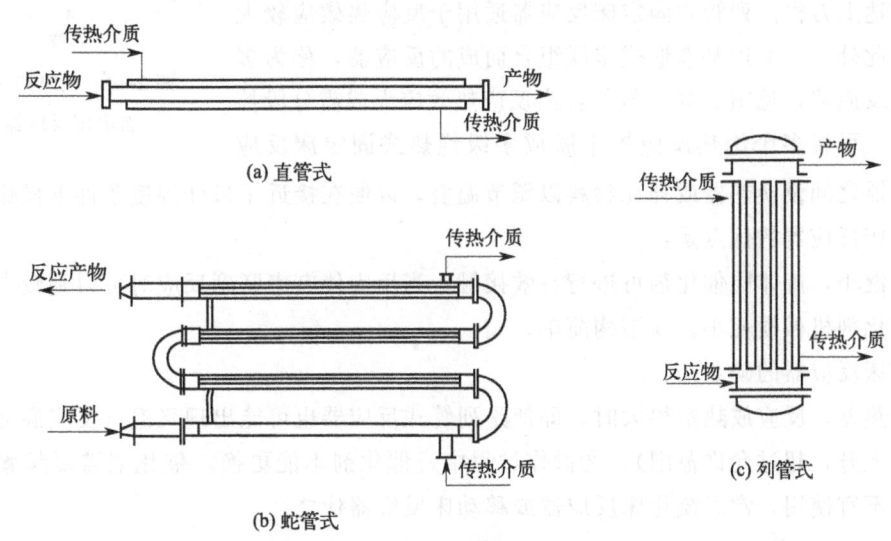

图 2-39　管式反应器

管式反应器结构主要有直管式、盘管式、多管式等。

管式反应器与釜式反应器的差异在于管式反应器属于平推流反应器，釜式反应器属于全混流反应器；管式反应器的停留时间短一些，而釜式反应器的停留时间要长一些；从移走反应热来说，管式反应器要难一些，而釜式反应器可以在釜外设夹套或釜内设盘管，要容易一些。

## 四、固定床反应器

固定床反应器又称填充床反应器，是一种装填有固体催化剂或固体反应物，用以实现多相反应过程的反应器。固体物通常呈颗粒状，粒径为2～15mm，堆积成一定高度（或厚度）的床层。床层静止不动，流体通过床层进行反应。它与流化床反应器及移动床反应器的区别在于固体颗粒处于静止状态。固定床反应器主要用于实现气固相催化反应，如氨合成塔、二氧化硫接触氧化器、烃类蒸汽转化炉等。用于气固相或液固相非催化反应时，床层则填装固体反应物。涓流床反应器也可归属于固定床反应器，气、液相并流向下通过床层，呈气液固相接触。

固定床反应器有三种基本形式：①轴向绝热式固定床反应器。流体沿轴向自上而下流经床层，床层同外界无热交换。②径向绝热式固定床反应器。流体沿径向流过床层，可采用离心流动或向心流动，床层同外界无热交换。径向反应器与轴向反应器相比，流体流动的距离较短，流道截面积较大，流体的压力降较小。但径向反应器的结构较轴向反应器复杂。以上两种形式都属绝热反应器，适用于反应热效应不大，或反应系统能承受绝热条件下由反应热效应引起的温度变化的场合。③列管式固定床反应器。由多根反应管并联构成。管内或管间放置催化剂，载热体流经管间或管内进行加热或冷却，管径通常在25～50mm之间，管数可多达上万根。列管式固定床反应器适用于反应热效应较大的反应。此外，由上述基本形式串联组合而成的反应器，称为多级固定床反应器，见图2-40。例如：当反应热效应大或需分段控制温度时，可将多个绝热反应器串联成多级绝热式固定床反应

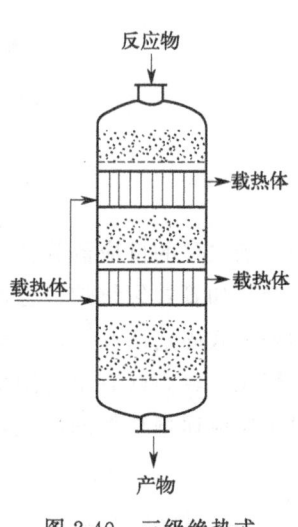

图 2-40　三级绝热式
固定床反应器

器，反应器之间设换热器或补充物料以调节温度，以便在接近于最佳温度条件下操作。

固定床反应器的优点是：

①返混小，流体同催化剂可进行有效接触，当反应伴有串联副反应时可得到较高的选择性。②催化剂机械损耗小。③结构简单。

固定床反应器的缺点是：

①传热差，反应放热量很大时，即使是列管式反应器也可能出现飞温（反应温度失去控制，急剧上升，超过允许范围）。②操作过程中，催化剂不能更换，催化剂需要频繁再生的反应一般不宜使用，常以流化床反应器或移动床反应器代之。

## 五、流化床反应器

当流体（气体或液体）自下向上通过固体颗粒床层时，由于流体作用，使固体颗粒悬浮起来，在床层内作剧烈的运动，上下翻滚，具有流动性，这种现象称为流态化。流化床反应器就是利用这种流态化现象，通过颗粒状固体层使固体颗粒处于悬浮运动状态，并进行气-固反应过程或液-固反应过程的反应器。在用于气-固系统时，又称沸腾床反应器。结构如图2-41所示。

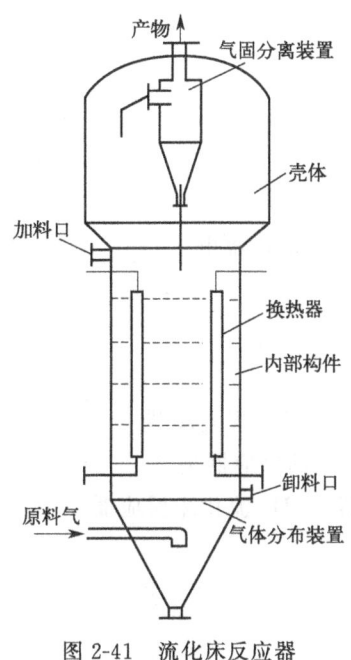

图 2-41 流化床反应器

流化床反应器在现代工业中的早期应用为 20 世纪 20 年代出现的粉煤气化的温克勒炉；但现代流化反应技术的开拓，是以 20 世纪 40 年代石油催化裂化为代表的。目前，流化床反应器已在化工、石油、冶金、核工业等部门得到广泛应用。

流化床反应器的应用可分为两类：一类的加工对象主要是固体，如矿石的焙烧，称为固相加工过程；另一类的加工对象主要是流体，如石油催化裂化、酶反应等催化反应过程，称为流体相加工过程。

流化床反应器的结构有两种形式：

① 有固体物料连续进料和出料装置，用于固相加工过程或催化剂迅速失活的流体相加工过程。例如催化裂化过程，催化剂在几分钟内即显著失活，须用此装置不断予以分离后进行再生。

② 无固体物料连续进料和出料装置，用于固体颗粒性状在相当长时间（如半年或一年）内，不发生明显变化的反应过程。

与固定床反应器相比，流化床反应器的优点是：

① 可以实现固体物料的连续输入和输出。

② 流体和颗粒的运动使床层具有良好的传热性能，床层内部温度均匀，而且易于控制，特别适用于强放热反应。

③ 便于进行催化剂的连续再生和循环操作，适用于催化剂失活速率高的反应。石油馏分催化裂化的迅速发展就是这一方面的典型例子。

然而，由于流态化技术的固有特性以及流化过程影响因素的多样性，对于反应器来说，流化床又存在明显的局限性：

① 由于固体颗粒和气泡在连续流动过程中的剧烈循环和搅动，无论气相或固相都存在着相当广的停留时间分布，导致不适当的产品分布，降低了目的产物的收率；

② 反应物以气泡形式通过床层，减少了气-固相之间的接触机会，降低了反应转化率；

③ 由于固体催化剂在流动过程中的剧烈撞击和摩擦，使催化剂加速粉化，加上床层顶部气泡的爆裂和高速运动、大量细粒催化剂的带出，造成明显的催化剂流失；

④ 床层内复杂的流体力学传递现象，使过程处于非正常条件下，难以揭示其统一的规律，也难以脱离经验操作。

近年来，细颗粒和高气速的湍流流化床及高速流化床均已有工业应用。在气速高于颗粒夹带速度的条件下，通过固体的循环以维持床层，由于强化了气固两相之间的接触，特别有利于相际传质阻力居重要地位的情况。但另一方面由于大量的固体颗粒被气体夹带而出，需要进行分离并再循环返回床层，因此，对气固分离的要求也很高。

## 进度检查

**一、填空题**

1. 按照反应器的结构，可以分为_____、_____、_____、固定床反应器和流化床反应器。

2. 按照物质的聚集状态，化学反应器可以分为_____反应器和_____反应器。

**二、选择题**

1. 管式反应器中物料的流动模型属于（　　）。
   A. 全混流模型　　B. 平推流模型　　C. 分散模型　　D. 管流模型

2. 能够灵活改变工艺条件，便于更换产品品种和小批量生产的反应器是（　　）。
   A. 管式反应器　　B. 釜式反应器　　C. 固定床反应器　　D. 流化床反应器

**三、简答题**

1. 化学反应器有哪些种类？各自的特点是什么？
2. 釜式反应器的结构是什么样的？
3. 和固定床反应器相比，流化床反应器的优缺点是什么？

编号 FJC-119-06

## 学习单元 2-6  分离设备及操作

**学习目标：** 完成本单元的学习之后，能够掌握常见分离设备的分类和操作。
**职业领域：** 化工、石油、环保、医药、冶金、汽车、食品、建材等工程。
**工作范围：** 分析检验。

在石化和化工生产过程中，原料纯化、产品分离、排放物无害化和资源化处理等都需要进行分离操作。分离工程也因此与反应工程并称为化学工程的两大支柱。塔器分离为热分离过程，是耗能的主要单元，在化工生产装置的总能耗中所占比例较大。因此，塔器分离效率、通量、阻力降的高低对石油和化工企业的节能减排成效至关重要，而决定上述塔器性能的关键是传质元件。

南京大学分离工程研究中心以开发过程工业中化学混合物分离技术为重点，历时10年，在节能减排塔器分离新技术的研究与应用上取得突破。科研人员基于非平衡热力学熵增速率函数，将塔板的熵增速率与其具体结构参数进行直接关联，提出了节能型新结构塔板设计方法。这一新方法在国内外塔板研究史上尚属首次。工程化测试表明，基于此新方法研制的超级浮阀塔板与传统的导向梯形浮阀塔板相比，干板压降只相当于传统塔板的42%，液相板效率平均提高36%，操作弹性是传统塔板的1.67倍，在工业上使用可大幅提高分离效率并降低能耗。

### 一、分离设备的分类

分离设备在化工生产中，是重要设备之一，主要用于分离混合物。自然界的大部分物质都是混合物，按照相态的不同，一般分为均相混合物和非均相混合物。由相同相态组成的混合物系，称为均相物系，如洁净的空气、烧碱溶液、乙醇和水混合溶液等。由不同相态组成的混合物系，称为非均相物系，如含灰尘的空气、含有泥沙的河水等。化工生产常见的均相物系有液-液混合物、气-气混合物等。化工生产中常见的非均相物系有气-固混合物系（含尘气体）、液-固混合物系（悬浮液）、液-液混合物系（由不互溶的液体组成的乳浊液）、气-液混合物（雾）以及固体混合物等。

待分离的物态不同，分离方法也不尽相同。对于均相物系，固-固分离可用振动筛分离块状物料或颗粒形物料，液-液分离通常选用萃取分离或蒸馏分离等，气-气分离可采用洗涤、吸收或减压蒸馏等方法。

对于非均相物系，气-液分离与气-固分离通常选用旋风分离法、重力沉降法、机械洗涤法、文丘里洗涤法或袋式过滤及电除尘、电除雾等方法。液-固分离通常选用过滤法。常用的设备有板框过滤机、压滤机、转鼓真空过滤机和离心机等，其中离心机在化工中运用较多。下面做简要介绍。

## 二、离心机

离心机是借助惯性离心力的作用，分离非均相液态混合物的机械设备。它的主要部件是一个由电动机带动的高速旋转的转鼓。悬浮液加到转鼓内，并随转鼓作高速旋转。由于颗粒和流体介质的密度不同，所受离心力也不同。离心机能产生很大的离心力，因此可以分离出一般过滤方法不能除去的小颗粒，也可以分离两种密度不同的液体混合物。

图 2-42 所示为一台上部卸料三足式离心机。机器由电动机、三角皮带轮和制动轮等部件组成，转鼓由传动装置驱动旋转。转鼓壁上钻有许多小孔，转鼓内侧装滤布或滤网。整个机座和外罩借 3 根拉杆弹簧悬挂于三足支柱上，以减轻运转时的振动。操作时，先将料浆加入转鼓，悬浮液置于转鼓之内，然后启动电动机，通过三角皮带带动转鼓转动，滤液穿过滤布和转鼓甩至外壳内，汇集后从机座底部经出液口排出，滤渣被截留在滤布上，沉积于转鼓内壁。待一批料液过滤完毕，或转鼓内滤渣量达到设备允许的最大值时，可不再加料，并继续运转一段时间以沥干滤液或减少滤饼中含液量。必要时也可进行洗涤，然后停车由人工从上部卸出，再清洗设备。

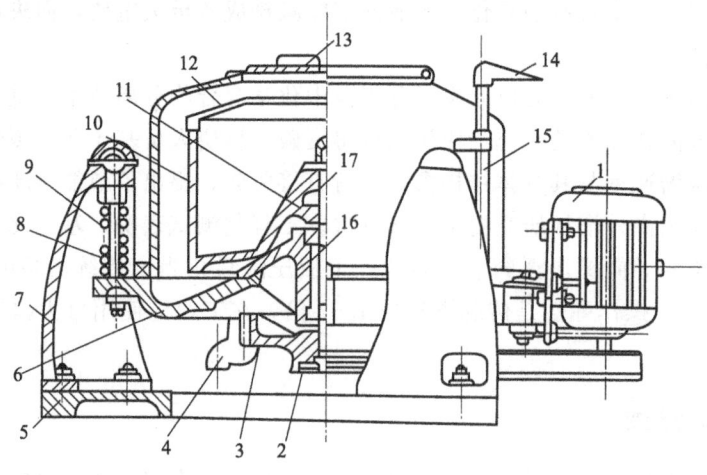

图 2-42 上部卸料三足式离心机

1—电动机；2—三角皮带轮；3—制动轮；4—滤液出口；5—机座；6—底盘；7—支柱；
8—缓冲弹簧；9—摆杆；10—鼓壁；11—转鼓底；12—拦液板；13—机盖；
14—制动手柄；15—外壳；16—轴承座；17—主轴

三足式离心机结构简单、紧凑，占空间不大，机器运转平稳，造价低，颗粒破损较轻，对物料的适应性强，过滤、洗涤时间可以随意控制，故可得到较干的滤渣和充分的洗涤。其缺点是间歇操作，生产中辅助时间长，生产能力低，劳动强度大，卸料不方便，转动部件位于机座下部，检修不方便。广泛应用于制药、化工、轻工、纺织、食品、机械制造等工业部门。适用于固体颗粒 $\geqslant 5\mu m$，浓度为 5%～75% 的悬浮液的分离。

三足式离心机的规格是由符号和数字组成的。SS 型表示人工上部卸料离心机，SX 表示人工下部卸料离心机，SG 型表示刮刀下部卸料的离心机。数字则表示转鼓直径。

## 三、塔设备

塔类设备用途非常广，在均相分离设备中较为多见，例如精馏塔、吸收塔、萃取塔等。按照内部结构的不同，大体上分为板式塔和填料塔两大类，每一类都有不同结构的塔型。不论哪一种塔，都是由塔身、顶盖、裙座、接管、人孔、平台和塔盘等构件组成。下面做简要介绍。

### （一）板式塔

板式塔为逐级接触式气液传质设备，它主要由圆柱形壳体、塔板、溢流堰、降液管及受液盘等部件构成。操作时，塔内液体依靠重力作用，由上层塔板的降液管流到下层塔板的受液盘，然后横向流过塔板，从另一侧的降液管流至下一层塔板。溢流堰的作用是使塔板上保持一定厚度的液层。气体则在压力差的推动下，自下而上穿过各层塔板的气体通道（泡罩、筛孔或浮阀等），分散成小股气流，鼓泡通过各层塔板的液层。在塔板上，气液两相密切接触，进行热量和质量的交换。在板式塔中，气液两相逐级接触，两相的组成沿塔高呈阶梯式变化，在正常操作下，液相为连续相，气相为分散相。如图2-43所示。

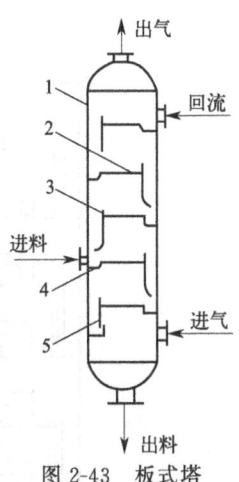

图2-43 板式塔
1—塔壳体；2—塔板；
3—溢流堰；4—受液盘；
5—降液管

塔板可分为有降液管式塔板（也称溢流式塔板或错流式塔板）及无降液管式塔板（也称穿流式塔板或逆流式塔板）两类，在工业生产中，以有降液管式塔板应用最为广泛。有降液管的塔板类型主要有泡罩塔板、筛孔式塔板、浮阀式塔板、喷射型塔板等。

板式塔的空塔速度较高，因而生产能力较大，塔板效率稳定，操作弹性大，且造价低，检修、清洗方便，故工业上应用较为广泛。

**1. 泡罩塔**

泡罩塔是工业上应用最早的塔，其结构如图2-44所示，它主要由升气管及泡罩等构成。泡罩安装在升气管的顶部，分圆形和条形两种，以前者使用较广。泡罩的下部周边开有很多齿缝，齿缝一般为三角形、矩形或梯形。泡罩在塔板上为正三角形排列。操作时，液体横向流过塔板，靠溢流堰保持板上有一定厚度的液层，齿缝浸没于液层之中而形成液封。升气管的顶部应高于泡罩齿缝的上沿，以防止液体从中漏下。上升气体通过齿缝进入液层时，被分散成许多细小的气泡或流股，在板上形成鼓泡层，为气液两相的传热和传质提供大量的界面。

泡罩塔的优点是操作弹性较大，塔板不易堵塞；缺点是结构复杂、造价高，板上液层厚，塔板压降大，生产能力及板效率较低。泡罩塔板已逐渐被筛板、浮阀塔板所取代，在新建塔设备中已很少采用。

**2. 筛板塔**

筛孔塔板简称筛板。塔板上开有许多均匀的小孔，孔径一般为3～8mm。筛孔在塔板上为正三角形排列。塔板上设置溢流堰，使板上能保持一定厚度的液层。

操作时，气体经筛孔分散成小股气流，鼓泡通过液层，气液间密切接触而进行传热和传质。在正常的操作条件下，通过筛孔上升的气流，应能阻止液体经筛孔向下泄漏。

筛板的优点是结构简单、造价低，板上液面落差小，气体压降小，生产能力大，传质效率高。其缺点是筛孔易堵塞，不宜处理易结焦、黏度大的物料。筛板塔的结构如图2-45所示。

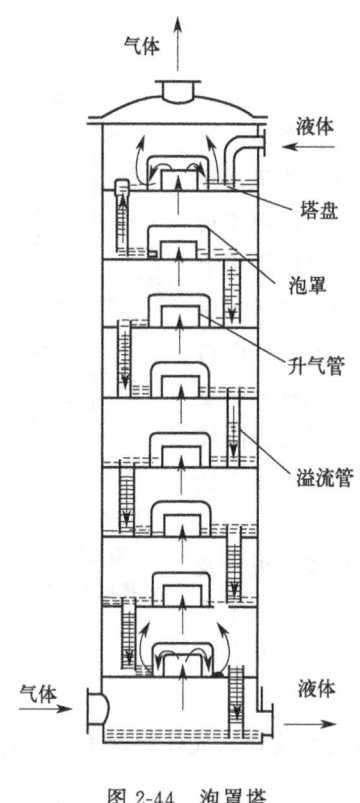

图 2-44　泡罩塔

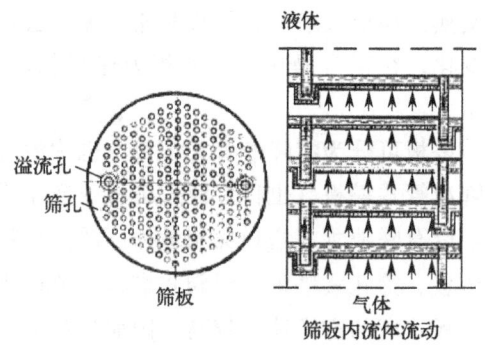

图 2-45　筛板塔

### 3. 浮阀塔

浮阀塔板具有泡罩塔板和筛孔塔板的优点，应用广泛。浮阀的类型很多，常用的浮阀塔板如图2-47所示。浮阀塔板的结构特点是在塔板上开有若干个阀孔，每个阀孔装有一个可上下浮动的阀片，阀片本身连有几个阀腿，插入阀孔后将阀腿底脚拨转90°，以限制阀片升起的最大高度，并防止阀片被气体吹走。阀片周边冲出几个略向下弯的定距片，当气速很低时，由于定距片的作用，阀片与塔板呈点接触而坐落在阀孔上，在一定程度上可防止阀片与板面的黏结。

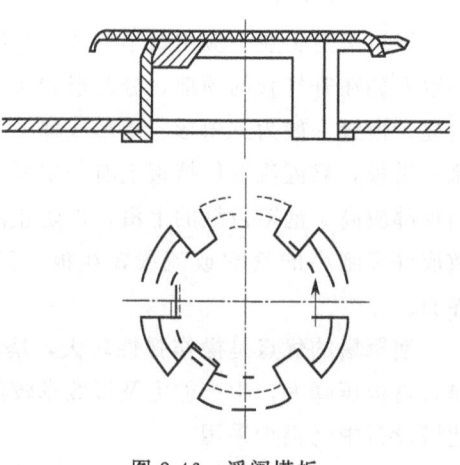

图 2-46　浮阀塔板

操作时，由阀孔上升的气流经阀片与塔板间隙沿水平方向进入液层，增加了气液接触时间，浮阀开度随气体负荷而变，在低气量时，开度较小，气体仍能以足够的气速通过缝隙，避免过多的漏液；在高气量时，阀片自动浮起，开度增大，使气速不致过大。浮阀塔板的优点是结构简单、造价低，生产能力大，操作弹性大，塔板效率较高。其缺点是处理易结焦、高黏度的物料时，阀片易与塔板黏结；在操作过程中有时会发生阀片脱落或卡死等现象，使塔板效率和操作弹性下降。

#### 4. 喷射塔

前面所述三种塔板气体是以鼓泡或泡沫状态和液体接触，当气体垂直向上穿过液层时，使分散形成的液滴或泡沫具有一定向上的初速度。若气速过高，会造成较为严重的液沫夹带，使塔板效率下降，因而生产能力受到一定的限制。为克服这一缺点，近年来开发出喷射型塔板，大致有以下几种类型：

(1) 舌型塔板　舌型塔板是在塔板上冲出许多舌孔，方向朝塔板液体流出口一侧张开。舌片与板面成一定的角度。舌孔按正三角形排列，塔板的液体流出口一侧不设溢流堰，只保留降液管，降液管截面积要比一般塔板设计得大些。操作时，上升的气流沿舌片喷出，其喷出速度可达 20～30m/s。当液体流过每排舌孔时，即被喷出的气流强烈扰动而形成液沫，被斜向喷射到液层上方，喷射的液流冲至降液管上方的塔壁后流入降液管中，流到下一层塔板。舌型塔板的优点是生产能力大，塔板压降低，传质效率较高；缺点是操作弹性较小，气体喷射作用易使降液管中的液体夹带气泡流到下层塔板，从而降低塔板效率。

(2) 浮舌塔板　与舌型塔板相比，浮舌塔板的结构特点是其舌片可上下浮动。因此，浮舌塔板兼有浮阀塔板和舌型塔板的特点，具有处理能力大、压降低、操作弹性大等优点，特别适用于热敏性物系的减压分离过程。

(3) 斜孔塔板　斜孔塔板在板上开有斜孔，孔口向上与板面成一定角度。斜孔的开口方向与液流方向垂直，同一排孔的孔口方向一致，相邻两排开孔方向相反，使相邻两排孔的气体向相反的方向喷出。这样气流不会对喷，既可得到水平方向较大的气速，又阻止了液沫夹带，使板面上液层低而均匀，气体和液体不断分散和聚集，其表面不断更新，气液接触良好，传质效率提高。斜孔塔板克服了筛孔塔板、浮阀塔板和舌型塔板的某些缺点。斜孔塔板的生产能力比浮阀塔板大 30% 左右，效率与之相当，且结构简单，加工制造方便，是一种性能优良的塔板。

### （二）填料塔

图 2-47 所示为填料塔的结构示意图。填料塔是以塔内的填料作为气液两相间接触构件的传质设备。填料塔的塔身是一直立式圆筒，底部装有填料支承板，填料以乱堆或整砌的方式放置在支承板上。填料的上方安装填料压板，以防被上升气流吹动。液体从塔顶经液体分布器喷淋到填料上，并沿填料表面流下。气体从塔底送入，经气体分布装置（小直径塔一般不设气体分布装置）分布后，与液体呈逆流连续通过填料层的空隙，在填料表面上，气液两相密切接触进行传质。填料塔属于连续接触式气液传质设备，两相组成沿塔高连续变化，在正常操作状态下，气相为连续相，液相为分散相。

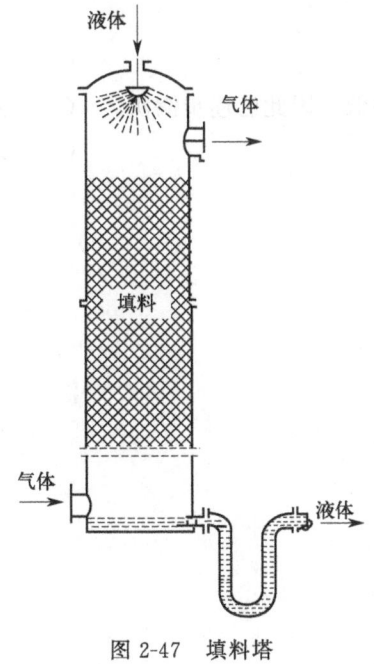

图 2-47　填料塔

当液体沿填料层向下流动时，有逐渐向塔壁集中的趋势，使得塔壁附近的液流量逐渐增大，这种现象称为壁流。壁流效应造成气液两相在填料层中分布不均，从而使传质效率下降。因此，当填料层较高时，需要进行分段，中间设置再分布装置。液体再分布装置包括液体收集器和液体再分布器两部分，上层填料流下的液体经液体收集器收集后，送到液体再分布器，经重新分布后喷淋到下层填料上。

填料塔具有生产能力大、分离效率高、压降小、持液量小、操作弹性大等优点。填料塔也有一些不足之处，如填料造价高；当液体负荷较小时不能有效地润湿填料表面，使传质效率降低；不能直接用于有悬浮物或容易聚合的物料；对侧线进料和出料等复杂精馏不太适合等。

填料的种类很多，根据装填方式的不同，可分为散装填料和规整填料。散装填料是一个个具有一定几何形状和尺寸的颗粒体，一般以随机的方式堆积在塔内，又称为乱堆填料或颗粒填料。散装填料根据结构特点不同，又可分为环形填料、鞍形填料、环鞍形填料及球形填料等。规整填料是按一定的几何构型排列，整齐堆砌的填料。规整填料种类很多，根据其几何结构可分为格栅填料、波纹填料、脉冲填料等。

## 进度检查

**一、填空题**

1. 离心机是借助_____的作用，分离_____的机械设备。在均相液体分离设备中，塔设备按照内部结构的不同，大体上分为_____和_____两大类。

2. 填料塔的填料的种类很多，根据装填方式的不同，可分为_____和_____。

**二、判断题（正确的在括号内画"√"，错误的画"×"）**

1. 在工业生产中，有降液管式塔板应用最为广泛。（    ）
2. 壁流效应会造成气液两相的传质效率下降。（    ）
3. 筛板塔板结构简单，造价低，但分离效率较泡罩塔板低，因此已逐步淘汰。（    ）
4. 在精馏塔中，目前浮阀塔的构造最为简单。（    ）

**三、简答题**

1. 简述板式塔分离液体混合物的工作原理。
2. 结合筛板塔的结构，简述筛板塔的优缺点。

编号 FJC-119-07

# 学习单元 2-7  单元仿真操作

**学习目标：** 完成本单元的学习之后，能够掌握离心泵、换热器和精馏塔的仿真操作。
**职业领域：** 化工、石油、环保、医药、冶金、汽车、食品、建材等工程。
**工作范围：** 分析检验。

随着科技的进步，化工生产逐步向集中化、复杂化、连续化发展，化工生产过程中的自动化程度越来越高，对操作人员的素质要求也越来越高。以往对操作人员的培训主要通过师傅带徒弟或是现场讲解的方式，这种培训方式不可避免地存在许多缺点。随着计算机和仿真技术的飞速发展，化工仿真培训方式在化工企业里得到了极大应用，能逼真地模拟工厂开车、停车、正常运行和各种事故状态的现象，本学习单元，将学习离心泵、换热器和精馏塔的仿真操作。

## 一、离心泵仿真操作

### 1. 离心泵仿真流程任务简述

离心泵仿真流程见图 2-48。

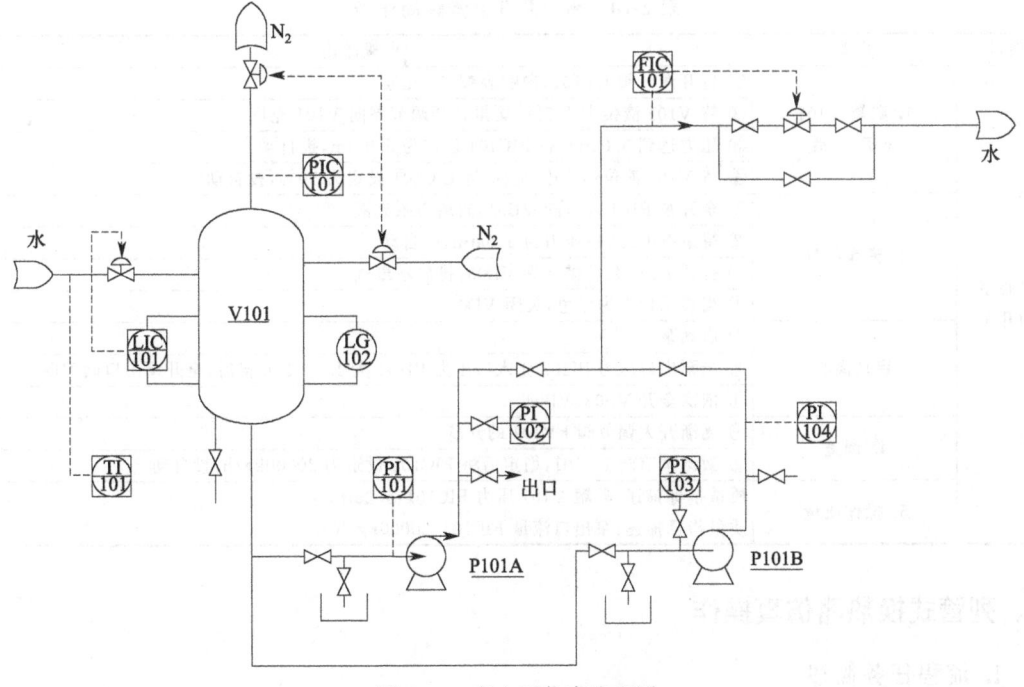

图 2-48  离心泵仿真流程图

来自某一设备约 40℃ 的带压液体经调节阀 LV101 进入贮罐 V101，罐内液位由液位控制器 LIC101 调节 V101 的进料量来控制；罐内压力由 PIC101 分程控制，PV101A、PV101B 分别调节进入 V101 和出 V101 的氮气量，从而保持罐压恒定在 5.0atm（表压，1atm＝0.1MPa）。罐内液体由泵 P101A/B 抽出，泵出口流量在流量调节器 FIC101 的控制下输送到其他设备。

### 2. 离心泵操作步骤简述

离心泵仿真界面 DCS 图见图 2-49。离心泵操作步骤见表 2-10。

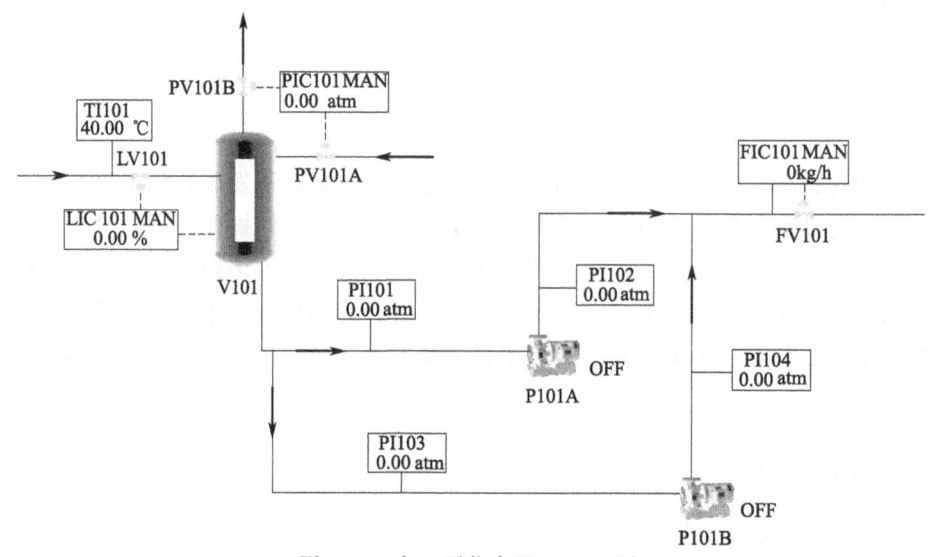

图 2-49　离心泵仿真界面 DCS 图

表 2-10　离心泵开泵步骤简述表

| 项目 | 步骤 | 步骤详述 |
| --- | --- | --- |
| 离心泵的开车 | 1. 贮罐 V101 充压、充液 | ① 打开调节阀 LV101，向贮罐 V101 充液<br>② 待 V101 液位大于 5%，缓慢打开调节阀向 V101 充压<br>③ 压力达到 5.0atm，将 PIC101 设定为 5.0atm，投自动<br>④ 待 V101 液位达 50% 左右，将 LIC101 设定为 50%，投自动 |
| | 2. 灌泵排气 | ① 全开泵 P101 入口阀 VD01，向离心泵充液<br>② 待泵 P101 入口压力为 5.0atm，投自动<br>③ 打开 P101 泵后排空阀 VD03，排放不凝气<br>④ 当显示标志为绿色，关闭 VD03 |
| | 3. 启动离心泵 | ① 启动泵<br>② 当泵出口压力 PI102 比入口压力 PI101 大 1.5～2.0 倍后，全开泵出口阀 VD04<br>③ 依次全开 VB03、VB04 |
| | 4. 调整 | ① 逐渐开大调节阀 FV101 的开度<br>② 微调调节阀 FV101，稳定后将 FIC101 设定为 20000kg/h，投自动 |
| | 5. 操作质量 | 质量指标描述：贮罐 V101 压力 PIC101：5.0atm<br>质量指标描述：泵出口流量 FIC101：20000kg/h |

## 二、列管式换热器仿真操作

### 1. 流程任务简述

如图 2-50 所示，来自界外的 92℃ 冷物流（沸点：198.25℃）由泵 P101A/B 送至换热器 E101 的壳程被流经管程的热物流加热至 145℃，并有 20% 被汽化。冷物流流量由流量控制器 FIC101 控制，正常流量为 12000kg/h。来自另一设备的 225℃ 热物流经泵 P102A/B 送至换热器 E101 与流经壳程的冷物流进行热交换，热物流出口温度由 TIC101 控制（177℃）。

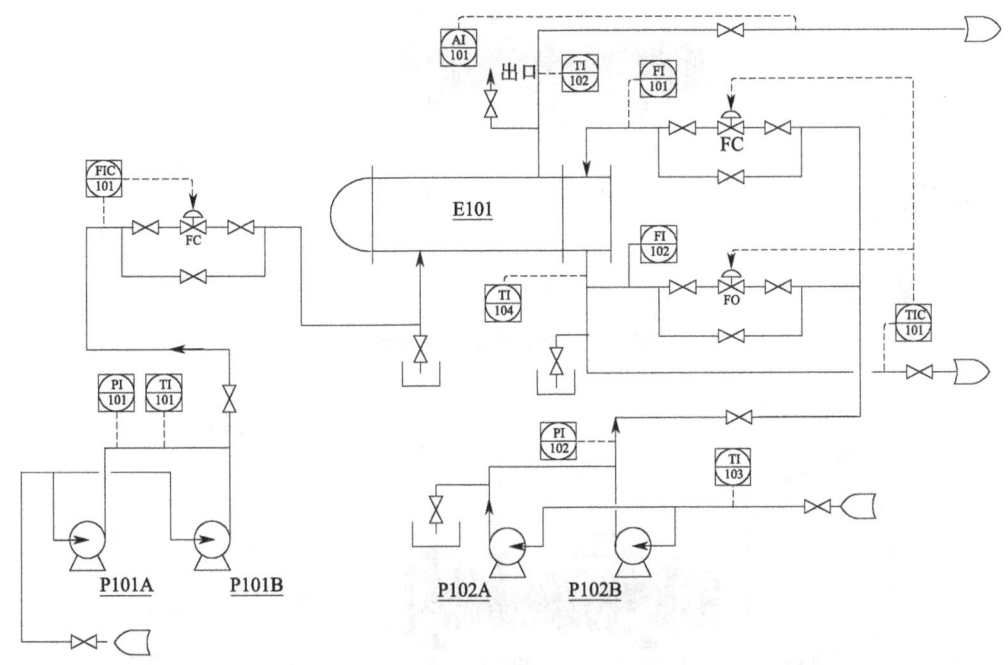

图 2-50　传热仿真带控制点流程图

为保证热物流的流量稳定，TIC101 采用分程控制，TV101A 和 TV101B 分别调节流经 E101 和副线的流量，TIC101 输出 0%～100% 分别对应 TV101A 开度 0%～100%，TV101B 开度 100%～0%。TIC101 的分程控制线如图 2-51 所示。

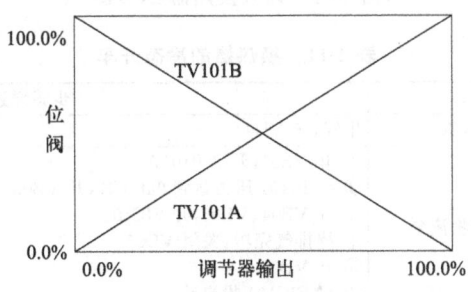

图 2-51　TIC101 分程控制线示意图

补充说明：

本单元现场图中现场阀旁边的实心红色圆点代表高点排气和低点排液的指示标志，当完成高点排气和低点排液时，实心红色圆点变为绿色。

### 2. 换热器操作步骤简述

列管式换热器现场图见图 2-52，DCS 图见图 2-53。换热器冷态开车步骤见表 2-11。

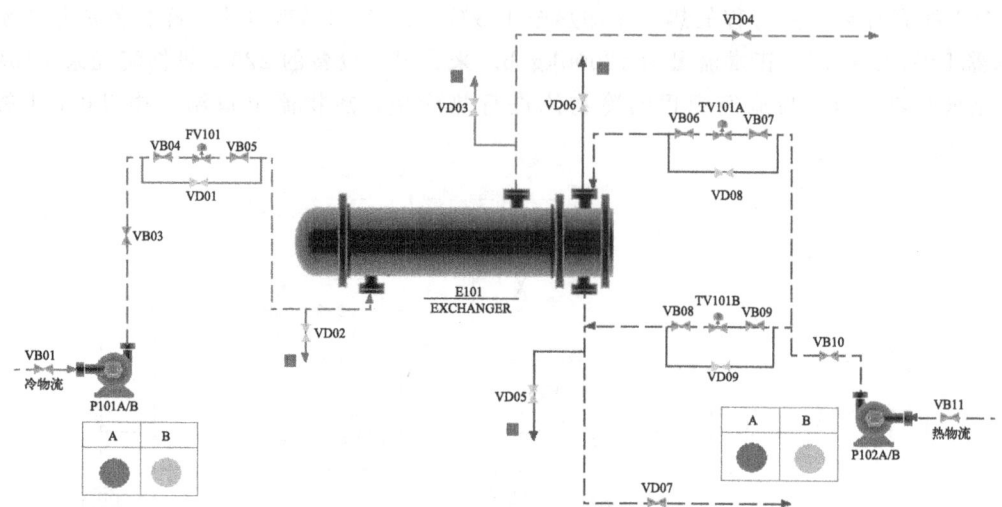

图 2-52 列管换热器现场图

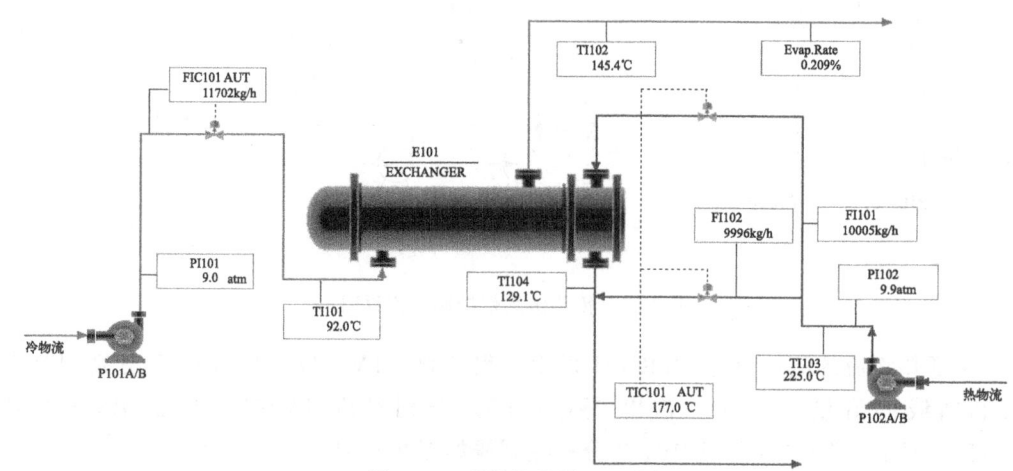

图 2-53 列管换热器 DCS 图

表 2-11 换热器的冷态开车

| 项目 | 步骤 | 步骤详述 |
| --- | --- | --- |
| 换热器的冷态开车 | 1. 开冷物流 | 排气,开 VD03 |
| | 2. 开冷物流泵 | ① 开 VB01,开泵 P101A<br>② 待 PI101 压力达到 9atm 时,开 VB03<br>③ 开 VB04、VB05,开 FIC101<br>④ 待排气完毕,关闭 VD03<br>⑤ 开 VD04<br>⑥ 将 FIC101 投自动 |
| | 3. 开热物流泵 | 排气,开 VD06 |
| | 4. 开热物流泵 | ① 开 VB11,开泵 A<br>② 待 PI102 压力达到 10atm 时,开 VB10<br>③ 开 VB06、VB07、VB08、VB09<br>④ 开 TIC101<br>⑤ 待排气完毕,关闭 VD06<br>⑥ 开 VD07<br>⑦ 将 TIC101 投自动 |
| | 5. 操作质量 | 质量指标描述:<br>① FIC101 的值为 12000kg/h<br>② TIC101 的值为 177℃ |

## 三、操作精馏塔仿真操作

### 1. 精馏塔仿真流程任务简述

精馏塔现场图和 DCS 图见图 2-54 和图 2-55。

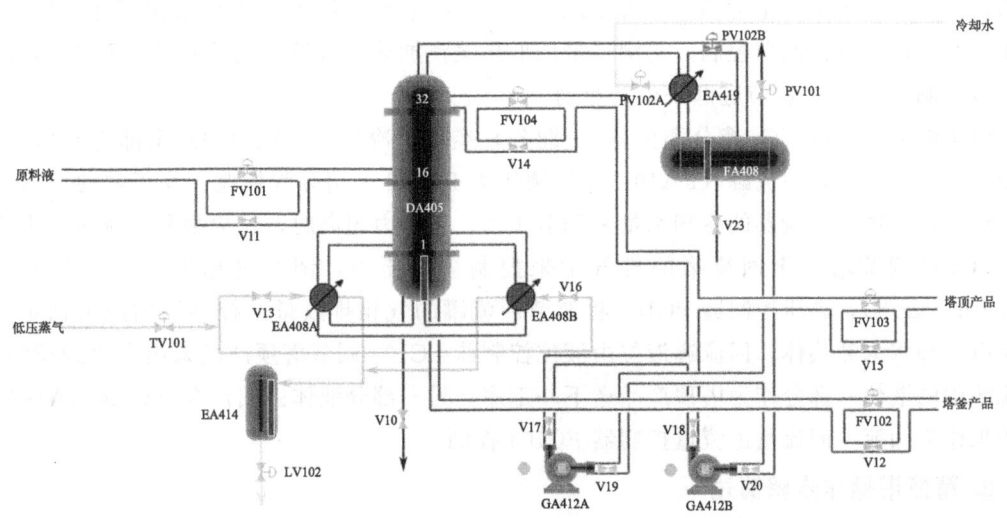

图 2-54 精馏塔现场图

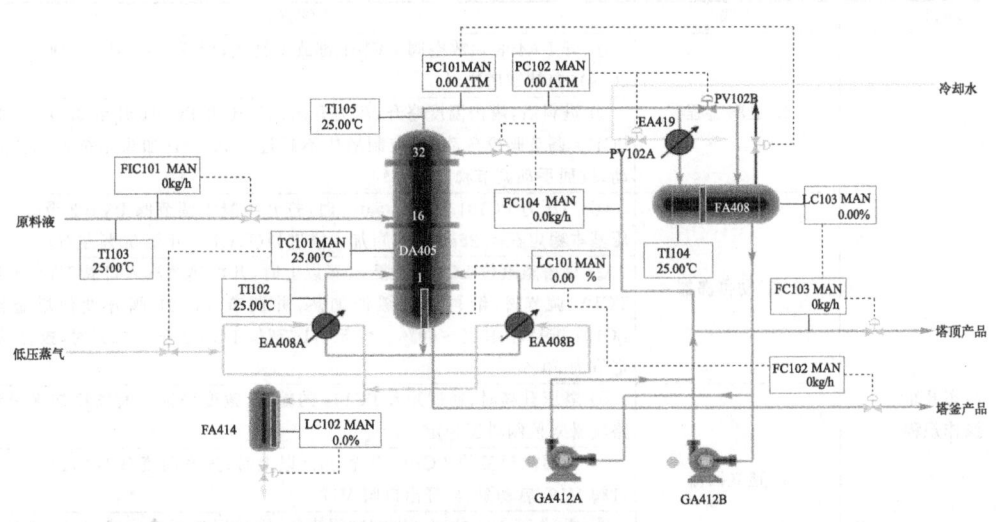

图 2-55 精馏塔 DCS 图

本流程是利用精馏方法，在脱丁烷塔中将丁烷从脱丙烷塔塔釜混合物中分离出来。精馏是将液体混合物部分汽化，利用其中各组分相对挥发度的不同，通过液相和气相间的质量传递来实现混合物分离。本装置中将脱丙烷塔塔釜混合物部分汽化，由于丁烷的沸点较低，即其挥发度较高，故丁烷易于从液相中汽化出来，再将汽化的蒸汽冷凝，可得到丁烷组成高于原料的混合物，经过多次汽化冷凝，即可达到分离混合物中丁烷的目的。

原料为脱丙烷塔的釜液（主要有 $C_4$、$C_5$、$C_6$、$C_7$ 等，温度 67.8℃），由脱丁烷塔（DA405）的第 16 块板进料（全塔共 32 块板），进料量由流量控制器 FIC101 控制。由调节器 TC101 调节再沸器加热蒸汽的流量，来控制提馏段灵敏板温度，从而控制丁烷的分离质量。

脱丁烷塔塔釜液（主要为 $C_5$ 以上馏分）一部分作为产品采出，一部分经再沸器（EA408A、B）部分汽化为蒸汽从塔底上升。塔釜的液位和塔釜产品采出量由 LC101 和 FC102 组成的串级控制器控制。再沸器采用低压蒸汽加热。塔釜蒸汽缓冲罐（FA414）液位由液位控制器 LC102 调节底部采出量控制。

塔顶的上升蒸汽（$C_4$ 馏分和少量 $C_5$ 馏分）经塔顶冷凝器（EA419）全部冷凝成液体，该冷凝液靠位差流入回流罐（FA408）。塔顶压力 PC102 采用分程控制：在正常的压力波动下，通过调节塔顶冷凝器的冷却水量来调节压力，当压力超高时，压力报警系统发出报警信号，PC102 调节塔顶至回流罐的排气量来控制塔顶压力，调节气相出料。操作压力为 4.25atm（表压），高压控制器 PC101 将调节回流罐的气相排放量来控制塔内压力稳定。冷凝器以冷却水为载热体。回流罐液位由液位控制器 LC103 调节塔顶产品采出量来维持恒定。回流罐中的液体一部分作为塔顶产品送下一工序，另一部分液体由回流泵（GA412A/B）送回塔顶作为回流，回流量由流量控制器 FC104 控制。

**2. 精馏塔操作步骤简述**

精馏塔操作步骤见表 2-12。

表 2-12 精馏塔操作步骤简述

| 项目 | 步骤 | 步骤详述 |
|---|---|---|
| 冷态开车操作规程 | 1. 进料过程 | ① 开 FA408 顶放空阀 PV101 排放不凝气,稍开 FIC101 调节阀(不超过 20%),向精馏塔进料 |
| | | ② 进料后,塔内温度略升,压力升高。当压力 PC101 升至 0.5atm 时,将 PC101 调节阀投自动,并控制塔压不超过 4.25atm(如果塔内压力大幅波动,改回手动调节稳定压力) |
| | 2. 启动再沸器 | ① 当压力 PC101 升至 0.5atm 时,打开冷凝水调节阀 PV102 至 50%;塔压基本稳定在 4.25atm 后,可加大塔进料(FIC101 开至 50% 左右) |
| | | ② 待塔釜液位 LC101 升至 20% 以上时,开加热蒸汽入口阀 V13,再稍开 TC101 调节阀,给再沸器缓慢加热,并调节 TC101 阀开度使塔釜液位 LC101 维持在 40%～60%。待 FA414 液位 LC102 升至 50% 时,投自动,设定值为 50% |
| | 3. 建立回流 | ① 塔压升高时,通过开大 PC102 的输出,改变塔顶冷凝器冷却水量和旁路流量来控制塔压稳定 |
| | | ② 当回流罐液位 LC103 升至 20% 以上时,先开回流泵 GA412A/B 的入口阀 V19,启动泵,再开出口阀 V17 |
| | | ③ 通过 FV104 的阀开度控制回流量,维持回流罐液位稳定,同时逐渐关闭进料,全回流操作 |
| | 4. 调整至正常 | ① 当各项操作指标趋近正常值时,打开进料阀 FV101 |
| | | ② 逐步调整进料量 FIC101 至正常值 |
| | | ③ 通过 TC101 调节再沸器加热量使灵敏板温度 TC101 达到正常值 |
| | | ④ 逐步调整 FC104 回流至正常值 |
| | | ⑤ 开 FV103 和 FV102 出料,注意塔釜、回流罐液位 |
| | | ⑥ 将各控制回路投自动,各参数稳定并与工艺设计值吻合后,产品采出投串级 |

续表

| 项目 | 步骤 | 步骤详述 |
|---|---|---|
| 正常操作规程 | 1. 正常工况下的工艺参数 | ① 进料流量 FIC101 设为自动,设定值为 14056kg/h<br>② 塔釜采出量 FC102 设为串级,设定值为 7349kg/h,LC101 设自动,设定值为 50%<br>③ 塔顶采出量 FC103 设为串级,设定值为 6707kg/h<br>④ 塔顶回流量 FC104 设为自动,设定值为 9664kg/h<br>⑤ 塔顶压力 PC102 设为自动,设定值为 4.25atm,PC101 设自动,设定值为 5.0atm<br>⑥ 灵敏板温度 TC101 设为自动,设定值为 89.3℃<br>⑦ FA414 液位 LC102 设为自动,设定值为 50%<br>⑧ 回流罐液位 LC103 设为自动,设定值为 50% |
| | 2. 主要工艺生产指标的调整方法 | ① 质量调节:本系统的质量调节采用以提馏段灵敏板温度作为主参数,以再沸器和加热蒸汽流量为副参数的调节系统,以实现对塔的分离质量控制<br>② 压力控制:在正常的压力情况下,由塔顶冷凝器的冷却水量来调节压力,当压力高于操作压力 4.25atm(表压)时,压力报警系统发出报警信号,同时调节器 PC101 将调节回流罐的气相出料,为了保持同气相出料的相对平衡,该系统采用压力分程调节<br>③ 液位调节:塔釜液位由调节塔釜的产品采出量来维持恒定,设有高低液位报警。回流罐液位由调节塔顶产品采出量来维持恒定,也设有高低液位报警<br>④ 流量调节:进料量和回流量都采用单回路的流量控制;再沸器加热介质流量,由灵敏板温度调节 |
| 停车操作规程 | 1. 降负荷 | ① 逐步关小调节阀 FV101,降低进料至正常进料的 70%<br>② 在降负荷过程中,保持灵敏板温度 TC101 的稳定性和塔压 PC102 的稳定,使精馏塔分离出合格产品<br>③ 在降负荷过程中,尽量通过 FV103 排出回流罐中的液体产品,至回流罐液位 LC103 在 20% 左右<br>④ 在降负荷过程中,尽量通过 FV102 排出塔釜产品,使 LC101 降至 30% 左右 |
| | 2. 停进料和再沸器 | 在负荷降至正常的 70%,且产品已大部分采出后,停进料和再沸器<br>① 关 FV101 调节阀,停精馏塔进料<br>② 关调节阀 TV101 和阀 V13 或 V16,停再沸器的加热蒸汽<br>③ 关调节阀 FV102 和调节阀 FV103,停止产品采出<br>④ 打开塔釜泄液阀 V10,排出不合格产品,并控制塔釜降低液位<br>⑤ 将 LC102 调节阀调至手动,使 FA414 泄液 |
| | 3. 停回流 | ① 停进料和再沸器后,回流罐中的液体全部通过回流泵打入塔,以降低塔内温度<br>② 当回流罐液位为 0 时,关调节阀 FV104,关泵出口阀 V17(或 V18),停泵 GA412A(或 GA412B),关泵入口阀 V19(或 V20),停回流<br>③ 开泄液阀 V10 排净塔内液体 |
| | 4. 降压、降温 | ① 打开调节阀 PV101,将塔压降至接近常压后,关调节阀 PV101<br>② 全塔温度降至 50℃ 左右时,关塔顶冷凝器的冷却水(PC102 的输出调至 0) |

# 模块 3  无机化工产品生产技术

编号 FJC-120-01

## 学习单元 3-1  无机化工简介

**学习目标：** 完成本单元的学习之后，能够了解无机化工的现状和发展概况，掌握无机化工产品生产的特点。
**职业领域：** 化工、石油、环保、医药、冶金、汽车、食品、建材等工程。
**工作范围：** 分析检验。

当我们纪念过去百年间全球化学和化工的迅速发展给人类带来的福祉的同时，更值得回顾的是我们中国化学界众多开拓者，他们在艰苦的条件下，不惧艰难，艰苦奋斗，为国为民创造了不朽的业绩，而且引导了我们国家化学和化工学科的发展壮大。在 20 世纪初期，化学家以实业救国为己任，今日化学和化工的发展自范旭东、侯德榜、吴蕴初在北方和南方开创制盐、制碱、电解等大化工企业，我国开始自主生产无机化工产品。中华人民共和国成立后，在经济和国防等方面的需求下，在强化基础研究的方针下，无机化学进一步发展。与其他化工部门相比，无机化工在化学工业中是发展较早的部门，为我国化工的发展奠定了基础。

### 一、几种无机化工产品的发展历史

化学工业是随着人类生产和生活的需要发展起来的，化工生产的发展也推动了社会的发展。化学工业的发展分为三个阶段：古代的化学生产、近代化学工业和现代化学工业。古代的化学生产是指 17 世纪以前，如炼丹、冶金等，诞生了古代朴素的元素观，一方面，尚未形成理论体系，是化学的萌芽时期；另一方面，尚未形成有规模的化学加工实践。近代化学工业是从 18 世纪初建成第一个以硫矿石和硝石为原料的铅室法硫酸厂开始，此后，硝酸、纯碱相继问世。近代化学工业形成了以发展无机化工产品为特征的无机化学工业体系。现代化学工业是指从 19 世纪末开始，以石油化工和有机化工产品为主要特征的化学工业。二战后，石油和天然气成为化学工业的主要原料，开发出许多新的生产工业，实现了生产规模与装置的大型化和自动化。

无机化工是无机化学工业的简称，以天然资源和工业副产物为原料，生产包括硫酸、硝酸、盐酸、纯碱、烧碱、合成氨等化工产品的工业。无机化工产品的主要原料是含硫、钠、磷、钾、钙等元素的化学矿物和煤、石油、天然气以及空气、水等自然资源。最具有代表意义的无机化工产品俗称"三酸两碱合成氨"，即硫酸、硝酸、盐酸、纯碱、烧碱、合成氨。"三酸两碱合成氨"属于基本化工原料，其年产量反映了一个国家化学工业的发展水平。目前，生产技术比较先进、产品市场分布广泛的国家和地区主要有西欧、北美、东欧、中国和日本等。

**1. 硫酸工业**

（1）硫酸工业简介　硫酸是一种非常重要的化工原料，是基本化学工业中产量最大、用途最广泛的化工产品之一，曾被誉为"工业之母"。在化肥工业中，某些磷肥、氮肥和多元复合肥料的生产都需要用到硫酸，如用硫酸制取硫酸铵和过磷酸钙。除了化肥生产，硫酸还作为化工原料使用，生产相关的酸、盐类物质，应用到各行各业，比如无机盐、无机酸、有机酸、化学纤维、塑料、农药、医药、颜料等。硫酸还是重要的化学试剂，可以用来制造炸药。

随着国家产业结构调整及大力推行节能减排和循环经济产业政策，我国硫酸工业在热能回收利用、"三废"治理、污染物减排、循环经济发展等方面开展了卓有成效的工作，各种新技术、新工艺和新设备的推广应用，促进了硫酸行业的技术进步，在硫酸装置大型化、规模化发展的同时，我国硫酸工业也面临着产能过剩的问题。

近些年，国内企业纷纷新建、扩建硫酸装置，使硫酸企业向大型化、规模化发展。云南云天化、铜陵有色、江西铜业、金川集团、双狮（张家港）精细化工、阳谷祥光铜业等龙头企业的硫酸年产量都在1000kt以上。2014年，我国硫酸产量超过1000kt的企业有17家，总产量达到全国硫酸生产总量的40%。硫酸生产过程中释放大量热量，采用新技术、新设备，实施节能及提高热能回收利用效率，是我国硫酸工业发展的一大亮点。硫酸工业节能和加强热能回收利用符合国家产业政策，特别是鼓励推广制酸低温热能回收技术、回收电除尘器后气体及烧渣等潜热资源技术、湿法制酸技术等。针对硫酸工业中产生的主要污染物，包括$SO_2$废气、污水和废渣等，各企业均开展了技术改造。例如，采用低温含铯催化剂、尾气脱硫等方式减少制酸尾气$SO_2$的排放；采用石灰-铁盐中和法、石灰-硫化法、电化学絮凝法等技术及表面反洗过滤器、西恩过滤器等设备处理酸性污水；对硫铁矿烧渣、中和石膏渣、工业废石膏等固体废渣采用综合利用，基本实现了"三废"达标排放。但是由于受磷复肥、钛白粉、氢氟酸等主要耗酸产品产能过剩、市场低迷的影响，我国硫酸产量增幅跟不上产能增幅，导致产能过剩，装置开工率下降。

我国硫酸工业经过几十年的发展，国产化技术和装置已趋于成熟，硫酸工业技术进步主要体现在高浓度$SO_2$烟气转化、节能与低湿热回收、污染物治理、含硫废物制酸等技术应用及设备、材料等方面。

（2）硫酸工业发展史　8世纪左右，阿拉伯人干馏绿矾得到硫酸。16世纪初，在波希米亚用硫酸铁干馏得到发烟硫酸。1570年，Donaeus通过研究，阐明了硫酸的多种性质。此后，人们才开始真正认识硫酸。1746年，英国人Roebuck在伯明翰建成一座6英尺见方的铅室，以硫黄为原料，以间歇方式制造硫酸，成为世界上最早的铅室法制酸厂。1831年，英国人Philips提出了在铂丝或铂粉上进行$SO_2$转化，后人称为"接触法"，1875年开始在工业上运用。1899年，Meyers提出以钒化合物作$SO_2$转化的催化剂，促进了接触法制酸时代的到来。1911年，奥地利人奥普尔以塔代替铅室，建成世界上第一套塔式法制酸生产设备。第二次世界大战后，由于硫酸市场需求量迅速增长，促进了硫酸工业的快速发展。1964年，德国拜尔公司首先采用"两转两吸"工艺技术。1971年，德国拜尔公司首先建成一座直径4m的沸腾床转化器。20世纪90年代以后，单系列大型装置的生产能力不断增大，硫黄制酸的最大装置是由澳大利亚 Anaconda 公司拥有，其生产能力达到 4400t/d；以冶炼烟气为原料生产硫酸的最大装置在美国 Kennecott 公司，其生产能力达到 3860t/d；以硫铁矿为原料生产硫酸的最大装置则是我国贵州两套 1200t/d 装置。接触法制酸几乎是目前世界上硫酸工业的唯一生产方法。自 20 世纪 60 年代中后期采用"两转两吸"工艺技术以来，硫铁矿制酸的基本工艺过程没有大的变化。近年来，出现了"三转三吸"工艺和加压法转化流程，催化剂开发方面力求活性高、起燃温度低、抗毒性能好、寿命长等。

我国的硫酸工业是化学工业中建立较早的一个部分。1874 年，中国建成最早的铅室法装置，1876 年投产，日产硫酸 2t，用于制造无烟火药。1934 年，第一座接触法装置投入生产。中国硫酸最高年产量为 180kt。1949 年以后，我国硫酸工业迅速发展。在 20 世纪 50～70 年代，新建不少中小型装置，硫酸产量有了较大增加，80 年代后，引进一批大型生产装置，使得硫酸产量进一步增加。2000 年产量居世界第二，达到 24.27Mt。到 2008 年底，硫酸生产能力达到 72Mt，形成了硫黄、硫铁矿、冶炼烟气三大原料制酸三分天下的格局。从 2004 年开始，我国硫酸产量就跃居世界首位，同时，在技术上也有明显提高。1966 年试验成功"两转两吸"工艺。1980 年试验成功沸腾转化工艺。随着新工艺、新设备和新材料的推广和使用，我国硫酸工业的技术水平迈上了一个新的台阶。我国已具备大型硫酸装置国产化的能力。大型硫酸装置的关键设备基本都能自主制造。

**2. 氯碱工业**

(1) 氯碱工业简介　氯碱工业也是重要的基础化学工业之一，氯碱产品广泛用于国民经济的各个部门，是重要的基础化工原料之一，以氯碱工业产品为原料生产的产品现有千余种。在医药工业领域，现有 300 多种的药品以氯碱产品为原料，而医药树脂等也需要大量烧碱、氯气等原料。在轻工业领域，造纸业用碱量居各行业之首，其他如油脂化工、感光材料行业的生产也需要大量使用烧碱和氯气。在纺织工业，各种纺织产品的加工大多会用到氯碱产品。另外，在农业、建材、冶金、电子、电力、国防、石油、食品加工等各行业、各部门也均广泛使用氯碱产品。

随着近几年全球经济的发展和中国氯碱工业的扩张，产能严重过剩已成为不争的事实。中国氯碱工业产品主要自产自销，以内需为主，所以国内经济和市场的变化直接影响氯碱工业的生存和发展。而氯与碱的平衡是氯碱工业发展的关键。由于氯产品的应用越来越广泛，氯碱工业以氯定碱，烧碱逐步被称为副产品。近十几年来，由于我国氯碱工业的盲目扩建，使烧碱产能增长过快，而下游相关产业发展滞后，氯与碱需求不平衡的问题越来越突出，即国内市场上氯产品需求旺盛，而烧碱市场疲软。

目前我国的氯产品主要有无机氯和有机氯产品。从耗氯结构来看，我国无机氯产品的耗氯量始终占据主导地位。我国各氯碱企业拥有氯产品 200 余种，主要品种 70 多个。无机氯产品主要有液氯、盐酸、氯化钡、氯磺酸、漂粉精、次氯酸钠、三氯化铁、三氯化铝等；有机氯产品主要有聚氯乙烯、甲烷氯化物、氯化苯、氯化石蜡和环氧氯乙烷、环氧氯丙烷、氯乙酸等，另外还有农药产品。

由于原料和能源费用在无机化工生产中占有较大比例，如合成氨工业、氯碱工业、电石（碳化钙）生产等都是高能耗行业，其技术改造的重点将趋向低能耗工艺和原料的综合利用。化肥工业、无机盐工业，都是产品品种发展较快的工业，它们将进一步淘汰落后产品，开发新产品，如化肥工业今后将向高浓度复合肥方向发展。随着工业不断发展，硫酸、合成氨、磷肥、无机盐等生产所排放的废渣、废液、废气数量越来越多，它们给环境带来的危害已引起高度重视，企业通过采取有效措施，努力解决"三废"问题。同其他各行业的发展趋势一样，无机化工工业除了采用先进工艺、高效设备、新型检测仪表外，在生产上普遍采用微处理器进行参数的监测和调节，以提高生产的自动化水平和安全性。

（2）氯碱工业发展史　19世纪末之前，世界上一直以苛化法生产烧碱，即以纯碱和石灰为原料制取NaOH的方法。因为苛化过程需要加热，因此就将NaOH称为烧碱，以区别于天然碱（$Na_2CO_3$）。1890年，在德国格里斯海姆建成世界上第一个工业规模的隔膜电解槽制烧碱装置，它是氯碱工业开端的标志。1892年，美国人卡斯纳和奥地利人凯纳同时提出了水银法，后因汞对环境的污染而淘汰。阳极材料最初用烧结碳（电阻太大）和铂（成本太高），1892年发明人造石墨电极，从此，隔膜法及水银法电解所用阳极一直采用石墨电极。1968年，金属阳极问世，用金属阳极取代石墨阳极，在氯碱工业中是一次重大的技术进步，同时也为离子膜电解槽的出现创造了良好的条件。1966年美国杜邦公司开发出了化学稳定、性能良好的离子交换膜，并于1975年由日本旭化成公司开始应用于工业化生产。离子膜法具有能耗低、产品质量高、装置占地面积小、生产能力大及能适应电流波动大等优点。在现代氯碱工业中应用越来越广泛。

"南吴北范"是中国最早的化工实业家，是中国氯碱工业的奠基人。"南吴"是指吴蕴初先生。吴先生在1923年创办天厨味精厂，1929年创办天原电化厂，生产烧碱、盐酸、漂白粉。"北范"是指范旭东先生。他于1914年在天津塘沽集资创办久大精盐公司，1920年创办塘沽碱厂制造纯碱。1949年时，我国烧碱产量只有15kt。到2009年时，我国烧碱产量达18910kt，居世界第一位。在产量不断增加的同时，生产技术也取得了长足进步。20世纪50年代中期研制成功的立式吸附隔离电解槽，接近当时的世界先进水平。70年代初成功开发出金属阳极电解槽，1974年在上海天原化工厂投入工业化生产，在金属阳极领域接近当时的世界先进水平。1986年引进第一套离子膜法烧碱装置，是我国离子膜法制烧碱的开端。我国电解法制烧碱曾以隔膜法为主，改革开放以后陆续从国外引进先进的离子膜法技术装置。到21世纪，离子膜法制烧碱得到迅速发展，新建和改扩建烧碱装置大多数都是离子膜法。离子膜法制烧碱技术也由引进国外先进技术为主转向自主创新、自行研发为主。2010年，山东东岳集团氯碱用离子膜产业化装置成功试车，工业用离子膜顺利下线。此举意味着国外在该领域长达数十年的技术垄断被打破，我国氯碱行业从此站到了一个新的起点。我国成为继日本、美国之后，第三个能够生产全氟离子交换膜的国家。

**3. 合成氨工业**

（1）合成氨工业简介　合成氨是最重要的化工产品之一，其产量居各种化工产品的首位。氨本身是重要的氮素肥料，其他氮素肥料也基本上是先合成氨，再加工成各种肥料。氨最大的用途是用来制造化肥。农业上使用的尿素、硝酸铵、碳酸氢铵、硫酸铵以及各种含氮复混肥料，都是以氨为原料制造而成的。工业上，氨是重要的化工原料，是制造硝酸、含氮无机盐的原料，也用来制造炸药、各种化学纤维、塑料和制冰、空调、冷藏等系统的制冷剂。在制药方面，是生产磺胺类药物、维生素、蛋氨酸和氨基酸等的原料。在国防工业和尖端技术中，制造三硝基甲苯、三硝基苯酚、硝化甘油、硝化纤维等多种炸药都消耗大量的氨。生产导弹、火箭的推进剂和氧化剂，同样也需要氨。

中国合成氨产量位居世界第一位，现已掌握了以焦炭、无烟煤、焦炉气、天然气及油田伴生气和液态烃等多种原料生产合成氨、尿素的技术，形成了特有的煤、石油、天然气原料并存和大、中、小生产规模并存的生产格局。2013年，中国合成氨总生产能力为7400万吨左右，氮肥工业已基本满足了国内需求；在与国际接轨后，具备与国际合成氨产品竞争的能力，今后发展的重点是调整原料和产品结构，进一步改善经济性。中国目前有中型合成氨装置55套，生产能力约为500万吨每年；其下游产品主要是尿素和硝酸铵。其中以煤、焦为原料的装置有34套，以渣油为原料的装置有9套，以气为原料的装置有12套。中国现有小型合成氨装置700多套，生产能力约为3000万吨每年；其下游产品主要是碳酸氢铵，但已有112套经过改造后开始生产尿素。中国合成氨生产装置原料以煤、焦为主，占总装置的96%，以气为原料的仅占4%。中国引进大型合成氨装置的总生产能力只占中国合成氨总产能的1/4左右，因此可以说我国合成氨行业对外依赖性并不高。中国自行研发了多套工艺技术，促进了氮肥生产的发展和技术水平的提高，如合成气制备、CO变换、脱硫脱碳、气体精制和氨合成技术。未来合成氨技术进展的主要趋势是"大型化、低能耗、结构调整、清洁生产、长周期运行"。

(2) 合成氨工业发展史　1754年人们就发现了氨，但是直到1909年，才由德国化学家哈伯等人研究成功了合成氨法。合成氨采用贵金属锇作催化剂，在17.5～20.0MPa和500～600℃下获得6%的氨。1910年，在工程师伯希的帮助下，建成了80g/h的实验装置。1911年，米塔希研究成功了以铁为活性组分的氨催化剂，使合成氨实现工业化具备了更有利的条件。1912年，在德国奥堡巴登苯胺纯碱公司建成了世界上第一个日产30t的合成氨工厂，1913年开始运转。第一次世界大战结束后，德国因战败而被迫把合成氨技术公开。一些国家在此基础上作了改进，出现了不同压力的合成氨法，从此合成氨工业得到了迅速的发展，由此也促进了许多技术领域（例如高压技术、低温技术、催化、固体燃料气化、烃类燃料的合理利用等）的发展。目前合成氨技术已发展到相当高的水平，生产操作高度自动化，生产规模大型化，热能的综合利用充分合理，大大降低了生产成本。

我国合成氨工业起步较晚，建国前只有两个规模不大的合成氨工厂，最高年产量只有50kt。建国后合成氨工业发展迅速，经过数十年努力，已形成遍布全国，大、中、小型氨厂并存的氮肥工业布局。到1997年，合成氨产量达3007.6万吨，1999年合成氨产量为3431万吨，排名世界第一。2014年中国合成氨（无水氨）产量达5699.49万吨。

我国合成氨工业发展是从建设中型氨厂开始的。20世纪50年代初，在恢复与扩建老厂的同时，从苏联引进并建成一批以煤为原料，年产50kt的合成氨装置。20世纪60年代，随着石油、天然气资源的开采，分别从英国引进以天然气为原料、年产1000kt的加压蒸汽转化法合成氨装置；从意大利引进以渣油为原料、年产50kt的部分氧化法合成氨装置，从而形成了煤、油、气原料并举的中型氨厂的生产体系。

20世纪60年代，为适应农业发展的迫切需要，在全国各地兴建了一大批小型氨厂，小型氨厂数量曾经达到1300多个，虽经调整，但仍有600多个。目前，对这些小型厂的改造重点是抓好规模、品种、技术、产业等方面的调整，通过新技术开发，节能降耗，提高技术水平来谋求发展。

随着化肥需求量的日益增长和我国石油、天然气工业的迅速发展，20世纪70年代开始引进了十多套年产30万吨的合成氨装置。此外我国自行设计、制造安装的年产30万吨的合成氨厂，已于1980年投产。九五期间，为充分利用我国的天然气和煤炭资源，又建立了一大批大型合成氨装置,并在一些资源丰富的地区形成了合成氨生产基地。近十年来,我国新建的大型氨厂,全部引进低能耗合成氨工艺。符合我国国情的合成氨原料路线是:尽量使用天然气,适当用油,积极用煤。

## 二、无机化工生产的特点

与其他化工部门相比,无机化工生产的特点是:

① 在化学工业中是发展较早的部门,为单元操作的形成和发展奠定了基础。例如合成氨生产过程需要在高压、高温以及催化剂存在的条件下进行,它不仅促进了这些领域的技术发展,也推动了原料气制造、气体净化、催化剂研制等方面的技术进步,而且对于催化技术在其他领域的发展也起了推动作用。

② 主要产品多为用途广泛的基本化工原料。除无机盐品种繁多外,其他无机化工产品品种不多。例如硫酸工业仅有工业硫酸、蓄电池用硫酸、试剂用硫酸、发烟硫酸、液体二氧化硫、液体三氧化硫等产品;氯碱工业只有烧碱、氯气、盐酸等产品;合成氨工业只有合成氨、尿素、硝酸、硝酸铵等产品。但硫酸、烧碱、合成氨等主要产品都和国民经济各部门有密切关系。

③ 与其他化工产品比较,无机化工产品的产量较大。例如2011年,中国合成氨产量超过5300万吨,居世界首位。氮肥产量超过4100万吨(折纯氮),约占世界总产量的1/3。

## 进度检查

**一、填空题**

1. 无机化工产品俗称"三酸两碱合成氨"是指_____、_____、_____、_____、_____、_____。

2. 由于原料和能源费用在无机化工产品中占有较大比例,技术改造的重点将趋向_____。

**二、判断题(正确的在括号内画"√",错误的画"×")**

1. 无机化工是以天然资源和工业副产物为原料生产包括硫酸、硝酸、盐酸、纯碱、烧碱、合成氨等化工产品的工业。( )

2. 隔膜电解法制烧碱是目前我国主要的生产方式。( )

**三、简答题**

1. 无机化工中最主要的产品有哪些?

2. 无机化工生产的特点有哪些?

编号 FJC-120-02

# 学习单元 3-2 硫酸生产技术

**学习目标**：完成本单元的学习之后，能够掌握硫酸的性质用途、接触法制硫酸的生产原理及工艺条件。
**职业领域**：化工、石油、环保、医药、冶金、汽车、食品、建材等工程。
**工作范围**：分析检验。

生态文明建设是关系人民福祉、民族未来的大计。改革开放以来，我们取得的成绩无与伦比，但环境问题也高度集中。"雾霾"两字吸引眼球，$PM_{2.5}$ 引起热议。二氧化硫溶于水中，会形成亚硫酸。若把亚硫酸进一步在 $PM_{2.5}$ 存在的条件下氧化，便会迅速高效生成硫酸（酸雨的主要成分）。硫酸生产过程中排放的二氧化硫及氧化物和粉尘造成大气严重污染，还有污水的排放也污染环境。在许多生产过程中，硫酸的利用率低，大量的硫酸随同含酸废水排放出去。这些废水如不经过处理而排放到环境中，不仅会使水体或土壤酸化，对生态环境造成危害，而且浪费大量资源。所以，在硫酸生产、使用过程中，必须通过回收再用、综合利用、中和处理等方式来处理工业三废，以达到保护环境的目的。

## 一、硫酸的性质及用途

### 1. 硫酸的物理性质

纯硫酸是一种无色透明的油状液体，密度为 1.84~1.86g/mL，俗称"矾油"。工业硫酸是三氧化硫和水以一定比例混合的溶液，浓度 98% 时沸点为 330℃。三氧化硫与水的物质的量的比为 1:1 时为纯硫酸；当二者物质的量的比大于 1 时称为发烟硫酸，其三氧化硫的蒸气压较大，三氧化硫蒸气和空气中的水蒸气结合凝聚成酸雾。

（1）凝固点 硫酸的浓度升高，凝固点也会提高，如 93% 硫酸的凝固点约为 -35℃，而 98% 硫酸的凝固点约为 -0.25℃。所以，我国北方硫酸厂夏季可生产 98% 的硫酸，冬季只能生产浓度 92% 的硫酸，以防止硫酸结晶堵塞生产设备及运输设备。

（2）密度 硫酸水溶液的密度随着硫酸含量的增加而增大，于 98.3% 时达到最大值，过后递减；发烟硫酸的密度也随其中游离 $SO_3$ 含量的增加而增大，$SO_3$（游离）达到 62% 时为最大值，继续增加游离 $SO_3$ 含量，则发烟硫酸的密度减小。

（3）沸点 硫酸水溶液的沸点随着硫酸含量的增加而增大，于 98.3% 时达到最大值，此时沸点为 338.8℃，过后递减；而 100% 的硫酸反而在较低温度（279.6℃）下沸腾。

### 2. 硫酸的化学性质

硫酸具有酸的通性，可与许多物质发生化学反应。浓硫酸具有三大特性：吸湿性、脱水性和强氧化性。

(1) 硫酸与金属及金属氧化物反应，生成该金属的硫酸盐，例如：
$$Zn+H_2SO_4(稀)\longrightarrow ZnSO_4+H_2$$
$$CuO+H_2SO_4\longrightarrow CuSO_4+H_2O$$

(2) 硫酸与氨及其水溶液反应，生成硫酸铵。
$$2NH_3\cdot H_2O+H_2SO_4\longrightarrow (NH_4)_2SO_4+2H_2O$$

(3) 硫酸与水的强烈反应　浓硫酸与水有很强的结合力，能使有机体中的水分失去，使有机体结焦（碳化）。例如，人体皮肤遇到浓硫酸时，就会发生严重的灼伤。

(4) 在有机合成工业中用作磺化剂，例如：
$$C_6H_6+H_2SO_4\longrightarrow C_6H_5SO_3H+H_2O$$

### 3. 硫酸的用途

硫酸素有"工业之母"之称，在国民经济中占有重要地位。主要用于生产化学肥料，如生产磷铵、重过磷酸钙、硫酸铵等。在中国，60％的硫酸用于生产磷肥和复合肥。在化学工业中，硫酸是生产各种硫酸盐的主要原料，是塑料、人造纤维、染料、涂料、药物等生产中不可缺少的原料。在农药、杀鼠剂的生产中也需要硫酸作为原料。在石油工业中，硫酸作为洗涤剂用于石油精炼，以除去石油产品中的不饱和烃和硫化物等杂质。在冶金工业中，硫酸作为清洗液用于钢材的加工和酸洗，作为电解液的主要组成用于铜、锌、镉、镍的精炼等。在国防工业中，浓硫酸用于制取硝化甘油、硝化纤维、三硝基甲苯等炸药；原子能工业中用于浓缩铀。

## 二、硫酸的生产方法

硫酸的工业生产方法主要有两种，亚硝基法和接触法。亚硝基法又分为铅室法和塔式法。铅室法存在诸多不足而被淘汰，比如设备庞大，生产能力低；塔式法是在铅室法的基础上发展起来的，与铅室法一样，制备的硫酸浓度低、杂质含量高。目前工业上用得较多的是接触法。而按照硫酸生产的原料又可分为硫铁矿制酸、硫黄制酸、硫酸盐制酸、冶炼气制酸。

本单元主要介绍以硫铁矿为原料，用接触法制硫酸工艺。

## 三、接触法制硫酸

以硫铁矿为原料制硫酸的主要化学反应有：
$$4FeS_2+11O_2\longrightarrow 2Fe_2O_3+8SO_2$$
$$2SO_2+O_2\longrightarrow 2SO_3$$
$$SO_3+H_2O\longrightarrow H_2SO_4$$

由反应式可知，接触法硫酸生产过程分为三个过程：①二氧化硫气体的制备（焙烧）；②二氧化硫的催化氧化（转化）；③三氧化硫的吸收（吸收）。但硫铁矿反应后产生的 $SO_2$ 炉气中含有一定数量的有害杂质，不能直接送入转化工序。为避免催化剂中毒，炉气进入转化工序之前必须经过净化与干燥。

### 1. 二氧化硫气体的制备

(1) 基本原理　二氧化硫气体的制备是通过硫铁矿的焙烧，主要是指矿石中的 $FeS_2$ 与空气中的氧反应，生成 $SO_2$ 炉气，该反应通常需要在 600℃ 以上的温度下进行。焙烧反应是分两步进行的：

① $FeS_2$ 受热分解为 FeS 和硫黄蒸气。

$$2FeS_2 \xrightarrow{\triangle} 2FeS + S_2$$

该反应为吸热反应，温度越高，对硫铁矿的热分解越有利。

② 生成的 FeS 和单质硫与氧反应。

硫铁矿分解出硫后，剩下的硫化亚铁继续焙烧。当空气过剩量大时，最后生成红棕色的固态物质三氧化二铁；当空气过剩量小时，最后生成黑色的固态物质四氧化三铁。

$$S_2 + O_2 \longrightarrow 2SO_2 \uparrow$$
$$4FeS + 7O_2 \longrightarrow 2Fe_2O_3 + 4SO_2 \uparrow$$
$$3FeS + 5O_2 \longrightarrow Fe_3O_4 + 3SO_2 \uparrow$$

硫铁矿焙烧总反应式为：

$$4FeS_2 + 11O_2 \longrightarrow 2Fe_2O_3 + 8SO_2 \uparrow$$
$$3FeS_2 + 8O_2 \longrightarrow Fe_3O_4 + 6SO_2 \uparrow$$

(2) 沸腾焙烧的影响因素　从上述硫铁矿焙烧反应原理可知，为保证硫铁矿焙烧完全，工业上一般控制焙烧温度在 600℃ 以上。二硫化铁的分解速度随温度的升高而迅速加快，但是焙烧温度过高，会使矿石烧结成块，阻碍氧的扩散，导致炉气中二氧化硫浓度降低，矿渣中含硫量增大，同时焙烧炉的金属部件也会被加速腐蚀。当温度再升高到一定程度，温度对分解速度的影响就不明显，此时分解速度受扩散控制影响。要提高 FeS 的氧化速度，就需要增加气固相接触面积，为此需要减小矿石粒度。

实践证明，提高氧的浓度会加快焙烧过程的总速率。因此，氧是影响扩散速率的主要因素。

综上所述，硫铁矿焙烧的条件有：反应温度尽可能高，一般控制在 800～900℃；采用小颗粒的矿料，以提高扩散速率；提高入口氧气含量，以增加氧的扩散速率和增加气流与颗粒之间的相对运动。

**2. 炉气净化与干燥**

硫铁矿焙烧后的 $SO_2$ 炉气中含有一定的有害杂质，不能直接送入转化工序，为避免催化剂中毒，炉气在进入转化工序之前必须经过净化与干燥。

(1) 炉气的组成及净化、干燥的方式　炉气的组成包括 $SO_2$、$O_2$、$SO_3$、$As_2O_3$、$SeO_2$、HF、$H_2O$、粉尘等；$SO_2$、$O_2$ 为转化反应物，应尽可能在净化时不损失。而炉气中的矿尘不仅会堵塞设备与管道，而且会造成后续工序催化剂失活；砷和硒则是催化剂的毒物；炉气中的水分和 $SO_3$ 极易形成酸雾，不仅对设备产生严重腐蚀，而且很难被吸收除去。故炉气在送入转化之前，必须先对炉气进行净化，使之达到下述净化指标（均为标准状态）。

砷$<1mg/m^3$；酸雾$<0.03mg/m^3$；水分$<0.1mg/m^3$；尘$<5mg/m^3$；氟$<0.5mg/m^3$。

针对不同的杂质，采用不同的净化方式。

① 矿尘的清除。清除炉气中的矿尘，需了解矿尘的粒度大小，采用相应的净化方法来清除。依据矿粒由大到小可依次采用自由沉降（如降尘室）或旋风分离（如旋风分离器）、电除尘（$0.1\sim10\mu m$）、湿法除尘（$<0.05\mu m$，泡沫洗涤塔）。

② 砷、硒的清除。砷、硒在焙烧过程中分别形成氧化物 $As_2O_3$、$SeO_2$，它们在气体中的饱和含量随着温度降低而迅速下降。实践证明，当温度低于 50℃ 时，气体中的砷、硒的氧化物已降至规定的指标值以下。若采用湿法净化炉气工艺，用水或稀硫酸洗涤炉气，即可将炉气降到 50℃ 以下，使炉气中砷、硒氧化物的含量降至很低，大部分砷、硒的氧化物则被洗涤液带走。

③ 酸雾的清除。酸雾是利用水或稀硫酸洗涤炉气时，洗液中的水蒸气进入气相，使炉气中的水蒸气的含量增加，造成水蒸气与 $SO_3$ 结合成硫酸蒸气（酸雾）。温度越高，气相中硫酸蒸气分压越小；反之，温度越低，气相中硫酸蒸气分压越高。实践证明，气体的冷却速度越快，蒸气的过饱和度越高，越易达到饱和形成酸雾。故为防止酸雾的形成，必须控制一定的冷却速度，使整个洗涤过程中硫酸蒸气的过饱和度低于临界值。

酸雾的清除采用电除雾器完成。为了提高除雾效果，采用逐级增大粒径、逐级分离的方法。

④ 炉气干燥。炉气经洗涤塔降温和除雾后，虽然除去了砷、硒、氟和酸雾、矿尘，但炉气却被水蒸气所饱和。若不经处理直接进入 $SO_2$ 转化器，会与生成的 $SO_3$ 再次形成酸雾，且会对钒催化剂造成破坏，同时腐蚀设备及管道，故炉气在进入转化器之前还必须进行严格的干燥，使炉气中的水分含量小于 $0.1g/m^3$（炉气）。

(2) 炉气净化与干燥的影响因素　炉气净化与干燥的目的是除去炉气中的杂质，保证进转化器的气体达到规定的指标，保证催化剂正常使用。为此必须选择好除尘级数，控制好湿法除尘时炉气降温速度及炉气出系统的温度，选择合适的喷淋液种类和干燥条件。故净化工序的条件主要有以下几个。

① 炉气出口温度。湿法除尘时，炉气出口温度必须要控制好，以便大部分的砷、硒氧化物能以气溶胶的形式被吸收液带走。洗涤温度控制在 50℃ 较为适宜。

② 液体喷淋量。湿法除尘时，液体喷淋量大，则炉气降温速度过快，易形成大量酸雾，使催化剂中毒及腐蚀设备管道等；液体喷淋量小，则无法达到净化要求。故一般以喷淋洗涤剂时形成少量酸雾为标准。

③ 干燥条件。炉气干燥通常利用浓硫酸的吸湿性进行干燥，为了达到干燥效果，必须控制好喷淋液的浓度、温度及喷淋量和炉气进干燥塔的温度。

(3) 炉气的净化工艺流程　以硫铁矿制酸的炉气净化主要有酸洗流程及水洗流程两种，其次还有比较先进的动力波净化工艺。其中使用较多的是水洗净化流程（如文-泡-文；文-泡-电水洗流程）、酸洗流程（如二文一器一电酸洗、三塔两电酸洗流程）。如图 3-1 所示的稀酸净化流程。

三塔一体的皮博迪塔具有很多其他流程不具备的优点：①能处理含尘量高的炉气，并具有很好的除尘效率，且设备结构紧凑，耗材少，投资省；②稀酸温度高，$SO_2$ 脱吸效果好，对砷适应性强，在空塔部分主要采用绝热增湿操作，其降温增湿效果好；③副产稀酸量少，便于处理和综合利用。但皮博迪塔安装要求高，维修较困难。

**3. 二氧化硫的氧化**

(1) 二氧化硫催化氧化的基本原理

① $SO_2$ 氧化为 $SO_3$ 的化学反应方程式。

$$SO_2 + 0.5O_2 \rightleftharpoons SO_3$$

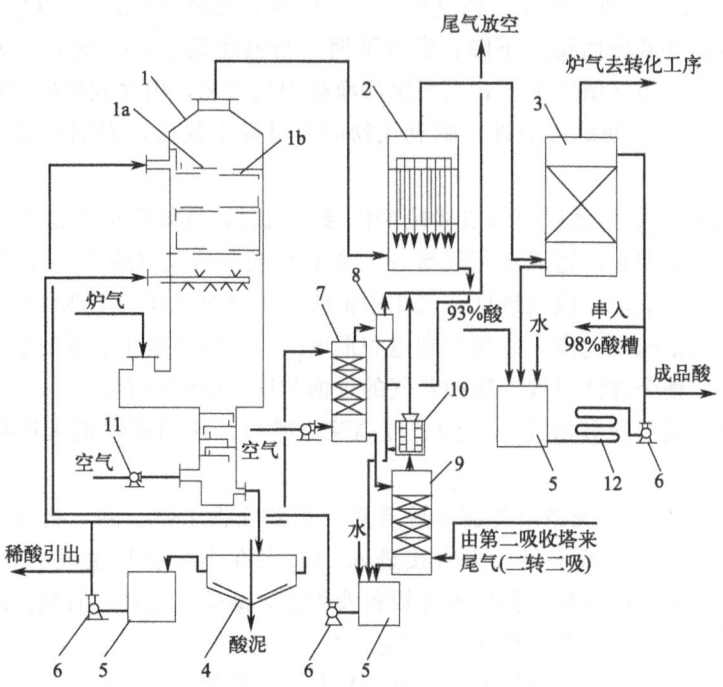

图 3-1 稀酸洗涤流程

1—皮博迪洗涤塔；1a—挡板；1b—筛板；2—电除雾器；3—干燥塔；4—浓密机；5—循环酸槽；
6—循环酸泵；7—空冷塔；8—复挡除沫器；9—尾冷塔；10—纤维除雾器；11—空气鼓风机；12—酸冷却器

这是一个体积缩小、可逆放热的气固相催化反应。当温度一定时，随着压力提高，其转化率略有增加；当压力一定时，随着温度升高，其平衡转化率降低。故提高反应压力，降低反应温度，有利于平衡向生成 $SO_3$ 的方向进行。

② $SO_2$ 氧化成 $SO_3$ 的催化剂。$SO_2$ 氧化成 $SO_3$ 的催化剂是以 $V_2O_5$ 为主要活性组分，以碱金属（主要是钾）硫酸盐为助催化剂，以硅胶、硅藻土、硅酸铝等作载体的钒催化剂。钒催化剂的化学组成一般为：$V_2O_5$ 6%～8.6%，$K_2O$ 9%～13%，$Na_2O$ 1%～5%，$SO_3$ 10%～20%，$SiO_2$ 50%～70%，并含有少量 $Fe_2O_3$、$Al_2O_3$、$CaO$、$MgO$ 及水分等。产品形状有圆柱状、球状和环状。$SO_2$ 催化氧化所用催化剂有很多型号。如我国生产的钒催化剂主要有：S101、S106、S107、S108、S109 等型号。钒催化剂的毒物有砷、氟、酸雾和水分等。除了矿尘覆盖催化剂表面会降低钒催化剂活性外，其他三种毒物都是以化学中毒形式使催化剂活性降低或丧失。

③ $SO_2$ 转化成 $SO_3$ 的反应速率。$SO_2$ 在催化剂表面进行的氧化反应属于气固相催化反应，其反应包括以下几步：$O_2$ 分子从气相主体扩散到催化剂表面；$O_2$ 分子被催化剂表面吸附；$O_2$ 分子化学键断裂，形成活性态的氧原子；$SO_2$ 被催化剂表面吸附；催化剂表面吸附态的 $SO_2$ 与氧原子在催化剂表面进行电子重排，形成 $SO_3$；$SO_3$ 气体从催化剂表面脱附并扩散进入气相主体。实践证明，上述步骤中，氧的吸附速度最慢，是整个催化氧化过程的控制步骤。

(2) 二氧化硫催化氧化的影响因素

① 最适宜反应温度。温度对该反应的速率有很大影响。由于该反应是可逆放热反应，

所以存在最适宜反应温度。一定起始气体组成条件下，转化率越低，最适宜温度越高，也就是说，对应一定的起始组成，反应刚开始时，其最适宜温度最高，随着反应的进行，其最适宜温度越来越低。如果整个反应过程能按最适宜温度曲线进行，则反应速率最大，即相同的生产能力下所需催化剂用量最少。但是在实际生产中完全按照最适宜温度曲线操作是不现实的。另外，操作温度还必须与催化剂的活性温度范围保持一致，只有在催化剂活性温度范围内的最适宜温度才有工业实际意义。

② 最适宜的 $SO_2$ 起始含量。$SO_2$ 起始含量的高低，与转化工序设备的生产能力、催化剂的用量及硫酸生产总费用等均有关系。在用空气焙烧含硫原料时，随着 $SO_2$ 含量增加，$O_2$ 含量则相应地下降，使反应速率相应下降，从而使达到一定转化率所使用的催化剂用量增加。

$SO_2$ 起始含量低，催化剂用量减少，但却使生产单位质量硫酸所需处理的气体体积增加。而气体体积的增加受到鼓风机能力的限制，这将导致转化器的生产能力下降。故 $SO_2$ 含量应该从给定的转化器截面上流体阻力一定以及最终转化率较高的情况下，达到最高生产能力来确定。

影响硫酸生产总费用的因素有很多，其中最主要的是设备折旧费和催化剂的费用。随着 $SO_2$ 含量的增加，其设备的生产能力增加，相应的设备折旧费减少；随着 $SO_2$ 含量的增加，达到一定最终转化率所需要的催化剂费用增加；随着 $SO_2$ 含量的增加，其生产成本存在一个最低值。

③ 最适宜的最终转化率。最终转化率是硫酸生产的重要指标之一。提高最终转化率可以减少废气中 $SO_2$ 含量，减轻对环境的污染，同时也可以提高硫的利用率，降低生产成本，但却导致催化剂用量和流体通过催化剂床层阻力的增加，故从经济角度来看，其最终转化率也存在最适宜值。

最适宜的最终转化率与所采用的工艺流程、设备和操作条件有关。实际生产过程中，最适宜的最终转化率还需考虑尾气中 $SO_2$ 的回收以及生产采用的转化流程。如采用"两转两吸"流程，$SO_2$ 起始含量可提高至9%~10%，最终转化率可达99.5%以上，而催化剂用量基本保持不变。

（3）二氧化硫催化氧化的工艺流程　二氧化硫催化氧化的工艺流程有"一转一吸"流程和"两转两吸"流程，由于"一转一吸"流程尾气中 $SO_2$ 含量较高，所以工业生产中以"两转两吸"流程为主。

"两转两吸"的基本特点是二氧化硫炉气在转化器中经过三段（或两段）催化剂转化后，送中间吸收塔吸收 $SO_3$。在两次转化间增加了吸收工艺除去 $SO_3$，有利于后续转化反应进行得更完全。图3-2(ⅣⅠ-ⅢⅡ)为"两转两吸"流程换热器组合形式。而"两转两吸"工艺流程段间换热器还可以有（ⅢⅡ-ⅣⅠ）、（ⅡⅡ-ⅣⅡ）等组合。至于选择哪一种组合，需要经过多方面技术经济评价。评价的标准是在保证最佳工艺条件的前提下，总换热面积最小。

二氧化硫催化氧化的主要设备称为接触器，又叫转化器。工业生产中，为了使转化器中二氧化硫转化过程尽可能遵循最佳温度曲线进行，同时又能及时移走反应系统中的反应热，二氧化硫转化多为分段进行，在每段间采用不同的冷却方式。我国目前普遍采用的是四至五段固定床转化器。又根据中间换热方式的不同，在段间采用间接换热和冷激式两种冷却方

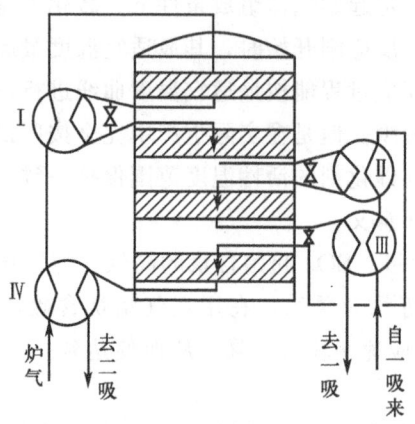

图 3-2 "两转两吸"流程换热器组合形式（Ⅳ Ⅰ-Ⅲ Ⅱ）

式。见图 3-3。

间接换热就是使反应前后的冷热气体在换热器中进行间接接触，达到使反应后气体冷却的目的。依换热器安装位置不同，又分为内部间接换热和外部间接换热两种形式，见图 3-3(a)及图 3-3(b)。

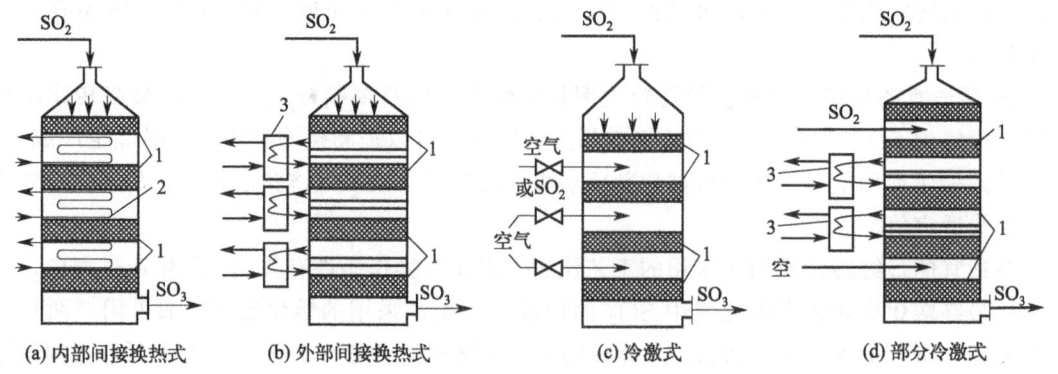

图 3-3 多段中间换热式转化器
1—催化剂床层；2—内部换热器；3—外部换热器

### 4. 三氧化硫的吸收

(1) 工艺条件  二氧化硫经催化氧化后，转化气中含 $SO_3$ 约 7% 及 $SO_2$ 约 0.2%，其余为氧气和氮气。三氧化硫吸收反应为：

$$nSO_3 + H_2O \longrightarrow H_2SO_4 + (n-1)SO_3 + Q$$

从化学反应式来看，$SO_2$ 可以用水吸收，但吸收液表面水蒸气压力很大，所以工业上一般用浓硫酸来吸收。

吸收系统生产浓硫酸，其吸收过程是一个伴有化学反应的吸收过程，且为气膜扩散控制。影响吸收速率的因素有喷淋酸的浓度、喷淋酸的温度、气体温度、喷淋酸用量、气速和吸收塔的结构等。下面以生产浓硫酸的吸收条件选择来分析。

① 吸收酸浓度。仅从吸收化学反应原理看，$SO_3$ 可以用任意浓度的硫酸或水来吸收。但从吸收操作来讲，为了使 $SO_3$ 能被吸收完全并尽可能减少酸雾，要求吸收酸液面上的

$SO_3$ 与水蒸气分压要尽可能低。在任何温度下,浓度为 98.3% 的硫酸液面上总蒸气压为最小,故选择浓度为 98.3% 的硫酸作为吸收液比较合适。若吸收酸浓度太低,因水蒸气分压高,易形成酸雾;但若吸收酸浓度太高,则液面上 $SO_3$ 分压较高,难以保证吸收率达到 99.9%。

实际生产过程中,$SO_3$ 吸收是与 $SO_2$ 炉气干燥结合起来考虑,一般吸收酸浓度选择 98% 的硫酸。

② 吸收酸的温度。吸收酸的温度对吸收率的影响也非常大。从吸收角度讲,温度越高越不利于吸收操作。因为酸温度越高,吸收酸液面 $SO_3$ 和水蒸气分压也越高,易形成酸雾,导致吸收率下降,且易造成 $SO_3$ 损失;酸温升高还会加剧对设备、管道的腐蚀。低温虽然有利于吸收,但当温度在 60℃ 左右时,其吸收率已超过 99%,再降低温度,对提高吸收率的意义不大。另外,吸收酸温度过低,还会增加酸冷却器的冷却面积,不利于回收低温热,酸的结晶还会堵塞管路。

在吸收 $SO_3$ 的过程中会放出热量,使吸收酸的温度升高,对吸收不利。为了减小吸收过程中的温度变化,生产中采用增大吸收酸用量的办法来解决,使吸收酸的浓度变化为 0.3%~0.5%,温度变化一般不超过 20~30℃。

所以应综合考虑上述各种影响因素,实际生产中,控制吸收酸温度一般不高于 50℃,出塔酸温度不高于 70℃。

③ 进吸收塔的气体温度。在一般的吸收操作中,进塔气体温度较低有利于吸收。但在吸收 $SO_3$ 时,并不是气体温度越低越好。因转化气温度过低,易形成酸雾,尤其在炉气干燥不佳时愈甚。当炉气含水量为 $0.1g/m^3$(标准状态)时,其露点为 112℃。故控制进入吸收塔的气体温度一般不高于 120℃,以减少酸雾的形成。若炉气干燥程度较差,则还应适当提高进气温度。

④ 循环酸的用量。为了较完全地吸收 $SO_3$,循环酸量的大小也很重要。若酸量不足,酸在塔的进口浓度、温度增长幅度较大,当超过规定指标后,吸收率下降。吸收设备为填料塔时,酸量不足,填料的润湿率降低,传质面积减少,吸收率降低;相反,循环酸量亦不能过多,过多对提高吸收率意义不大,还会增加气体阻力,增加动力消耗,严重时还会造成气体夹带酸沫和液泛。实际生产中一般控制喷淋密度在 15~25 $m^3/(m^2 \cdot h)$。

(2) 工艺流程　典型的吸收制发烟硫酸和浓硫酸的流程如图 3-4 所示。转化气经 $SO_3$ 冷却器冷却到 120℃ 左右,先经过发烟硫酸吸收塔 1,再经过 98.3% 浓硫酸吸收塔 2,气体经吸收后通过尾气烟囱放空,或者送入尾气回收工序。吸收塔 1 用 18.5%~20%(游离 $SO_3$) 的发烟硫酸喷淋,吸收 $SO_3$ 后,其浓度和温度均有所升高。吸收塔 1 流出的发烟硫酸,在贮槽 4 中与来自贮槽 5 的 98.3% 硫酸混合,以保持发烟硫酸的浓度。混合后的发烟硫酸经冷却器 7 冷却后,取出一部分作为标准发烟硫酸成品,大部分送入吸收塔 1 循环使用。吸收塔 2 用 98.3% 硫酸喷淋,塔底排出酸的浓度升至 98.8% 左右,送至贮槽 5 中,与来自干燥塔的 93% 的硫酸混合,以保持 98.3% 硫酸浓度,经冷却后的 98.3% 硫酸一部分送往发烟硫酸贮槽 4 以稀释发烟硫酸,另一部分送往干燥酸贮槽 6 以保持干燥酸的浓度,大部分送至吸收塔 2 循环使用,同时可抽出部分作为成品浓硫酸。

含水分的净化气从干燥塔 3 底部进入,与塔顶喷淋下来的浓度为 93% 的浓硫酸逆流接触,气相中水分被硫酸吸收。干燥后的气体再经塔顶高速型纤维捕沫层,将夹带的酸沫分

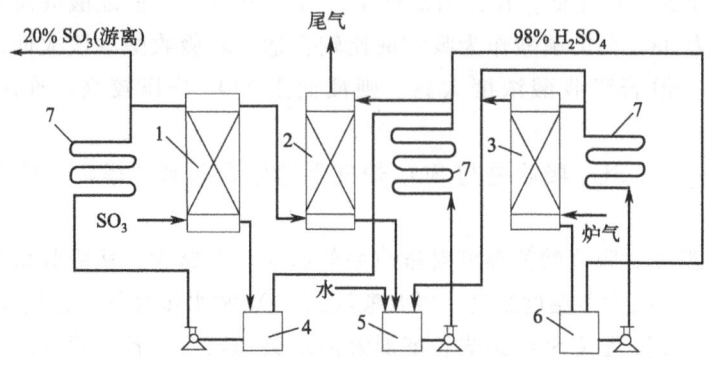

图 3-4 生产发烟硫酸和浓硫酸的工艺流程

1—发烟硫酸吸收塔；2—98.3％硫酸吸收塔；3—干燥塔；4—发烟硫酸贮槽；5—98.3％硫酸贮槽；
6—干燥酸贮槽；7—喷淋式冷却器

离，送至转化工序。喷淋酸吸收水分的同时温度升高，由塔底出来后进入贮槽，再经酸泵送至冷却器循环使用。喷淋酸吸收水分后，浓度稍有降低，为了保持一定酸的浓度，必须把 $SO_3$ 吸收塔连续送来的 98.3％硫酸加入酸贮槽 6，与干燥塔流出的酸混合。喷淋酸由于吸收水分和增加 98.3％硫酸后，酸量增多，应连续将多余的酸送至吸收塔或作为成品酸送入酸库。

## 进度检查

### 一、填空题

1. 浓硫酸具有三大特性：＿＿＿＿、＿＿＿＿和＿＿＿＿。
2. 按生产原理分，硫酸生产方式有＿＿＿＿和＿＿＿＿。
3. 以硫铁矿为原料制硫酸的生产过程主要包括＿＿＿＿、＿＿＿＿和＿＿＿＿。
4. 二氧化硫氧化成三氧化硫的反应过程是一个体积＿＿＿＿的过程。采用的催化剂活性组分是＿＿＿＿。

### 二、判断题（正确的在括号内画"√"，错误的画"×"）

1. 煤制气过程中产生的含硫废气不能用来生产硫酸。（　　）
2. 硫酸的沸点随浓度的增大而升高。（　　）
3. 在硫铁矿焙烧过程中，内扩散是控制步骤。（　　）
4. $SO_2$ 氧化成 $SO_3$ 的反应过程中，最适宜温度随着反应的进行，逐渐升高。（　　）
5. $SO_3$ 吸收制酸过程中，为了使 $SO_3$ 能被吸收完全并尽可能减少酸雾，一般吸收酸选择 98.3％的硫酸。（　　）

### 三、简答题

1. 工业制硫酸主要有哪些方法？
2. 简述硫铁矿制硫酸的制备原理。
3. 炉气中有哪些有害杂质？这些杂质对后续工序有什么影响？

编号 FJC-120-03

# 学习单元 3-3 烧碱生产技术

**学习目标：** 完成本单元的学习之后，能够掌握烧碱的性质、用途以及离子膜电解法制烧碱的生产过程。
**职业领域：** 化工、石油、环保、医药、冶金、汽车、食品、建材等工程。
**工作范围：** 分析检验。

电解法制烧碱是烧碱生产工艺的常用制法，而电解法烧碱生产也是高能耗工业。随着人们环保生产意识的不断提高，我国氯碱工业生产企业也开始在技术上进行了全面的革新，不断采用节能减排的生产技术，即离子膜法制烧碱技术，不仅有效控制了能源浪费现象，增加企业的经济效益，而且在节能方面也发挥了较大的功效，使氯碱企业在提高生产效率和生产质量的同时，也实现了低能耗、低污染、低排放的节能生产目标。

## 一、烧碱的性质及用途

### 1. 烧碱的物理性质

烧碱即氢氧化钠，化学式为 NaOH，俗称烧碱、火碱、苛性钠，是一种具有腐蚀性的强碱。纯品是无色透明的晶体，密度 $2.130g/cm^3$，熔点 318.4℃，沸点 1390℃。烧碱的工业品有液体和固体，其中液体为不同含量的氢氧化钠水溶液；固体工业品含有少量的氯化钠和碳酸钠，是白色不透明的晶体，常制成片、棒、粒状或熔融态以铁桶包装。氢氧化钠吸湿性很强，易溶于水，溶于水时放热，并形成强碱性溶液，手感滑腻。也易溶于乙醇和甘油，不溶于丙酮。烧碱有强烈的腐蚀性，对皮肤、织物、纸张等侵蚀剧烈。

### 2. 烧碱的化学性质

（1）与任何质子酸进行酸碱中和反应

$$NaOH + HCl \longrightarrow NaCl + H_2O$$
$$2NaOH + H_2SO_4 \longrightarrow Na_2SO_4 + 2H_2O$$

（2）与盐溶液发生复分解反应

$$NaOH + NH_4Cl \longrightarrow NaCl + NH_3 \cdot H_2O$$
$$2NaOH + CuSO_4 \longrightarrow Cu(OH)_2 \downarrow + Na_2SO_4$$
$$2NaOH + MgCl_2 \longrightarrow 2NaCl + Mg(OH)_2 \downarrow$$

（3）皂化反应

$$RCOOR' + NaOH \longrightarrow RCOONa + R'OH$$

（4）颜色反应　烧碱能与指示剂发生反应。氢氧化钠溶液呈碱性，使石蕊试液变蓝，使酚酞试液变红。

### 3. 烧碱的用途

烧碱是一种基本无机化工产品,广泛应用于造纸、纺织、印染、搪瓷、医药、染料、农药、制革、石油精炼、动植物油脂加工、橡胶等工业部门,也用于氧化铝的提取和金属制品加工。

## 二、烧碱的生产方法

烧碱和氯气的生产与使用具有悠久的历史,早在中世纪就发现了存在于盐湖中的纯碱,后来发明了用纯碱和石灰为原料制取烧碱的方法,称为苛化法。直到 19 世纪末,世界上一直用苛化法生产烧碱。采用电解法制烧碱始于 1890 年,隔膜法和水银法几乎同时被发明,隔膜法于 1890 年在德国首先出现,第一台水银电解槽是在 1893 年取得的专利。食盐电解工业发展中的难题,是如何将阳极产生的氯气与阴极产生的氢气和氢氧化钠分开而不致发生爆炸和生成氯酸钠,隔膜法和水银法都成功地解决了这个问题。离子膜电解制碱技术是 20 世纪 70 年代中期出现的具有划时代意义的电解制碱技术,已被世界公认为技术最先进和经济最合理的氢氧化钠生产方法,是当今电解制碱技术的发展方向。我国烧碱生产方法的结构正在逐步发生变化,隔膜法所占比例逐渐减少,而离子膜法所占比例稳步攀升。

离子膜电解法又称膜电槽电解法,是利用阳离子交换膜将单元电解槽分隔为阳极室和阴极室,使电解产品分开的方法。离子膜电解法是在离子交换树脂的基础上发展起来的一项新技术。利用离子交换膜对阴阳离子具有选择透过的特性,容许带一种电荷的离子通过而限制相反电荷的离子通过,以达到浓缩、脱盐、净化、提纯以及电化合成的目的。离子膜法制烧碱具有流程简单、设备简化、易于操作、浓度高、蒸发水量少、蒸汽消耗低的工艺特点。

## 三、离子膜法制烧碱

### 1. 离子膜法制烧碱的原理

离子膜电解槽电解反应的基本原理是将电能转换为化学能,将盐水电解,生成 NaOH、$Cl_2$、$H_2$,如图 3-5 所示。饱和精制食盐水进入阳极室(图 3-5 左侧),去离子纯水进入阴极室(图 3-5 右侧)。在阳极室,盐水在离子膜电解槽中电离成 $Na^+$ 和 $Cl^-$,其中 $Na^+$ 在电荷作用下,通过具有选择性的阳离子膜迁移到阴极室,留下的 $Cl^-$ 在阳极电解作用下生成氯气。阴极室内的 $H_2O$ 电离成为 $H^+$ 和 $OH^-$,其中 $OH^-$ 被具有选择性的阳离子膜挡在阴极室,与从阳极室过来的 $Na^+$ 结合成 NaOH,$H^+$ 在阴极电解作用下生成氢气。电解时由于氯化钠被消耗,盐水浓度降低为淡盐水排出,氢氧化钠的浓度可通过调节进入电解槽的去离子纯水量来控制。

### 2. 离子膜电解法的工艺条件

(1) 盐水质量  离子膜法制碱技术中,进入电解槽的盐水质量是该技术的关键,对离子膜的寿命、槽电压、电流效率及产品质量有着重要的影响。当盐水中含有其他金属离子或者非金属酸根离子时,离子膜上会形成杂质层或者形成沉淀,杂质层会影响槽电压,沉淀则会使电流效率下降,其中钙离子和镁离子对膜的影响最为明显,它们的微量存在都会使电解槽的槽电压上升,电流效率下降。

(2) 盐水温度  进入电解槽的盐水温度对电解影响比较大,存在一个最佳的温度范围。

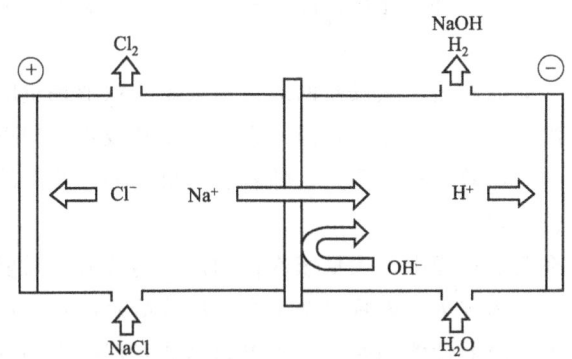

图 3-5 离子膜电解槽反应的基本原理示意图

在这个范围内，温度上升会使离子膜阴极一侧的空隙增大，使钠离子的迁移数增多，有助于电流效率的提高。同时，也有利于提高膜的导电度，降低槽电压。每一种电流密度下也都有一个最佳电流效率的温度点。

(3) 盐水流量　在一般的离子膜电解槽中，气泡效应对槽电压的影响是明显的。当电解液循环量少时，电解液浓度分布不均匀，槽内液体中气体率将增加，气泡在膜上及电极上的附着量也将增加，从而导致槽电压上升。因此，无论是单极槽还是复极槽，自然循环还是强制循环，进槽电解液流量都很小，但电解液的循环量还是很大的，这样可以使槽内电解液浓度分布均匀。另外，电解过程中产生的热量主要还是靠电解液带走，因此必须保持电解液有充分的流动，除去多余的热量，将电解液温度控制在一定的水平。

(4) 电流密度　离子膜电解时存在极限电流密度即电流密度的上限。电流密度在较大范围内变化时对电流效率的影响很小，但对槽电压和产品碱中氯化钠的含量有明显的影响。随着电流密度的升高，膜电阻、膜电位及槽电压也随之升高，电场对氯离子的吸引力也会随之增加。这样增大了氯离子向阴极一侧的移动阻力，降低了阳极液中的氯化钠的浓度。

### 3. 影响碱液蒸发的因素

(1) 生蒸汽压力　蒸汽是碱液蒸发中的主要热源，生蒸汽的压力高低对蒸发能力有很大的影响。通常较高的一次蒸汽压力，能使系统获得较大的温差，单位时间所传递的热量也相应地增加，因而可使装备具有较大的生产能力。

当然，蒸汽压力也不能过高，因为过高的蒸汽压力会使加热管内碱液温度过高，造成液体沸腾，形成汽膜，降低了传热系数，反而使装备能力受到影响。同样，蒸汽压力偏低，经过加热器的碱液不能达到需要的温度，减少了单位时间内的蒸发量，会使蒸发强度降低。

(2) 蒸发器的液位控制　在循环蒸发器的蒸发过程中，维持恒定的蒸发器液位是稳定操作的必要条件。因为液位高度的变化会造成静压头的变化，导致蒸发过程变得极不稳定。液位过低，蒸发及闪蒸剧烈，夹带严重，使冷凝器出水带碱，甚至跑碱；液位过高，会使蒸发量减小，进加热室的料液温度升高，降低了传热有效温差，另外也降低了循环速度，最终导致蒸发能力下降。

因此，稳定液位是提高循环蒸发器蒸发能力、降低碱损失、降低汽耗的重要环节。

(3) 真空度　真空度是蒸发过程中控制的一个重要指标，它是在现有装置中挖掘蒸发能力的重要途径，也是降低汽耗的重要途径。因为真空度的提高，将使二次蒸汽的饱和温度降低,从而提高了有效温度差。另外,还可以降低蒸汽冷凝水的温度,更充分地利用热源,使蒸汽消耗降低。

(4) 蒸发器的效数　如前所述,蒸发器的效数是决定蒸汽消耗量的重要因素之一。采用多效蒸发是降低蒸发蒸汽消耗的重要途径,但是它受到设备投资的约束。在离子膜电解碱液蒸发中,目前经常采用的是双效流程。但是,随着能源价格的不断上涨,将会有越来越多的企业选择三效蒸发的工艺流程。

(5) 蒸汽分离器　在蒸发过程中,大量蒸汽在加热器内冷凝,需要及时排除,否则不但阻碍传热,而且还会造成水锤现象,影响安全生产。使冷凝水能顺利排出而又不带走蒸汽的设备是气液分离器。气液分离器性能的好坏,不仅影响蒸发器能力的发挥和正常使用,也直接与蒸汽消耗的高低有关,因为气液分离器分离不好,跑汽、漏汽现象经常发生,会造成大量蒸汽的流失,使汽耗升高;反之,气液分离很好,但冷凝水排放不畅,也会影响蒸发能力和安全。

(6) 热损失　蒸发过程是一个传热过程,因此不可避免会有热损失。这种热损失包括通过系统内设备和管道的表面向外界散发的热量,以及蒸汽等物料没有被充分利用就排出而造成的热损失。通常,前者占供入热量的2%～5%,后者则占10%～20%甚至更多。

因此,一方面要选择优质价廉的保温材料以减少热损失;另一方面,要充分有效地利用介入蒸发系统的所有热物料的能量,减少流失,使排出系统的各种物料带走最少的热量,这些都是降低蒸汽消耗的重要途径。

### 4. 工艺流程

离子膜电解装置循环系统工艺流程见图3-6。

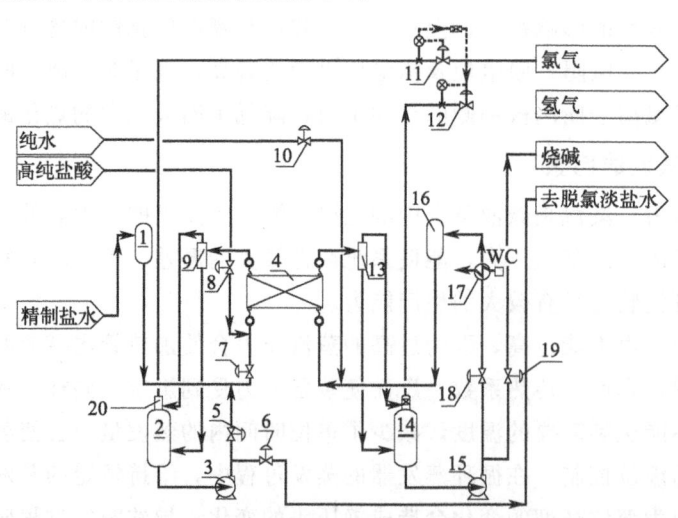

图3-6　离子膜电解装置循环系统工艺流程示意图
1—盐水高位槽;2—淡盐水循环槽;3—淡盐水泵;4—离子膜电解槽;5—返回淡盐水调节阀;
6—淡盐水循环槽液位调节阀;7—进槽盐水调节阀;8—进槽盐酸调节阀;9—阳极气液分离器;
10—碱液稀释纯水调节阀;11—氯气总管调节阀;12—氢气总管调节阀;13—阴极气液分离器;
14—碱液循环槽;15—碱液循环泵;16—碱液高位槽;17—阴极液换热器;
18—碱液高位槽液位调节阀;19—碱液循环槽液位调节阀;20—气液分离室

从盐水高位槽来的精盐水与淡盐水泵输送来的淡盐水按一定比例混合（初始开车时加纯水），并在进入总管前加入高纯盐酸调节 pH 值后，再送到每台电解槽的阳极入口总管，通过与总管连接的进口软管送进阳极室。进槽盐水的流量由安装在每台电解槽槽头的盐水流量调节阀控制，流量的大小由供给每台电解槽的直流电联锁信号控制。

电解期间，钠离子通过离子交换膜从阳极室迁移到阴极室，盐水在阳极室中电解产生氯气，同时氯化钠浓度降低转变成淡盐水；氯气和淡盐水的混合物通过出口软管流入电解槽的阳极出口总管和阳极气液分离器，进行初步的气液分离；分离出的淡盐水流入淡盐水循环槽。在阳极气液分离器初步分离出的氯气，通过氯气总管流入淡盐水循环槽上部的气液分离室，进一步进行气液分离，然后从其顶部流出至氯气总管；在此总管适宜处设置氯气压力调节回路，通过调节阀控制氯气压力，并与氢气调节回路形成串级，控制氯气与氢气的压差，流出系统至氯气处理装置。

淡盐水循环槽中的淡盐水由循环泵加压输送，一部分通过调节回路，返回阳极系统与精盐水混合后再次参加电解；另一部分输送至淡盐水脱氯系统进行脱氯。

从碱液高位槽来的约 32% 液碱与纯水按一定比例混合后，流入阴极入口总管，并通过与总管连接的进口软管送进阴极室。进槽碱液的流量是由安装在每台电解槽槽头的流量计来操作控制的。

电解期间，阴极液在阴极室电解产生氢气和烧碱。氢气和碱液的混合物通过出口软管流入阴极出口总管和阴极气液分离器，进行初步的气液分离；分离出的碱液流入碱液循环槽。

在阴极气液分离器初步分离出的氢气，通过氢气总管流入碱液循环槽的顶部气液分离室，进一步进行气液分离，然后从其顶部流出至氢气总管。在此总管适宜处设置氢气压力调节回路，通过其调节阀控制氢气压力，并与氯气调节回路形成串级，控制氢气与氯气的压差，流出系统至氢气处理装置或就地放空（一般在开车时）。

碱液循环槽中的碱液由碱液循环泵加压输送，一部分通过调节回路输送至碱液高位槽，通过碱液高位槽回到阴极系统；一部分通过调节回路作为成品碱送到成品碱贮槽。

## 进度检查

**一、填空题**

1. 烧碱的生产方法主要有_____、_____、_____、_____。

2. 电解过程的实质是电解质水溶液在_____的作用下，溶液中的离子在电极上分别放电而进行的_____反应。

3. 交换膜电解食盐水，向阳极室提供_____、向阴极室提供_____，并通以_____进行电解的方法。

4. 在碱液蒸发过程中，主要传热方式是_____和_____。

**二、判断题（正确的在括号内画"√"，错误的画"×"）**

1. 离子膜电解法已被世界公认为技术最先进和经济最合理的氢氧化钠生产方法，是当今电解制碱技术的发展方向。（　　）

2. 离子膜电解槽电解反应的基本原理是将化学能转换为电能。（    ）
3. 盐水中钙离子和镁离子对膜的影响最为明显。（    ）
4. 真空度是蒸发过程中生产控制的一个重要指标。（    ）

三、简答题

1. 隔膜法和离子膜法制碱各有什么优缺点？
2. 写出电解氯化钠水溶液的主要反应式。
3. 在离子膜电解法制烧碱中，对电解过程有影响的因素主要有哪些？

编号 FJC-120-04

# 学习单元 3-4 合成氨生产技术

**学习目标：** 完成本单元的学习之后，能够掌握氨的性质用途、以天然气为原料合成氨的生产原理及工艺条件。

**职业领域：** 化工、石油、环保、医药、冶金、汽车、食品、建材等工程。

**工作范围：** 分析检验。

我们把氨叫作合成氨，为什么在氨的前面加了"合成"两个字？因为由于氨的不活泼性，使得人们直到19世纪晚期仍然普遍认为氮和氢直接合成氨是不可能的。20世纪初，虽然在催化剂的存在下合成了氨，但仍然认为无法工业化，因为确实遇到了无法解决的问题，比如可供实际工业使用的催化剂难以找到，缺乏在高温高压下能够抵抗氢腐蚀的材料等。世界上第一个研究成功合成氨技术并使其实施的是德国的哈伯教授，他经过千万次的不懈努力，才使得世界上第一座工业规模的氨系统装置于1918年在德国建成投产，从此开创了氮肥工业的新纪元，哈伯教授也因此被授予诺贝尔化学奖。

我国合成氨工业起步较晚，新中国成立前只有两个规模不大的合成氨工厂。由于合成氨工业不能满足农业生产的需要，土壤补氮不足，农作物只能在低产水平上徘徊。为了满足粮食生产的需要，我国一直把发展化肥工业作为整个化学工业的重要任务。经过多年发展，我国合成氨制造和氮肥产量已居世界首位。

## 一、氨的性质及用途

### 1. 氨的物理性质

氨在常温、常压下为无色、具有强烈刺激性气味的有毒气体。氨对人体的眼、鼻、喉等有刺激作用，吸入大量氨气能造成短时间鼻塞，并造成窒息感，眼部接触会造成流泪，接触时应小心。如果不慎接触过多的氨而出现病症，要及时吸入新鲜空气，眼部接触应用大量水冲洗眼睛。

氨的相对分子质量为17.03，氨气的密度为0.771g/L（标准状况下）。氨很容易液化，在常压下冷却至－33.5℃或在常温下加压至700~800kPa，气态氨就液化成无色液体，同时放出大量的热。液态氨汽化时要吸收大量的热，使周围物质的温度急剧下降，所以氨常作为制冷剂。人与液氨接触，会严重地冻伤皮肤。液氨挥发性很强，汽化潜热很大。

氨极易溶于水，同时产生大量的溶解热，可生产含氨15%~30%（质量分数）的商品氨水，氨的水溶液呈弱碱性，易挥发。

氨与空气或氧可形成爆炸性混合物，常温常压下爆炸极限（体积分数）分别为15.5%~28%和13.5%~82%。

## 2. 氨的化学性质

氨的化学性质较活泼，与酸反应生成盐，例如与磷酸反应生成磷酸铵，与硝酸反应生成硝酸铵，与二氧化碳反应生成碳酸氢铵等。在铂催化剂的作用下，氨与氧反应生成一氧化氮，是生产硝酸的最重要反应。

（1）氧化反应 氨有还原性，和氢一样，在常温下，氨在水溶液中能被许多强氧化剂（$Cl_2$、$H_2O_2$、$KMnO_4$ 等）所氧化。例如：

$$3Cl_2 + 2NH_3 \longrightarrow N_2 + 6HCl$$

氨一般不能在空气中燃烧，但可以在纯氧气内燃烧，生成氮气和水。

$$4NH_3 + 3O_2 \longrightarrow 2N_2 + 6H_2O$$

在催化剂存在时，与氧反应生成一氧化氮，继续氧化并与水作用可制得硝酸。

$$4NH_3 + 5O_2 \longrightarrow 4NO + 6H_2O$$

（2）弱碱性 氨与水作用实质上就是氨分子和水提供的质子以配位键相结合的过程。

$$NH_3 + H_2O \longrightarrow NH_4^+ + OH^-$$

不过氨溶解于水中主要形成水合分子，只部分水合分子发生如上式所示的电离作用。

（3）氨与酸反应生成盐

与硝酸反应生成硝酸铵　$NH_3 + HNO_3 \longrightarrow NH_4NO_3$

与硫酸反应生成硫酸铵　$2NH_3 + H_2SO_4 \longrightarrow (NH_4)_2SO_4$

与二氧化碳反应生成碳酸氢铵　$NH_3 + H_2CO_3 \longrightarrow NH_4HCO_3$

与二氧化碳反应还能生成氨基甲酸铵，然后脱水生成尿素。

（4）取代反应 取代反应的一种形式，是氨分子中的氢被其他原子或基团所取代，生成一系列氨的衍生物，如氨基（—$NH_2$）的衍生物、亚氨基（—NH—）的衍生物或氮化物。

取代反应的另一种形式是氨以它的氨基或亚氨基取代其他化合物中的原子或基团。

## 3. 氨的用途

氨是重要的基本化工产品之一，用途很广，在国民经济中占有十分重要的地位。氨主要用来制造化学肥料，也作为其他化工产品的生产原料。

① 在农业生产中，氨主要用来制造化学肥料如尿素、硝酸铵、磷酸铵、硫酸铵、氯化铵以及各种含氮混肥和复合肥，液氨也可以直接作为肥料使用。

② 氨是重要的基本化工原料之一。基本化学工业中的硝酸、含氮无机盐，有机化学工业中的含氮中间体，制药工业中的磺胺类药物、维生素、氨基酸，高分子化学工业中的氨基塑料、聚酰胺纤维、人造丝、酚醛树脂等，都需要以氨作为直接或间接原料。

③ 在国防工业和尖端技术中，氨用于制造三硝基甲苯、三硝基苯酚、硝化甘油、硝化纤维等多种炸药，导弹、火箭的推进剂和氧化剂的生产也需要氨。

④ 氨还可以作冷冻、冷藏系统的制冷剂。

## 二、氨的基本生产过程

合成氨，首先需要含氢和氮的原料气。氮气来源于空气，氢气的主要来源是水、碳氢化合物中的氢元素以及含氢的工业气体。除此之外，还需要提供能量的燃料。

不同的合成氨厂，无论采用怎样的原料和生产工艺流程，基本生产过程均包括以下三大工序：原料气的制备、原料气的净化、原料气的压缩与氨的合成。如图3-7所示。

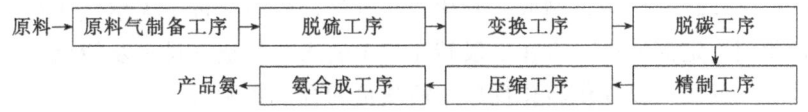

图 3-7　合成氨的基本生产过程

### 1. 原料气制备工序

制备合成氨用的氢氮原料气，可将分别制得的氢气和氮气混合而成，也可同时制得氢氮混合气。

氮气来源于空气，可以在低温下将空气液化分离而得；也可在制氢过程加入空气，空气中的氧气与可燃物反应而被除去，剩余的氮气与制得的氢气混合从而得到氢氮混合气。

原料气的制备主要是指氢气的制备。合成氨生产原料按状态分主要有固体原料，如焦炭和煤；气体原料，如天然气、油田气、焦炉气、石油废气、有机合成废气；液体原料，如石脑油、重油等。生产方法主要有烃类蒸气转化法（气态烃、石脑油）、固体燃料气化法（煤或焦炭）和重油部分氧化法（重油）。

在合成氨厂，原料气的制备也称为造气。

### 2. 原料气的净化工序

除电解水制氢外，其他方法制取的氢气都含有硫化物、一氧化碳、二氧化碳等杂质，这些杂质不仅腐蚀设备，而且是合成氨催化剂的毒物。因此，在氢氮混合气进入合成塔之前，必须进行净化处理，除去这些杂质而制得纯净的氢氮混合气，此过程称为原料气的净化。原料气的净化主要包括以下工序：

（1）脱硫工序　除去原料中的硫化物。

（2）变换工序　利用一氧化碳与蒸汽作用生成氢和二氧化碳，除去原料气中大部分一氧化碳。

（3）脱碳工序　经过变换工序，原料气含有较多的二氧化碳，其中既有原料气制备过程产生的，也有变换工序产生的。脱碳是除去原料气中大部分二氧化碳。

（4）精制工序　经变换、脱碳，除去了原料气中大部分的一氧化碳和二氧化碳，但仍含有 0.3%～3% 的一氧化碳和 0.1%～0.3% 二氧化碳，须进一步脱除以制取纯净的氢氮混合气。

### 3. 原料气的压缩与氨的合成

（1）压缩工序　将原料气压缩到氨合成反应要求的压力。

（2）氨合成工序　在高温、高压和催化剂存在情况下，将氢气、氮气合成为氨。

## 三、烃类蒸气转化法合成氨

烃类制取合成氨原料气的方法主要有蒸气转化法和部分氧化法，本单元以烃类蒸气转化法为例进行介绍。气态烃类蒸气转化法多采用天然气为原料，天然气中甲烷的含量一般在 90% 以上。

### 1. 甲烷蒸气转化法造气

气态烃类转化是一个强烈的吸热过程，按照热量供给方式不同可分为部分氧化法和二段转化法。二段转化法是目前国内外大型氨厂普遍采用的方法。将天然气通入装有转化催化剂的管式炉内进行一段转化反应，制取一氧化碳和氢气，所需热量由天然气在管外供给。一段转化将甲烷转化到一定深度后，再在二段转化炉中通入适量空气进一步转化。空气和一段转化气中部分可燃气反应，以提供转化反应所需热量和合成氨所需氮气。

(1) 甲烷蒸气转化反应的基本原理　以天然气为原料的蒸气转化反应如下。

① 一段转化反应

$$CH_4 + H_2O(g) \rightleftharpoons CO + 3H_2 \quad \Delta_r H_m^\ominus = 206 kJ/mol$$

$$CO + H_2O(g) \rightleftharpoons CO_2 + H_2 \quad \Delta_r H_m^\ominus = -41.2 kJ/mol$$

甲烷蒸气转化反应是一个可逆、体积增大、强吸热、气固相催化反应。从化学平衡角度来看，提高转化温度、降低转化压力和增大水碳比有利于转化反应的进行。

水碳比是指进口气体中水蒸气与烃原料中所含碳的物质的量之比。

在某种条件下可能发生析碳副反应：

$$CH_4 \longrightarrow C + 2H_2 \quad \Delta_r H_m^\ominus = 74.9 kJ/mol$$

该反应既消耗原料，同时析出的炭黑又沉积在催化剂表面，会使催化剂失去活性和破裂，故应尽量避免。工业上一般通过提高水蒸气含量和选择高性能的催化剂来避免析碳。

② 二段转化反应。催化剂床层顶部空间燃烧反应：

$$2H_2 + O_2 \longrightarrow 2H_2O(g) \quad \Delta_r H_m^\ominus = -484 kJ/mol$$

$$2CO + O_2 \longrightarrow 2CO_2 \quad \Delta_r H_m^\ominus = -566 kJ/mol$$

催化剂床层中进行甲烷转化和变换反应：

$$CH_4 + H_2O(g) \longrightarrow CO + 3H_2 \quad \Delta_r H_m^\ominus = 206 kJ/mol$$

$$CO + H_2O(g) \longrightarrow CO_2 + H_2 \quad \Delta_r H_m^\ominus = -41.2 kJ/mol$$

烃类蒸气转化反应是吸热的可逆反应，高温对反应平衡和反应速度都有利。但即使温度在1000℃时，其反应速度仍然很慢，因此，需用催化剂来加快反应的进行。由于烃类蒸气转化过程是在高温下进行的，且存在析碳问题，这样就要求催化剂除具有高活性、高强度外，还要具有较好的热稳定性和抗析碳能力。镍催化剂是目前工业上常用的催化剂。

(2) 影响烃类蒸气转化的工艺条件

① 压力。由于转化反应为体积增加的反应，因此提高压力对转化反应不利，但提高压力会使反应速率、传热速率和传热系数都有所改善；其次气体压缩后体积缩小，可以减小所需设备尺寸，降低设备投资，提高热回收率，因此在工业生产中常采用加压操作，选择适宜的压力。目前生产中转化操作压力一般为 1.4~4MPa。

② 温度。甲烷转化反应为可逆吸热反应，提高温度对转化反应的化学平衡和反应速度都有利，但温度过高会缩短设备的使用寿命，所以在加压情况下，一段炉出口温度控制在800℃左右，二段炉出口温度控制在1000℃左右。

③ 水碳比。水碳比是原料的组成因素，是操作变量中最容易改变的一个。提高进入转化系统的水碳比，不仅有利于降低转化后气体中的甲烷含量，也有利于提高反应速率，更重要的是有利于防止析碳。但水碳比过高，会使一段转化炉蒸气用量增加，系统阻力增大，能耗增加，同时会使二段转化炉的工艺空气量加大，还将增加后续系统蒸气冷凝的负荷。因此水碳比的选择应综合考虑。在生产中水碳比一般控制在 3.5~4。

④ 空间速度。空间速度简称"空速"，一般是指每立方米催化剂每小时通过原料气的标

准体积。工业生产中空速的选择受多种因素制约,不同的转化催化剂所允许采用的空速也不相同。改变催化剂外形,改善供热条件均可提高空速。提高空速,单位时间内所处理的气量增加,因而提高了设备的生产能力,同时有利于传热,降低了转化管外壁温度,可延长转化管寿命。但空速过高,不仅增加了系统阻力,而且气体与催化剂接触时间短,转化反应不完全,转化气中甲烷的残余量将增加。目前工业转化炉采用的空速(以甲烷计)范围一般在 $800\sim1800h^{-1}$。

(3) 工艺流程 烃类转化制取合成氨原料气,目前采用的有美国凯洛格(Kellogg)法、丹麦托普索(Topsoe)法、英国帝国化学工业公司(ICI)法等。除一段转化炉及烧嘴结构各具特点外,在工艺流程上都大同小异,均包括一段、二段转化炉,原料预热和余热回收与利用等。图 3-8 是日产 1000t 氨的两段转化的凯洛格传统工艺流程。

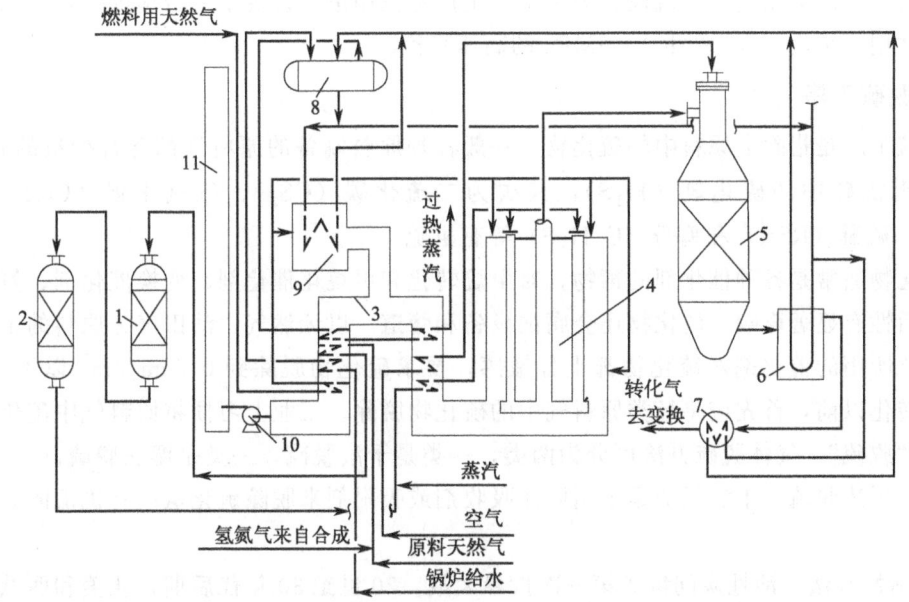

图 3-8 天然气蒸汽转化工艺流程
1—钴钼加氢反应器;2—氧化锌脱硫槽;3—对流段(一段炉);4—辐射段(一段炉);5—二段转化炉;
6—第一废热锅炉;7—第二废热锅炉;8—汽包;9—辅助锅炉;10—排风机;11—烟囱

原料气经压缩机加压到 4.15MPa 后,配入 3.5%~5.5%的氢气,在一段转化炉对流段 3 的管盘中被加热至 400℃,进入钴钼加氢反应器 1 进行加氢反应。将有机硫转化为硫化氢,然后进入氧化锌脱硫槽 2,脱除硫化氢。出口气体压力为 3.65MPa,温度为 380℃左右,然后配入中压蒸汽,达到水碳比约 3.5,进入对流段盘管加热到 500~520℃,送到辐射段 4 顶部原料气总管,再分配进入各转化管。气体自上而下流经催化床,一边吸热一边反应,离开转化管的转化气温度为 800~820℃,压力为 3.14MPa,甲烷含量为 9.5%,汇合于集气管,再沿着集气管中间的上升管上升,继续吸收热量,使温度达到 850~860℃,经输气总管送往二段转化炉 5。

工艺空气经压缩机加压到 3.34~3.55MPa,配入少量水蒸气进入对流段工艺空气加热盘管预热到 450℃左右,进入二段炉顶部与一段转化气汇合,在顶部燃烧区燃烧,温度升到 1200℃左右,再通过催化剂床层反应。离开二段炉的气体温度约为 1000℃,压力为

3.04MPa，残余甲烷含量为0.3%左右。

为了回收转化气的高温热量，二段转换气通过两台并联的第一废热锅炉6后，接着又进入第二废热锅炉7，这两台废热锅炉都产生高压水蒸气。从第二废热锅炉出来的气体温度为370℃左右，送往变换工段。

燃料天然气在对流段预热到190℃，与氨合成弛放气混合，然后分为两路，一路进入辐射段顶部烧嘴燃烧，为转化反应提供热量，出辐射段的烟气温度为1005℃左右，再进入对流段，依次通过混合气预热器、空气预热器、蒸汽过热器、原料天然气预热器、锅炉给水预热器和燃料用天然气预热器，回收热量后温度降至250℃，用排风机10送入烟囱11排放。另一路进对流段入口烧嘴，燃烧产物与辐射段来的烟气汇合。该处设置烧嘴的目的是保证对流段各预热物料的温度指标。此外还有少量天然气进辅助锅炉9燃烧，其烟气在对流段中部并入，与一段炉共用同一对流段。为了平衡全厂蒸汽用量，设置了一台辅助锅炉。和其他几台锅炉共用一个汽包8，产生10.5MPa的高压蒸汽。

**2. 脱硫工序**

脱硫工序是指除去原料中的硫化物。一般各种原料制备的原料气都含有少量的硫化物，主要是无机硫中的硫化氢（$H_2S$），其次为二硫化碳（$CS_2$）、硫氧化碳（COS）、硫醇（RSH）、硫醚（RSR）和噻吩（$C_4H_4S$）等有机硫。

硫化物通常是各种催化剂的毒物，对甲烷转化和甲烷化催化剂、变换催化剂、氨合成催化剂的活性有显著影响；硫化物还会腐蚀设备和管道。以天然气、油田气为原料的工厂，其烃类转化所用的催化剂对硫化物都十分敏感，要求硫化物脱除到$0.5cm^3/m^3$以下。因此，在烃类转化以前，首先应将烃类原料气中的硫化物脱除。工业上习惯将原料气中硫化物的脱除称为"脱硫"。气体脱硫方法可分为两类，一类是干法脱硫，一类是湿法脱硫。

（1）干法脱硫　干法脱硫是采用固体吸收剂或吸附剂来脱除硫化氢或有机硫的方法。常见的有：

① 活性炭法。活性炭问世于第一次世界大战。20世纪30年代后期，北美和西欧的一些国家开始用活性炭作为工业脱硫剂。70年代采用过热蒸汽再生活性炭技术获得成功，使此法脱硫更趋完善，至今我国许多小氮肥厂仍在使用活性炭脱硫。活性炭法主要脱除$H_2S$、RSH、$CS_2$、COS等。

② 氧化铁法。氧化铁法至今仍用于焦炉气脱硫。作为脱硫剂的氢氧化铁只有其$\alpha$-水合物和$\gamma$-水合物具有活性。脱硫剂是以铁屑或沼铁矿、锯木屑、熟石灰拌水调制，并经干燥而制成。使用时必须加水润湿，水量以30%~50%为宜。氧化铁法主要脱除$H_2S$、RSH、COS等。

③ 氧化锌法。氧化锌脱硫剂被公认为干法脱硫中最好的一种脱硫剂，以其脱硫精度高、硫容量大、使用性能稳定可靠等优点，被广泛用于合成氨、制氢等原料气中的硫化氢和多种有机硫的脱除（氧化锌能有效脱除COS、RSH、$CS_2$，其中RSH最为有效，基本上不能用来脱除噻吩）。它可将原料气中的硫化物脱除到$0.5$~$0.05cm^3/m^3$数量级，可以保证下游工序所用含有镍、铜、铁以及贵金属的催化剂免于硫中毒。氧化锌脱硫剂一般用过后不再生，将其废弃，只回收锌。

④ 钴钼加氢脱硫法。钴钼加氢脱硫法能将原料气中有机硫全部加氢转化为无机硫，其

基本原理是在300～400℃温度下，采用钴钼加氢脱硫催化剂，使有机硫与$H_2$反应生成容易脱除的$H_2S$和烃。然后再用ZnO吸收$H_2S$，脱硫后即可达到硫化物在$0.5cm^3/m^3$以下的目的。

干法脱硫的方法很多，各有特点。干法脱硫净化度高，不仅能脱除$H_2S$，还能脱除各种有机硫化物。但是干法脱硫的脱硫剂难以再生或不能再生，且是间歇操作，设备庞大，因此不适用于对大量硫化物的脱除。

（2）湿法脱硫 采用溶液吸收硫化物的脱硫方法统称为湿法脱硫，适用于含大量硫化氢气体的脱除。湿法脱硫的脱硫液可以再生循环使用并回收富有价值的硫黄。

湿法脱硫方法众多，可分为化学吸收法、物理吸收法和物理-化学吸收法三类。按再生方式又可分为循环法和氧化法。循环法是将吸收硫化氢后的富液在加热降压或汽提条件下解吸硫化氢，溶液循环使用。氧化法是将吸收硫化氢后的富液用空气进行氧化，同时将液相中的$HS^-$氧化成单质硫，分离后溶液循环使用。其过程示意如下：

$$载氧体（氧化态）+HS^- \longrightarrow 载氧体（还原态）+S\downarrow$$

$$载氧体（还原态）+\frac{1}{2}O_2 \longrightarrow 载氧体（氧化态）+H_2O$$

上述过程是在催化剂的作用下进行的。工业上使用的催化剂有对苯二酚、蒽醌二磺酸钠（简称ADA）、萘醌和螯合铁等。

目前应用较广的改良ADA法就属于氧化法脱硫。改良ADA法脱硫范围较宽，精度较高（$H_2S$含量可脱至小于$1cm^3/m^3$，操作温度可从常温到60℃）。其成分复杂，溶液费用较高，目前国内中型合成氨厂大多采用此法脱硫。

### 3. 变换工序

合成氨原料气中均含有一氧化碳。一氧化碳不是合成氨的直接原料，还会使氨合成催化剂中毒，因此在送往合成工序之前必须将其脱除。一氧化碳的脱除分两步，首先利用一氧化碳与水蒸气作用生成氢气和二氧化碳。经过变换，大部分一氧化碳转化为易于除去的二氧化碳，并获得氢气；然后残余的一氧化碳将在后继工序除掉。因此，一氧化碳变换既是原料气的净化过程，又是原料气制造的继续。

变换反应需在催化剂作用下进行。

$$CO+H_2O(g) \Longleftrightarrow CO_2+H_2 \quad \Delta H=-41.2kJ/mol$$

此反应具有可逆、放热、反应前后体积不变的特点，低温有利于转化率的提高。工业生产中，根据反应温度的不同，变换过程分为中温（或高温）变换和低温变换，所使用的催化剂分别称为中温变换催化剂和低温变换催化剂。中温变换催化剂为铁铬系催化剂，操作温度为350～550℃，中温变换后气体中仍含有2%～4%的一氧化碳。低温变换催化剂是以氧化铜为主体，经还原后具有活性的组分是细小的铜结晶，操作温度为180～260℃，低温变换后气体中残余一氧化碳可降至0.2%～0.4%。

重油和煤制取的原料气含硫量较高，可用耐硫变换催化剂（钴钼系催化剂）进行变换，该催化剂的活性温度为160～500℃，使用不仅局限于耐硫变换，也可与低温变换催化剂串联使用，进行低温变换。

### 4. 脱碳工序

原料气经变换后含有大量的二氧化碳，二氧化碳的存在不仅会使氨合成催化剂中毒，而且给气体精制过程带来困难。当采用铜氨液洗涤法时,二氧化碳能与铜氨液中的氨反应生成碳酸铵结晶,堵塞管道和设备;采用液氮洗涤法时,二氧化碳容易固化为干冰,堵塞管路和设备;采用甲烷化法时,二氧化碳与氢反应生成无用气体甲烷,并且消耗大量氢。实际上,二氧化碳是生产尿素、碳酸氢铵、纯碱和干冰等产品的重要原料。因此,合成氨原料气中的二氧化碳必须除去并回收利用。习惯上,二氧化碳的脱除过程称为脱碳。

目前脱碳的方法很多,但多采用溶液吸收法。根据吸收剂性能不同,可分为物理吸收法、化学吸收法和物理-化学吸收法三类。物理吸收法是利用二氧化碳比氢、氮在吸收剂中溶解度大的特性,用吸收的方法除去原料气中的二氧化碳,常用的有低温甲醇法、聚乙二醇二甲醚法(NHD法)和碳酸丙烯酯法等。化学吸收法是让二氧化碳与碱性溶液反应而被除去,常用的有改良热钾碱法、氨水法和乙醇胺法。物理-化学吸收法脱碳时既有物理吸收,又有化学吸收。常用的方法为环丁砜法、甲基二乙醇胺法(MDEA法)等。

现以本菲尔法(改良热钾碱法)为例,介绍脱碳方法。该法采用热的碳酸钾水溶液,此外还添加了活化剂二乙醇胺、缓蚀剂五氧化二钒、消泡剂聚醚等物质。主要反应过程如下:

(1) 二氧化碳的吸收

$$K_2CO_3 + CO_2 + H_2O \longrightarrow 2KHCO_3$$

加压有利于二氧化碳的吸收,故吸收在加压条件下操作。

(2) 溶液的再生 碳酸钾溶液吸收二氧化碳后,应进行再生以使溶液循环使用,再生反应为:

$$2KHCO_3 \xrightarrow{\triangle} K_2CO_3 + CO_2 + H_2O$$

产生的二氧化碳应回收利用。

减压加热有利于二氧化碳的解吸,再生过程是在减压和加热的条件下完成的。

## 5. 精制工序

经变换、脱碳工序,除去了原料气中大部分的一氧化碳和二氧化碳,但仍含有0.3%~3%的一氧化碳和0.1%~0.3%二氧化碳,它们是氨合成催化剂的毒物。为防止对氨合成催化剂的毒害,原料气在送往合成工序以前,还需要进一步净化,精制后的气体中一氧化碳和二氧化碳总量要求小于$10cm^3/m^3$(大型厂)和小于$25cm^3/m^3$(中小型厂),此过程称为"精制"。常用的有三种方法:铜氨液洗涤法、甲烷化法和液氮洗涤法。

(1) 铜氨液洗涤法 铜氨液洗涤法是在低温加压下用铜氨液(铜盐的氨溶液)吸收CO和$CO_2$。此过程中铜氨液先吸收CO并生成配合物、吸收$CO_2$形成碳酸氢铵,已吸收了CO和$CO_2$的溶液在减压和加热条件下进行再生。通常把铜氨液吸收CO的操作称为"铜洗",净化后的气体称为"铜洗气"或"精炼气"。

(2) 甲烷化法 甲烷化法是在高温条件下,经催化剂作用,少量一氧化碳和二氧化碳加氢生成甲烷,从而使气体得到精制,反应如下:

$$CO + 3H_2 \longrightarrow CH_4 + H_2O$$
$$CO_2 + 4H_2 \longrightarrow CH_4 + 2H_2O$$

该法消耗氢,同时生成无用的甲烷,且甲烷化反应是强放热反应,若原料气中CO和$CO_2$含量高时易造成催化剂超温事故,因此只有当原料气中(CO+$CO_2$)<0.7%时,才可用此法。所以直到实现低温变换后,才为甲烷化精制提供了条件。甲烷化法工艺简单、操作

方便、费用低廉，但合成氨原料气中的惰性气体含量高。

（3）液氮洗涤法　液氮洗涤属物理吸收过程。与甲烷化法相比，最突出的优点是除了能脱除一氧化碳外，还可从合成气中脱除甲烷、氩等惰性气体，产品合成气的纯度很高，不但减少了合成循环气的排放量，降低了氢氮损失，而且提高了合成催化剂的产氨能力。但此法独立性较差，需要液体氮，只有与设有空气分离装置的重油、煤气化制备合成氨原料气或焦炉气分离制氢的流程结合使用，在经济上才比较合理。实际生产中，液氮洗涤与空分、低温甲醇洗组成联合装置，冷量利用合理，原料气净化流程简单。

### 6. 氨的合成

（1）基本原理　氨的合成反应是合成氨生产的核心，它的任务是在高温、高压、催化剂存在的条件下，将氢气、氮气合成为氨。该反应所需的铁催化剂大多数是利用天然磁铁矿熔融法制备的，其活性组分为金属铁，另外添加 $Al_2O_3$、$K_2O$ 等助催化剂。

由于氨的转化率较低，反应后的气体中含有大量未反应的氢氮气，因此要将氨低温冷凝分离，使氢氮气循环使用。

$$1.5H_2 + 0.5N_2 \rightleftharpoons NH_3(g) \qquad \Delta H = -46.22 kJ/mol$$

这是一个可逆、放热、体积缩小的反应，需催化剂存在。

（2）工艺条件　氨合成反应达到平衡时，氨在混合气体中的含量，称为平衡氨含量（或称平衡产率）。平衡氨含量是在给定条件下，合成反应能达到的最大限度。平衡氨含量与压力、温度、惰性气体含量及氢氮比例有关。具体来说，提高压力、降低温度和惰性气体含量，平衡氨含量随之增加。

决定生产条件最主要的因素是温度、压力、空间速度、气体组成和催化剂等。而合成压力是决定其他工艺条件的前提，是决定生产强度和技术经济指标的主要因素。

（3）工艺流程　20世纪70年代以来，我国引进的大型合成氨装置，普遍采用美国凯洛格公司的氨合成工艺流程。该流程采用蒸汽透平驱动带循环段的离心压缩机，气体不受油污污染，氨的合成压力为15MPa，采用三级氨冷，氨分离较完全。图3-9为凯洛格氨合成流程。

新鲜氢氮气进入离心压缩机的第一段被压缩至6.5MPa，经甲烷化换热器1、水冷器2及氨冷器3逐级降温至8℃，再经冷凝液分离器4除去水分。除水后的新鲜氢氮气进入压缩机二段与循环气在缸内混合，并被压缩到15.5MPa，温度为69℃，经水冷器5，气体温度降至38℃，而后分两股，其中一股约50%的气体经两级串联的氨冷器6和7，一级氨冷将循环气冷却至22℃，二级氨冷将循环气冷却到1℃；另一股气体与来自高压氨分离器12的-23℃的气体在冷热交换器9中换热，降温至-9℃，而冷气体升温至24℃，两股气体汇合后温度为-4℃。再经第三级氨冷器8，利用-33℃的液氨蒸发，将循环气降至-23℃，然后送往高压氨分离器12分离出液氨，含氨2%的循环气经冷热交换器9和塔前换热器10被加热到141℃进入冷激式氨合成塔13进行合成反应，合成塔出口气体温度为284℃，首先进入锅炉给水预热器14，预热高压锅炉用水，然后经塔前换热器10与进塔气体换热，被冷却到43℃，其中绝大部分气体回到压缩机二段，与新鲜气混合；另一小部分气体在放空气氨冷器17中被液氨冷却，经放空气分离器18分离液氨后，去氢气回收系统。

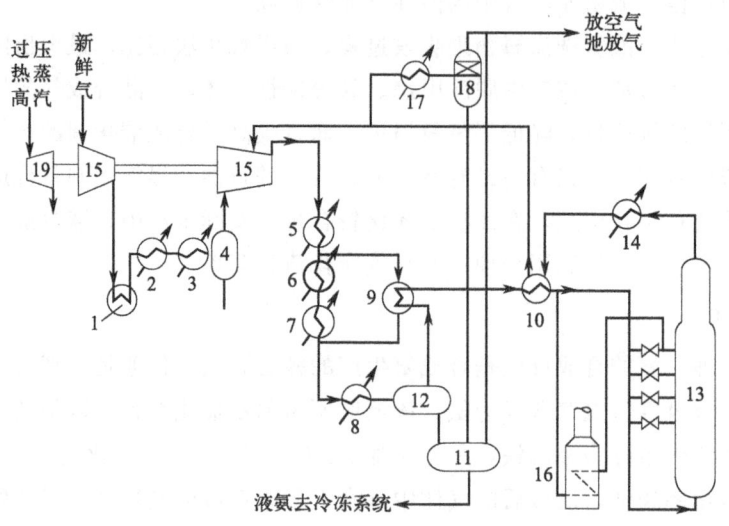

图 3-9 凯洛格氨合成工艺流程

1—甲烷化换热器；2，5—水冷器；3，6，7，8—氨冷器；4—冷凝液分离器；9—冷热交换器；10—塔前换热器；11—低压氨分离器；12—高压氨分离器；13—氨合成塔；14—锅炉给水预热器；15—离心压缩机；16—开工加热炉；17—放空气氨冷器；18—放空气分离器；19—汽轮机

## 进度检查

### 一、填空题

1. 氨的基本生产过程包括_____、_____和_____。
2. 合成氨最主要的原料气包括_____和_____。
3. 原料气的精制常用的三种方法有_____、_____和_____。
4. 氨的合成反应过程是一个体积_____的过程。所采用的催化剂的活性组分是_____。

### 二、判断题（正确的在括号内画"√"，错误的画"×"）

1. 从化学平衡角度来看，提高转化温度、降低转化压力和增大水碳比有利于转化反应的进行。（  ）
2. 脱除含大量硫化物气体采用干法脱硫。（  ）
3. 一氧化碳不是合成氨的直接原料，还会使氨合成催化剂中毒，因此在送往合成工序之前必须将其脱除。（  ）
4. 从化学平衡和化学反应速度两方面考虑，提高压力，对合成氨反应的平衡和反应速度都是有利的。（  ）

### 三、简答题

1. 烃类蒸气转化法为什么要分为两段进行？
2. 为什么要脱硫？脱硫方法通常可分为哪几类？
3. 什么是脱碳？其方法可分为哪几类？并说明各类典型方法适合怎样的工艺流程。

编号 FJC-120-05

# 学习单元 3-5　合成氨合成工序开停车

**学习目标**：完成本单元的学习之后，能够了解合成氨生产过程中合成工序的开车、停车注意事项。
**职业领域**：化工、石油、环保、医药、冶金、汽车、食品、建材等工程。
**工作范围**：分析检验。

合成工序的生产操作及控制是合成氨生产过程的关键。现以大中型合成氨厂的合成工序为例，叙述生产操作及注意事项。

## 一、开车操作及注意事项

开车分原始开车和正常开车。

### 1. 原始开车

原始开车指长期停车和大修后的开车。

（1）准备　确认设备及管道的安装、管道水压试验、设备及管道吹扫和干燥（废热锅炉的煮炉）、催化剂的装填、氮气气密试验等准备工作已完成；设备及管道上的所有阀门已正确就位，且处于适当的开关状态，管线盲板安装在合适的位置上，临时过滤器和盲板亦已拆除；仪表及联锁系统调校合格，功能正常；冷却水、氮气、蒸汽、仪表空气、电等公用工程已按要求供应到位；压缩机的油洗、单试、密封试验已经完成，具备开车条件。

（2）检查确认　检查确认各阀门均处于关闭状态；检查确认各调节阀处于受控状态，开关自如，中控与现场阀位一致；检查确认各联锁调试完毕。

（3）氮气置换　用氮气将设备及管道内的空气排出。用压缩机将氮气压至 2~3MPa，导入系统，在塔后放空，升压、卸压反复进行数次后，取样分析，$O_2$ 浓度合格，同时在各导淋阀、排放阀处适当排放，以防形成死区，置换完毕，合成回路保压。

（4）合成气气密试验和吹除　气密试验是由压缩机送气，分别在 5MPa、10MPa、15MPa、20MPa、25MPa、32MPa 等压力下，进行泄漏检查，重点检查接管、法兰人孔盖、阀门填料、接管焊接部位等。若存在泄漏，联系检修人员进行必要的处理，然后升压再试，直到无泄漏为止。

合成回路在 12MPa 下连续吹除几小时。按顺序打开各排放阀以吹除回路中的灰尘，通过未接入火炬管线的排放阀排放时应谨慎小心避免着火。在有可能形成气体死区的地方应接临时配管将气体排放到安全位置。当放空气中看不出灰尘时，吹除操作结束。

（5）合成催化剂的升温　气密试验和吹除结束后，开塔后放空阀，卸压至 6~7MPa，关放空阀，开启透平机，关近路阀；开废热锅炉蒸汽反吹阀，暖炉到 100℃；测电加热器绝缘合格后，缓慢开启电加热器，催化剂床层温度达 80℃时开启水冷器，达 300℃开启氨冷

模块 3　无机化工产品生产技术

器;塔出口气体温度达200℃时,停用反吹蒸汽。

(6) 合成系统升压　逐渐加量,缓慢升压,稳定塔温,待指标稳定后,再转入正常运行。

### 2. 正常开车

正常开车指短期停车后不使用开工加热炉的开车。

在原料气合格的情况下,若系统压力小于5MPa,开启压缩机,用充压阀以0.4MPa/min的速率升压至6MPa,合成塔开始升温;当系统压力在5MPa以上时,开启循环机,合成塔开始升温。升温速率小于40℃/h,通过电加热器、循环气量、压力、冷气流量严格控制升温速率,催化剂床层温度达370℃以上时,进行开车工作。

① 稍稍打开合成工序新鲜气补充阀,升压至15～20MPa,稍开塔后放空阀,使温度升到400℃以上,开启透平机,使系统气体进行循环,调节好催化剂床层的温度(注意观察催化剂床层温度的变化)。

② 适当开大补充新鲜气阀,慢慢关近路阀,根据催化剂床层温度调节循环量,当催化剂床层热点温度升至一定数值(操作温度高限以下)时,相应提高系统压力到操作压力,以冷激气调节催化剂床层温度到正常范围。

③ 催化剂床层升温后,及时向氨冷器加液氨,降低氨冷温度,注意氨冷器的液位。

④ 加大补入气量和循环气量,缩小氨冷器轴向温差。

⑤ 当氨冷器温度、压力达到正常指标时,转入正常运行。

## 二、停车操作及注意事项

生产中停车分计划短期停车、计划长期停车和紧急停车。

### 1. 计划短期停车

① 接到停车命令后,适当提高氢氮比。

② 压缩机逐渐减量,直至停止输气,关新鲜气补充阀,开新鲜气放空阀,控制新鲜气总管压力不超压。

③ 关氨冷器加氨阀、废热锅炉加水阀、蒸汽出口阀、排污阀、吹除气阀。

④ 开启开工加热炉,维持小流量循环,使催化剂床层温度稳定,以便下次开车。系统保压。若停车后,塔壁温度升高,让少量气流通过合成塔外环隙,以控制塔壁温度。

### 2. 计划长期停车

① 接到停车命令后,逐渐关小氨冷器加氨阀,停车前全部关闭,停车时要将氨冷器液氨用完。

② 逐渐减负荷,将新鲜气补充阀门逐渐关闭。

③ 将冷交换器和氨分离器中的液氨用完,关闭放氨阀。

④ 废热锅炉出口蒸汽温度降到100℃时,关蒸汽出口阀,开导淋阀。

⑤ 催化床层按≤50℃/h的速率降温,均匀冷却,当温度降至50℃时,停循环机,转入自然降温。

⑥ 开塔后放空阀,系统卸压,卸压时气体不允许倒流。

⑦ 关水冷器上水阀、回水阀。

⑧ 若需打开合成塔，需对催化剂进行钝化，如果不打开合成塔，关闭合成塔进出口阀，在进出口处装盲板。由合成塔进口气取样管通入氮气，使塔内维持正压。

⑨ 用氮气进行系统置换，当 $H_2$ 含量小于 0.5％（体积分数）时置换结束，系统充氮保压。

### 3. 紧急停车

合成系统设备或管线出现大量泄漏、着火、爆炸，压缩机跳车，断电、断水、仪表空气中断事故时，应紧急停车处理。步骤如下：

① 关闭新鲜气补充阀，开新鲜气放空阀。

② 停循环机。

③ 关氨分离器放氨阀、冷交换器放氨阀、氨冷器加氨阀、废热锅炉加水阀、吹除气去氨回收阀。

④ 视情况关停其他设备，及时处理事故。

# 模块 4　石油加工生产技术

编号 FJC-121-01

## 学习单元 4-1　石油及其组成

**学习目标**：完成本单元的学习之后，能够掌握石油形成的原因和石油的组成成分。
**职业领域**：化工、石油、环保、医药、冶金、汽车、食品、建材等工程。
**工作范围**：分析检验。

考古学家从中国古代大量的史料和出土的文物考证：中国是世界上最早发现和使用石油的国家。据史书记载，早在 2000 多年前的汉朝时期，中国人民就已开发和利用石油。班固的《汉书·地理志》记载："高奴，有洧水，可蘸"。是说在陕西延安一带的洧水（即清涧河）水面上有像油一样的东西，可燃烧。《后汉书》上也记载，当时甘肃延寿县的南泉水里有"肥汁""燃之极明"，当地人称这种液体为"石漆"。北魏郦道元的地理名著《水经注》中，有用石油"膏车及水碓缸甚佳"的记载（此句意为：用原油涂在车和水碓的轴承上甚好）。这更清楚地说明，中国人至少在晋朝以前，就会把自动从地下流出来的石油当作燃料使用，而且还会把石油用来制作机器的润滑油。

从史书上的记载看，在宋朝以前，"石油"并不称石油，而叫硫黄油、雄黄油、猛火油、火井油、泥油、石漆等，名称较多。世界上第一个用"石油"这个名称的记载，见于北宋沈括所著的《梦溪笔谈》。书中曰："鄜延境内有石油，旧说高奴县出脂水，即此也……此物后必大行于世，自予始为之，盖石油至多，生于地中无穷"。明代正德十六年（1521 年），在四川峨眉山下的嘉州（今乐山），凿成第一口石油竖井，深达几百米，在当时居世界之冠，比北美、欧洲早 300 多年。

## 一、石油

石油是一种黏稠的深褐色天然液体，被称为"工业的血液"。从油井中取得的未经加工的石油叫作"原油"，是多种烃类（烷烃、环烷烃、芳香烃）的复杂混合物，并含有少量有机硫、氧氮的化合物。石油的相对密度一般都小于 1，介于 0.8～0.98 之间。根据石油中所含烃类比例的不同，分为蜡基、环烷基和中间基原油三大类；根据含硫量多少，又可分为低硫、含硫和高硫原油三大类。

## 二、石油的成因

石油的成因说法不一，目前最普遍的说法是生物沉积变油学说：在一些气候温暖潮湿的内陆湖泊或海边，水中繁殖着各类动植物，特别是水里的浮游生物（如鱼类或甲壳类）十分丰富。这些生物死亡之后，同周围河流带来的泥沙一起沉积在水底。天长日久沉积物层层加厚，随着地壳的运动、地层的变迁，这些有机的生物遗体被深深埋在岩层里，在隔绝空气的条件下，受地层高温、高压的影响及一些细菌的作用，慢慢变成了石油和天然气。由于生成原油的环境不同，最初形成的石油是油珠，它是分散的，但由于本身物性以及外来的压力，渐渐被挤入组织松软、颗粒较粗的岩石内，这称为石油的移栖。石油移栖后就慢慢地聚集在一起，形成储油层。移栖的压力，通常来自地下水，所以当石油停留下来的时候，就由于相对密度不同而分为气、油、水三层，油之所以没散失，是因为油层的顶部覆盖有紧密的岩石。

## 三、石油的成分

### 1. 石油中的元素

石油是一种成分非常复杂的混合物，要开展对石油成分的研究，必须从分析其元素组成入手。由表 4-1 可以看出，组成石油的元素主要是碳、氢、硫、氮、氧。其中碳的含量占 83%～87%，氢含量占 11%～14%，两者合计达 96%～99%，其余的硫、氮、氧及微量元素总共 1%～4%。不过，这仅就一般而言，有的石油，例如墨西哥石油，仅硫元素含量就高达 3.6%～5.3%。大多数石油含氮量甚少，占千分之几到万分之几，但也有个别石油如阿尔及利亚石油及美国加利福尼亚石油含氮量可达 1.4%～2.2%。

表 4-1 世界某些石油的元素组成　　　　　　　　　　　　单位：%

| 石油产地 | C | H | S | N | O |
|---|---|---|---|---|---|
| 大庆混合原油 | 85.74 | 13.31 | 0.11 | 0.15 | |
| 大港混合原油 | 85.67 | 13.40 | 0.12 | 0.23 | |
| 胜利原油 | 86.26 | 12.20 | 0.80 | 0.41 | |
| 克拉玛依原油 | 86.10 | 13.30 | 0.04 | 0.25 | 0.28 |
| 孤岛原油 | 84.24 | 11.74 | 2.20 | 0.47 | |
| 苏联杜依玛兹原油 | 83.90 | 12.30 | 2.67 | 0.33 | 0.74 |
| 墨西哥原油 | 84.20 | 11.40 | 3.60 | 0.80 | |
| 美国宾夕法尼亚原油 | 84.90 | 13.70 | 0.50 | | 0.90 |
| 伊朗原油 | 85.40 | 12.80 | 1.06 | | 0.74 |

除上述五种主要元素外，在石油中还发现有微量的金属元素与其他非金属元素。

在金属元素中最重要的是钒（V）、镍（Ni）、铁（Fe）、铜（Cu）、铅（Pb），此外还发现有钙（Ca）、钛（Ti）、镁（Mg）、钠（Na）、钴（Co）、锌（Zn）等。

在非金属元素中主要是氯（Cl）、硅（Si）、磷（P）、砷（As）等，它们的含量都很少。

从元素组成可以看出，组成石油的化合物主要是烃类。现已确定，石油中的烃类主要是烷烃、环烷烃和芳香烃这三族烃类。至于不饱和烃，在天然石油中一般是不存在的。硫、氮、氧这些元素则以各种含硫、含氮、含氧化合物以及兼含有硫、氮、氧的胶状和沥青状物质的形态存在于石油中，它们统称为非烃类。

### 2. 石油中的物质

石油是一种成分异常复杂的混合物，从化学组成来看，石油中所含物质可分为两大类，即烃类和非烃类。这两类物质中又有很多类别，每一类别又有一系列的物质同存于石油中。它们在石油馏分中，不是截然分开的。因为石油产地不同，这些物质的含量也是不同的，有时甚至差别还很大。在轻质石油中，烃类含量可达90%以上，但在重质石油中，烃类含量甚至不到50%。在同一原油中，也会随着沸程的增设，烃类含量逐渐增加。在最轻的汽油馏分中，烃类占绝大部分，非烃类物质含量很少。即使含硫很高的原油，其汽油馏分中，烃类含量仍可达98%～99%。反之，在高沸点的石油馏分及残油中，烃类含量就会少得多。

石油中烃类物质，经分离和测定主要成分为三大类型，即烷烃、环烷烃和芳香烃。其中烷烃主要化合物通式为$C_nH_{2n+2}$，环烷烃主要化合物通式为$C_nH_{2n}$。烷烃中 $n$ 在4以下者为气态，5～15者为液态，16以上者为固态。

石油的非烃类物质中，有很大一类物质是胶状、沥青状物质。它们在石油中的含量相当可观。我国目前各主要原油中，含有百分之十几至百分之四十几的胶质和沥青质。胶状、沥青状物质是石油中结构最复杂、分子量最大的物质。其组成中除了碳、氢外，还含有硫、氧、氮等元素。胶状、沥青状物质又可分为三类，即中性胶质、沥青质和沥青质酸等。

在石油中，环烷烃无论是单环的或多环的，都是五碳环和六碳环（环戊烷、环己烷），一般含烷烃多者，则含环烷烃就少，反之亦然。在低沸馏分中环烷烃较少，在高沸馏分中则较多，烷烃则与此相反。根据一般含量测定，大多数石油中，烃类物质以环烷烃含量为多。芳香烃在所有石油中组成比较固定，在馏分中随着馏分的分子量增加而增加。

硫在石油中含量不大，一般小于1%，以三种形态存在，即溶解的游离硫黄、硫化氢和有机硫化物（占大部分），如硫醇、硫醚、二硫化物、四氢噻吩等。在石油的分解产物中有对热极为稳定的噻吩，但大多数硫化物对热并不稳定，在蒸馏和提炼时分解放出 $H_2S$ 及其他物质。

石油中的氧90%以上处在胶质部分中，处在酸性物质如环烷酸、脂肪酸和酚类中的氧仅有10%左右，氧主要以环烷酸的形式存在。它在馏分中的分布情况，是随馏分的沸点升高而增加的。在大多数情况下环烷酸或多或少分布在各个润滑油馏分中。

氮在石油中含量甚微，为十万分之一到千分之一，主要以吡啶和喹啉形态存在，一般集中于高沸点馏分中，对石油产品的性质没有什么重大影响，因此迄今尚未注意到它的回收问题。

此外，还含有灰分0.01%～0.05%，这是钙、钠、镁和铁的硅酸盐，以及其他微量金属化合物（铝、钡、锰、铜、铬等）。

### 进度检查

**一、填空题**

1. 石油中的烃类物质主要有三大类型，即_____、_____和_____。
2. 硫在石油中的存在形式包括_____、_____和_____。
3. 天然石油中的成分不包括_____烃类。

**二、简答题**

1. 石油的成因是什么？
2. 石油含有哪些元素和主要物质？

编号 FJC-121-02

# 学习单元 4-2　石油加工简介

**学习目标**：完成本单元的学习之后，能够掌握石油及其加工工业在国民经济中的重要地位和石油加工相关的基础知识。
**职业领域**：化工、石油、环保、医药、冶金、汽车、食品、建材等工程。
**工作范围**：分析检验。

## 一、石油及其加工工业在国民经济中的地位

石油工业在国民经济中占有极其重要的地位，这不仅是由于石油本身是重要的能源，而且石油经过炼制和加工又能生产出千千万万的产品，特别是有机合成，更加离不开石油。橡胶工业、塑料工业、合成纤维工业、纺织工业、印染工业、医药工业、电力电子工业、机械工业、交通运输业、船舶工业和航天工业等都广泛使用石油加工产品。因此可以说，现在的工业发展与石油工业的发展是休戚相关的。

## 二、石油加工有关名词

### 1. 石油化学工业

石油化学工业简称"石油化工"，是以石油天然气为原料生产化工产品的重要工业。产品用途很广，种类甚多，主要有三大类：

① 烃类基础原料，如乙烯、丙烯、丁二烯、苯、甲苯、二甲苯等，它们是发展石油化工的基础；

② 有机溶剂、基本有机原料和中间体，如乙醇、丙酮等；

③ 三大合成材料——合成纤维、合成橡胶和塑料。此外，以石油烃为原料的合成氨工业，也是石油化工重要组成部门之一。

### 2. 天然气

天然气是蕴藏在地层内的可燃气体，是甲烷和其他低分子量烷烃的混合气体，通常含有氮、二氧化碳和硫化氢等，有时还含有少量的氦，主要由有机物质经生物化学作用分解而成。常与石油共生，充塞于岩层孔隙和空洞中，或在地下水中以溶解状态而存在。天然气由钻井开采而得，经导管输送到使用地点。天然气可直接用作燃料，或用作制造炭黑、合成石油和其他有机化合物的原料；含氦量高的天然气也可用以提取氦气。

### 3. 石油气

石油气亦称"含油天然气"，是从油井中伴随石油而逸出的气体，主要成分为甲烷、乙烷等低分子烷烃，可用以提取气体汽油（主要是丙烷、丁烷和戊烷的混合物）。其剩余气体常用作燃料，或再加工为化工产品。

### 4. 石油炼制

将开采出来的石油加工为各种石油产品和化工原料的过程称为石油炼制。原油经脱盐、脱水、蒸馏、重整、裂化、催化、焦化、脱蜡、精制、加氢、调和等加工过程，得到汽油、煤油、柴油、燃料油、各种润滑油、蜡、沥青、石油焦等产品，同时还提供了大量化工原料（如油气、苯类产品、正构烷烃等）。

### 5. 直馏法

石油原油直接蒸馏的方法叫直馏法。原油先在管式炉中加热，再通入精馏塔内，使其分馏为直馏汽油、煤油、柴油和重油等产品，也可在简单的蒸馏釜中进行。

### 6. 裂化

裂化是石油的化学加工过程。目的在于从重质油品制得较轻的油品（如汽油）。以重质油品为原料，在加热、加压或催化剂的作用下，使其中所含的烃类断裂成为分子量较小的烃类（也有部分分子量较小的烃类缩合成为分子量较大的烃类），再经分馏而得裂化气体、裂化汽油、炼油和残油等产品。按裂化过程中是否应用催化剂或加氢气，可分为热裂化、催化裂化和加氢裂化。

### 7. 热裂化

热裂化是石油的化学加工过程之一，在加热和加压下进行。各种石油馏分和残油都可作为原料。热裂化有高压热裂化及低压热裂化之分。前者在较低温度（500℃左右）和较高压力（20～70atm）下进行；后者则在较高温度（550～770℃）和较低压力（1～5atm）下进行。产品有裂化气体、裂化汽油、裂化柴油和残油等。

### 8. 催化裂化

催化裂化是石油的化学加工过程之一。以粗柴油或重油为原料，在温度450～550℃及催化剂（如合成硅酸铝或分子筛等）存在下，在固定床或流化床反应器内进行。目前通常采用流化床，产品有裂化气体、高辛烷值汽油以及柴油等。

### 9. 芳构化

芳构化主要指环烷烃或烷烃转变为芳香烃的化学反应，常在加热、加压和催化剂的存在下进行。石油馏分经芳构化，可得高辛烷值的汽油，也可得到苯和甲苯等芳香烃。

### 10. 异构化

改变有机化合物的结构而不影响其组成和分子量的化学反应叫异构化，常在催化剂的存在下进行。例如正丁烷转变为异丁烷。在炼油工业中，异构化是合成高级汽油的重要步骤之一。

### 11. 重整

重整是石油较轻馏分的加工过程，常用原油经直接分馏而得的汽油或类似的产品为原料。目的是使低辛烷值的油品经轻度热裂化或催化作用转变为高辛烷值的汽油或芳香烃。按照过程进行的条件有热重整和催化重整之分。

### 12. 辛烷值

辛烷值是一种衡量汽油作为动力燃料时抗爆震性能的指标。规定正庚烷的辛烷值为零，异辛烷值为 100，在正庚烷和异辛烷的混合物中，异辛烷的百分率叫作该混合物的辛烷值。各种汽油的辛烷值是把它们在汽油中燃烧时的爆震程度和上述正庚烷和异辛烷的混合物比较而得，并非说汽油就是正庚烷和异辛烷的混合物。辛烷值越高，抗爆震性能越好，汽油质量就越好。

### 13. 油品

原油一般不宜直接利用。经过各种加工方法，将原油按照沸点范围切割成不同的馏分，不同的液体产物，称为油品。

### 14. 精馏

精馏是蒸馏方法之一，用以分馏液体混合物，在具有多层塔板或充满填料的精馏塔中进行，通常可分离为塔顶产品（馏出液）和塔底产品（蒸馏釜残液）两个部分。操作时，将由塔顶蒸汽凝缩而得的部分馏出液，由塔顶回流入塔内，与从蒸馏釜连续上升的蒸汽在各层塔板上或填料表面上密切接触，不断地进行部分汽化与部分冷凝，其效果相当于多次的简单蒸馏，从而提高各组分的纯度。精馏广泛应用于石油、化学、冶金、食品等工业。

## 三、石油加工的产品及用途

石油加工的任务是炼制各种石油产品。目前已有 200 多种石油产品，这就足以说明石油用途是非常广泛的。事实上无论是什么样的机器和设备都离不开石油产品。随着机械工业的发展，对石油产品的质量要求也越来越高。

石油加工各类产品的沸程和主要用途见表 4-2。

表 4-2　石油加工各类产品的沸程和主要用途

| 产品 | 沸程/℃ | 大致组成 | 主要用途 |
| --- | --- | --- | --- |
| 石油气 | <40 | $C_1 \sim C_4$ | 燃料、化工原料 |
| 石油醚 | 40～60 | $C_5 \sim C_6$ | 溶剂 |
| 汽油 | 50～205 | $C_7 \sim C_9$ | 内燃机燃料、溶剂 |
| 溶剂油 | 150～200 | $C_9 \sim C_{11}$ | 溶剂 |
| 航空煤油 | 145～245 | $C_{10} \sim C_{15}$ | 喷气式飞机燃料 |
| 煤油 | 160～310 | $C_{11} \sim C_{16}$ | 灯油、燃料、工业洗涤油 |
| 柴油 | 180～350 | $C_{16} \sim C_{18}$ | 柴油机燃料 |
| 润滑油 | 350～520 | $C_{16} \sim C_{20}$ | 机械润滑 |
| 凡士林 | >350 | $C_{18} \sim C_{22}$ | 制药、防锈涂层 |
| 石蜡 | >350 | $C_{20} \sim C_{24}$ | 制皂、制蜡 |
| 燃料油 | >350 | | 锅炉燃料 |
| 沥青 | >350 | | 防腐绝缘材料、铺路、建材 |
| 石油焦 | | | 制电石、炭精棒 |

当前常用的油品牌号为：

### 1. 车用汽油

小汽车、摩托车、载重汽车和螺旋桨飞机等的发动机叫汽化器式发动机或点燃式发动机，单位马力金属质量小，发动机比较轻巧。车用汽油的牌号是按照辛烷值的不同而划分的，例如 92 号车用汽油，就是辛烷值为 92 的汽油。

### 2. 灯用煤油

灯用煤油主要用作煤油灯和煤油炉的燃料，也可用来洗涤机器，作医药和涂料用，以及作冷冻机燃料，现在国内生产的有优级品、一级品、合格品。

### 3. 轻柴油

我国产轻柴油品种较多，按凝固点和用途分为 10 号、5 号、0 号、－10 号、－20 号、－35 号、－50 号等。

### 4. 重柴油

重柴油一般是作为转速在每分钟 1000 转以下的中速和低速柴油机的燃料。国产的重柴油按其凝固点分为 10 号、20 号、30 号等品种。

## 进度检查

**一、填空题**

1. 石油中含量最高的元素分别是_____和_____。
2. 以石油烃为原料，可以合成三大合成材料_____、_____和_____。

**二、名词解释**

1. 石油炼制
2. 催化裂化
3. 重整

编号 FJC-121-03

# 学习单元 4-3　石油炼制技术

**学习目标：** 完成本单元的学习之后，能够掌握石油炼制过程。
**职业领域：** 化工、石油、环保、医药、冶金、汽车、食品、建材等工程。
**工作范围：** 分析检验。

2018 年，中国炼油能力达到 8.31 亿吨/年，成品油产量与消费量分别为 3.6 亿吨/年、3.2 亿吨/年，炼油技术整体达到世界先进水平，乙烯产能、产量、消费量分别达到 2532.5 万吨/年、1841 万吨/年、2098.6 万吨/年，聚乙烯产能、产量、消费量分别达 1898.4 万吨/年、1626 万吨/年、3005.7 万吨/年，已成为仅次于美国的第二大石油化工国家。

## 一、石油炼制工业

石油炼制工业是把原油通过石油炼制过程加工为各种石油产品的工业。石油炼制工业和国民经济的发展十分密切，工业、农业、交通运输和国防建设都离不开石油产品。石油产品大都是在炼油厂中加工得到。炼油厂中的主要生产方式有：原油蒸馏（常、减压蒸馏）、热裂化、催化裂化、加氢裂化、石油焦化、催化重整以及炼厂气加工、石油产品精制等，主要生产汽油、喷气燃料、煤油、柴油、燃料油、润滑油、石油蜡、石油沥青、石油焦和各种石油化工原料。石油燃料是使用方便、较洁净、能量利用效率较高的液体燃料。各种高速、大功率的交通运输工具和军用机动设备，如飞机、汽车、内燃机车、拖拉机、坦克、船舶和舰艇，它们的燃料主要都是石油炼制工业提供的。处在运动中的机械，都需要一定数量的各种润滑剂（润滑油、润滑脂），以减少机件的摩擦和延长使用寿命。当前，润滑剂的品种达数百种，绝大多数是由石油炼制工业生产的。

## 二、石油的预处理

从油井采出的原油，大多含有水分、盐类结晶和泥沙，要经初步脱除后才能进行输送。但由于一次脱盐、脱水不易彻底，因此，炼油厂在进行原油蒸馏前，还需要再进行一次脱盐和脱水。

### 1. 预处理的意义

原油中含有一定量的石油气、水、盐类和泥沙等杂质，这些杂质如不除去，会给石油加工带来很多困难。如石油气易挥发并带走汽油馏分；泥沙在蒸馏时易堵塞管道；水在石油加工时变成蒸汽，吸收热量，消耗燃料，由于水分汽化，还会加大设备的压力；盐类物质大都溶于水，加工时易形成泡沫，发生暴沸；而某些盐类（如氯化镁）还会发生水解生成氯化氢酸雾，腐蚀设备。所以石油加工前必须进行预处理。

**2. 预处理的步骤**

先将原油通过油气分离器，使石油气分离，然后再流入沉降池进行沉降静置处理，除去泥沙及一部分水和盐。但有一部分水在盐类的存在和影响下，往往与油形成稳定的乳化液，致使脱水、脱盐发生困难。所以石油在蒸馏前，还需要经过进一步脱水、脱盐处理。

**3. 脱盐脱水基本原理**

原油能够形成乳化液的主要原因是油中含有环烷酸和胶质等"乳化剂"，它们会分散在水滴的表面，形成一层保护膜，从而阻止水滴的集聚。因此，脱水的关键是破坏乳化剂的作用，使油水不能形成乳化液，细小的水滴就可相互集聚成大的颗粒，再经沉淀从油中分出。由于大部分盐溶解在水中，所以脱水的同时也就脱除了盐分。

**4. 脱水、脱盐处理方法**

常用方法有下面两种：

(1) 热化学法 在原油中加入0.4%～0.5%的破乳剂，通常使用高分子脂肪酸钠（如环烷酸钠或磺化植物油的钠盐），再加热到60℃左右，不断搅拌，然后静置，使液滴与油之间的边界薄膜受热膨胀以致破坏，从而使水与油被分离。

(2) 电气法 电气法是将已加热的乳浊油，送入电脱水器中，受高压（35～45kV，电场梯度为1～2kV/cm）交流电场的影响，在碰撞作用下，边界薄膜更完全地被破坏。这种方法效果更好。

原油在加工前，一般规定含水量不得超过1%，含盐量不得超过70～100mg/L。

**5. 脱水、脱盐工艺流程**

图4-1是原油电化学脱盐脱水的工艺流程。流程步骤如下：

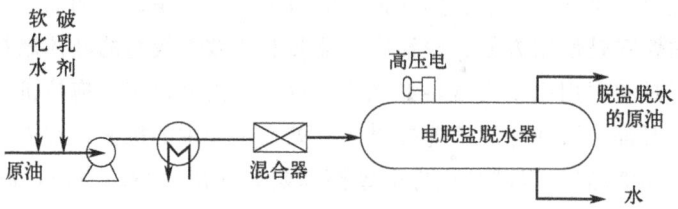

图 4-1 原油电化学脱盐脱水工艺流程

(1) 加软化水 目的在于溶解原油中的结晶盐，同时也可减弱乳化剂的作用，使乳化液稳定性下降。

(2) 加破乳剂 加软化水后的原油加入破乳剂，然后通过加热炉加热，再进入电脱盐脱水罐。

(3) 电脱盐脱水 电脱盐脱水器是一个立式或卧式圆罐，罐内设有特殊的电极，可通交流电或直流电。原油从两极间通过，脱除的含盐水自下部排出。

## 三、常减压蒸馏

原油一般不宜直接利用，而是需要先将原油按选定的加工方案，根据沸点范围切割成不同的馏分（称为油品），然后再将馏分加以精制，才能得到所需的产品。

原油蒸馏的装置，在长期生产实践中不断得到改进。早期采用釜式加热，其工艺落后、生产能力不高,现已被管式蒸馏装置所取代。在管式蒸馏装置中,原油靠管式加热炉连续加热,并在精馏塔中分馏为各种产品,所以叫管式蒸馏,其生产能力显著提高,目前大多数炼油厂均采用这种装置。

**1. 蒸馏原理**

原油的蒸馏是石油加工的第一步,它是利用原油中各组分的沸点不同,按一定的沸点范围,将原油分为几个馏分的操作。原油加热时,沸点低的组分(轻质烃类)先转变为蒸气蒸发出来;此后随着温度升高,沸点高的组分(重质烃类)也逐步蒸发出来。在各种沸点范围内所蒸发出来的物质,经过冷凝和冷却可得不同的石油产品。沸点范围是原油蒸馏时选定的,叫作蒸馏温度范围。

**2. 初馏**

初馏目的是将原油中所含的轻汽油(干点140℃左右)在塔中馏出,同时分离出少量水分和腐蚀性气体,这样既可减轻后续常压炉、塔的负荷,保证常压塔稳定操作,又可减少腐蚀性气体对常压塔的腐蚀。

**3. 常压蒸馏**

过去原油的常压蒸馏和减压蒸馏是分别进行的。现在为了节省热量和提高设备生产能力,多数是将常压蒸馏和减压蒸馏联合成一套复合的常压-减压装置流程。常压蒸馏是在常压下进行的,目的是分出400℃以下的各个馏分,如汽油、煤油和柴油等。塔底蒸余物为重油,重油可作燃料。然而重油中却又含有重柴油、润滑油、沥青等高沸点组分,这些组分还需要进一步蒸馏。

**4. 减压蒸馏**

如将以上所得重油,提高温度继续蒸馏,则重油组分就会发生碳化分解而被破坏,严重影响油品质量,这样就不能得到有用的润滑油。为此,需要采用减压方法,在温度为380~400℃,或略高于400℃,压力为40mmHg(1mmHg=133Pa)或者说真空度为720mmHg的情况下进行蒸馏。这样既防止了破坏反应,又降低了热能消耗,还加快了蒸馏速度。

通过减压蒸馏可取出润滑油馏出物,如锭子油、机器油、气缸油等,而从塔底则放出渣油。渣油是炼制石油沥青的原料,将渣油放在氧化锅中,用空气流吹10h即得成品。

**5. 蒸汽汽提**

为了促使原油中的重质油在较低温度下沸腾、汽化,除了采用减压蒸馏外,还可以在蒸馏过程中,同时给被蒸馏的油中通入高温蒸汽,这就叫汽提。汽提和减压有同样作用,其所用设备没有减压工艺设备那样复杂,操作也简单。但需要大量蒸汽,且增加了冷却水用量,所以蒸馏重质油品时通常和减压蒸馏配合使用。实际生产中常减压塔均采用汽提。汽提也可单独设置,叫汽提塔,各侧线馏分油离塔后送入汽提塔,汽提塔底部通入蒸汽,经汽提排出的油,基本上不含上一侧线组分,这就是汽提的作用。

**6. 常减压蒸馏工艺流程**

常减压蒸馏工艺流程如图4-2所示。流程说明如下:

(1)原油换热  为了充分回收热量,使原油与各种需要冷却的馏分在换热器内换热,一般换热到200~250℃进入初馏塔。

(2) 初馏　初馏塔也叫预分馏塔。原油在初馏塔内分出轻汽油,经冷凝、冷却器降至30~40℃进入贮罐,一部分作回流,一部分作汽油组分或重整原料油。当蒸馏大庆原油时,从初馏塔得到的轻汽油含砷量低,适宜于作重整原料,这也是采用初馏塔的另一个目的。

(3) 常压蒸馏　从初馏塔底得到的油叫拔顶油,用泵送入常压炉加热到360~370℃入常压塔,自塔顶分出汽油,经换热、冷凝和冷却至30~40℃,一部分作塔顶回流,一部分作汽油组分。常压塔一般有3~4个侧线,分别馏出煤油、轻柴油和重柴油。常压塔一般设有1~2个中段回流。

(4) 减压蒸馏　常压塔底重油温度为350℃左右,用热油泵抽出送到减压加热炉,到410℃左右入减压塔。一般减压塔汽化压力为40mmHg(绝压)。为了维持塔内高度真空,减压塔顶只出少量产品,以减少塔顶管线的压力损失。减压塔侧一线馏分通常进行中段回流,有时还另设有1~2个中段回流。减压一线馏出物除部分作回流外,其余作为裂化或制蜡原料。减压二、三、四线馏出物可作润滑油原料或裂化原料。减压塔底油可作焦化、减黏裂化、氧化沥青的原料或燃料,也可经丙烷脱沥青工艺制取重质润滑油。

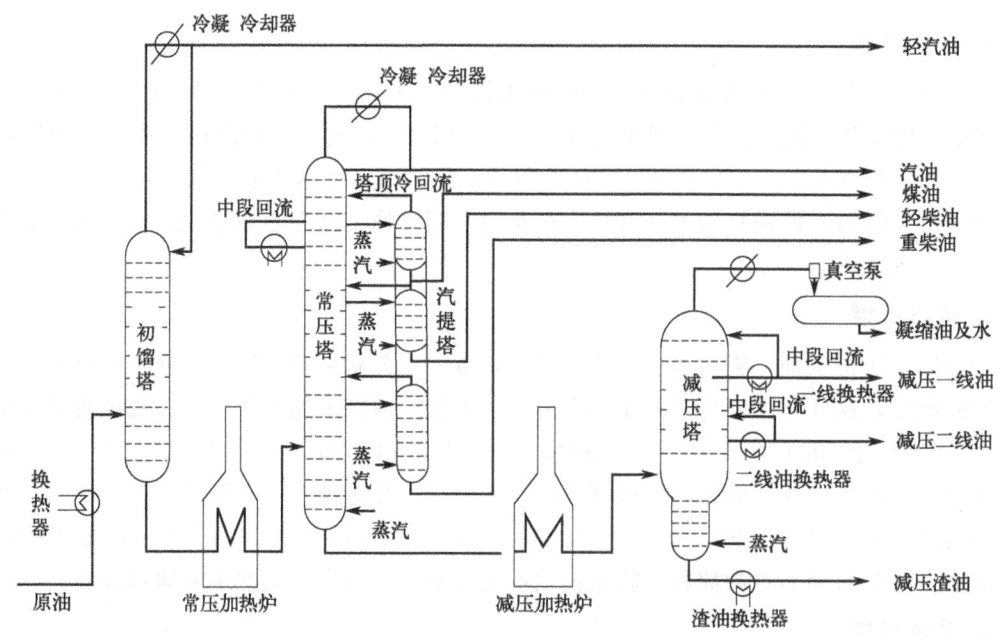

图 4-2　常减压蒸馏工艺流程

## 四、热裂化

热裂化是炼油工业最早出现的二次加工工艺,热裂化反应是指高分子烃类在高温下裂解为低分子烃类的化学反应。利用热裂化反应使重质油裂解为轻质油品的工艺就叫热裂化。

由于内燃机的发展,汽油与柴油需用量急增,为弥补直馏汽油和柴油数量的不足,热裂化工艺在20世纪初得到了迅速发展,但由于热裂化汽油辛烷值不够高,裂化产品安定性较差,目前有被催化裂化取代之势。我国一些老炼油厂仍保留这种生产装置。

**1. 基本原理**

热裂化反应相当复杂,当重质油品加热到450℃以上时,其中大分子烃类便会裂解成较小分子的烃类。在裂解的同时还有叠合、缩合等反应产生，使一部分烃类又转变为较大的分子，有些甚至较所含的烃分子更大，在裂化条件下虽然烃类发生着裂解与化合两类相反的反应，但裂解反应是矛盾的主要方面。

重质油品经过裂化后，一部分转化为裂化气以及柴油等轻质产品；另一部分转化为重油和油焦，同时生成一部分与原料馏分相同的油品。

各种烃类在热裂化过程中发生的反应并不完全相同。

烷烃在400～600℃下，易裂解为小分子的烷烃和烯烃。环烷烃则可裂解为烯烃或脱氢转化为芳烃，带侧链的环烷烃易脱掉侧链。芳烃不易发生裂化反应，但在高温下可发生缩合反应成为大分子多环或稠环烃，并与烯烃缩合反应生成油焦。油焦和普通焦炭组成相似，所以也叫焦炭，它并非碳元素形成的单质，而是分子量很大、碳氢比很高的稠环碳氢化合物。

原料的化学组成对热裂化反应影响很大。各种烃类中，烷烃最易裂化，其次为烯烃和环烷烃，芳烃最难裂化而极易转变为焦炭。所以含烷烃多的油品是理想的热裂化原料，其汽油收率高，生焦量少。当原料中含有大量芳烃，特别是多环芳烃时，就会在裂化过程中生成大量焦炭。通常用蒸馏所得的含蜡馏分油或焦化蜡油作为热裂化原料，重油在适宜的操作条件下（如较低的热裂化温度），也可以用作热裂化的原料。

热裂化的主要产品有裂化气、裂化汽油、柴油和残油。

裂化气中主要含有甲烷、乙烷、乙烯等，其产率和组成受操作条件的影响，而几乎与原料组成无关，汽油产率为30%～50%，柴油产率约为30%。

热裂化汽油和柴油比直馏汽油和柴油含有更多的不饱和烃（烯烃和二烯烃）和芳烃，产品安全性较差，贮存稍久就会变质产生胶质等沉淀物。裂化汽油辛烷值较同一原油的直馏汽油高，一般为55～65，而柴油十六烷值则较低。

从裂化生成油中分出气体、汽油和柴油，下余的高沸点重质油叫裂化残油，产率约为30%。裂化残油可作为船用重油的调和组分。

**2. 热裂化工艺流程**

工业上的热裂化通常采用循环裂化以提高产品收率。所谓循环裂化是指经一次裂化的产物分出汽油、残油后将中间馏分（其馏程相当于原料馏程）返回原料中再次裂化，这部分中间馏分也叫循环油。原料油和中间馏分混合后可以在一个炉子内进行裂化，这叫单炉裂化；也可将馏程较宽的原料油分为两个轻重不同的窄馏分，然后在两个加热炉内进行裂化，这叫双炉裂化。其中轻馏分难裂化，加热温度要高些，重馏分容易裂化，加热温度可低些。这样可适应各自特点，提高裂化深度，所以也叫选择性裂化。采用上述措施有利于提高汽油产率，并延长开工周期。

目前我国大部分炼油厂为了提高装置生产能力，增产裂化柴油，通过技术改造，已将原双炉裂化改为单炉裂化生产。

下面以单炉裂化工艺流程为例加以说明，见图4-3。

(1) 加热反应系统　原料油经换热打入分馏塔与循环油混合后进入加热炉，加热到490℃左右时，原料已在炉管中开始进行热裂化反应。为了达到一定的裂化程度，原料出炉后再入反应塔，在20kgf/cm$^2$（1kgf/cm$^2$＝9.80665×10$^4$Pa）和490℃条件下停留一段时间，继续进行反应。

(2) 蒸发分离系统　反应产物经降压后进入高压蒸发塔，于7～10kgf/cm$^2$、430℃左右

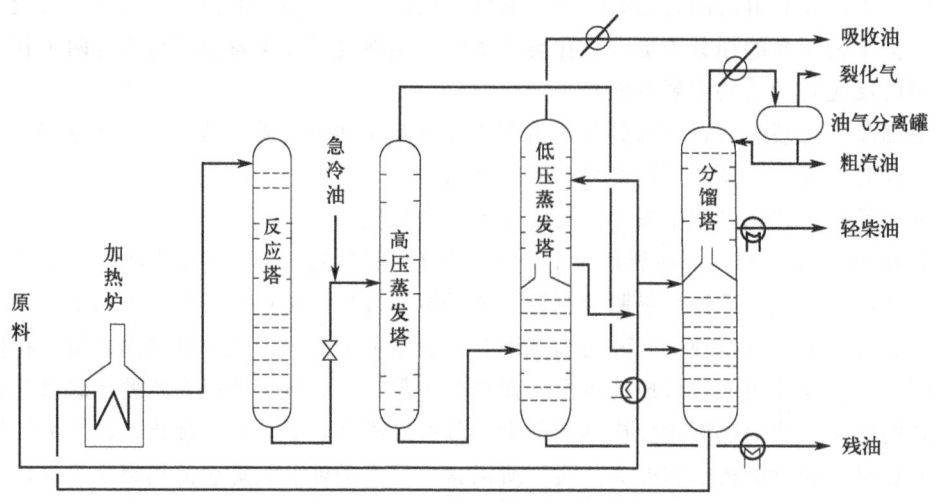

图 4-3 单炉裂化工艺流程

进行蒸发分离。进蒸发塔前打入温度较低的油品（叫急冷油）以降低温度，使裂化反应停止。塔底液体油又进入低压蒸发塔，在 $2kgf/cm^2$、370℃下再次进行闪蒸，以减少残油中所含的轻馏分，塔底为裂化残油。由高压蒸发塔顶出来的产物进入分馏塔，将气体、汽油、柴油与循环油分开。

（3）吸收稳定系统　为了避免气体中携带有汽油及汽油中带有气态烃类，需要用吸收塔、稳定塔分别进行回收，以提高汽油产率，调整汽油蒸气压使其达到要求。

## 五、催化裂化

由于目前活塞式航空发动机及汽车工业的迅速发展，特别是高压缩比、高功率汽油机的出现，对汽油的辛烷值提出了更高要求，因此，在热裂化基础上又发展了催化裂化，即在进行裂化反应时采用了催化剂。

在催化裂化过程中由于使用了催化剂，所以与热裂化相比：催化裂化汽油辛烷值高；产气中含 $C_3 \sim C_4$ 组分较多；装置生产效率高。因此催化裂化能将热裂化取而代之，成为当前炼油厂中的重要工艺。

### 1. 基本原理

催化裂化是重质油生产轻质油的工艺，但由于常减压塔底的重油和渣油含有大量胶质、沥青质，在催化裂化时易生成焦炭，同时还含有重金属铁、镍等，故一般采用较重的馏分油，如：常压和减压馏分、焦化蜡油、丙烷脱沥青油、润滑油脱蜡得到的蜡膏等作催化裂化原料。

催化裂化常用硅酸铝作为催化剂，在较低的压力和温度（1.5～2.5atm，450～550℃）下进行。由于催化剂能促进异构化（正辛烷→异辛烷）、环烷化、芳构化（环己烷→苯）和氢转移，从而能生成较多的带侧链的烷烃、环烷烃、芳香烃和小分子烃，故可得到高辛烷值汽油。催化裂化所得气体产率不大（15%～30%），气体中的主要成分是丙烷、丙烯或丁烷、丁烯，其中丙烯、丁烯和异丁烷占50%以上。一个年加工量为120万吨的流化催化装置，每年可产丙烯等 $C_3$ 组分4万～5万吨，丁烯等 $C_4$ 组分5万～6万吨。催化裂化可生产高辛烷值汽油的组分以及石油化工的原料；同时还能提供大量液化气（主要是丙烷、丁烷等）作民用燃料。

在催化裂化反应中，还产生一部分与原料馏程相近的油，可掺合新鲜原料油中回炼，叫回炼油。此外，还可生成少量燃料油及约 5% 的焦炭。焦炭沉积在催化剂表面上，需要烧掉。

### 2. 流化床催化原理

实践证明，催化剂与原料油在反应过程中接触面越大，反应进行得越充分，因此在催化裂化工艺中使用了微球催化剂，使催化剂在反应或再生时呈现"流化状态"，以便充分发挥催化剂在反应中的作用，并保证再生完全。所谓流化状态，是指细小固体颗粒被气流携带起来时，像液体一样能自由流动的现象。譬如，沙土被大风刮起时就处在流化状态。在反应器和再生器内由于油气或空气的吹动，催化剂悬浮在气流中，此时，催化剂占有反应器和再生器的空间，叫催化剂的床层。流化状态下的催化剂床层，就像开了锅的水一样，催化剂在其中上下翻腾，所以叫流化床或沸腾床。

在流化床中，由于催化剂的激烈运动，油气与催化剂能充分接触，加速了反应的进行，因此提高了设备的处理能力；同时也使热量的传递加快，整个床层温度均匀，避免了局部过热。

利用流化原理，还可以很方便地输送催化剂。如图 4-4 所示，往右边容器下部吹入一定速度的气体（叫提升气或提升风），使容器内的催化剂密度降低，两端造成压力差，催化剂就会自动从左侧流向右侧。这就是所谓"密相输送"。在流化催化裂化装置中，利用这个方法，通过连接两器的 U 形管，使催化剂在反应器和再生器之间进行循环。在反应器一边，提升气体是压缩空气，也叫增压风。

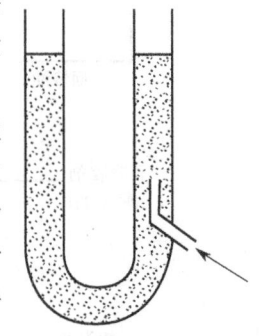

图 4-4 密相输送示意图

这种输送方法可以提高催化剂的循环量，不仅强化了反应，而且可以利用催化剂作热载体，将再生放出的热量很快地带到反应器供反应用，从而简化了两器（反应器和再生器）的结构。

### 3. 催化裂化工艺流程

流化床催化裂化工艺流程，是由多种生产系统组合起来的，现就目前国内应用较普遍的一种，如图 4-5 所示，介绍如下：

（1）反应-再生系统  原料油经加热到 400℃ 左右，进入反应器提升管，与来自再生器的高温催化剂（560～600℃）相遇，迅速汽化并发生反应；反应产物携带着催化剂继续上升，在反应器内以流化状态继续反应，反应器内床层温度为 460～900℃。反应后，表面沉积着焦炭并吸附有油气的催化剂进入反应器下部的汽提段，用水蒸气将油气吹回反应器。催化剂经再生催化剂 U 形管被增压风送入再生器。

在再生器中，靠主风机鼓入的空气将催化剂上焦炭烧掉以恢复其活性。再生过程也是在流化状态下进行的，温度约为 600℃。再生后的高温催化剂从器内溢流管经再生催化剂 U 形管又返回反应器。烧焦产生的烟气自再生器顶部经双动滑阀排入大气。

由于烟气中含有大量一氧化碳，也可送入一氧化碳锅炉燃烧，产生水蒸气以回收热量。

（2）分馏系统  反应后的产物自反应器顶部排出，入分馏塔，分离为催化裂化富气、粗

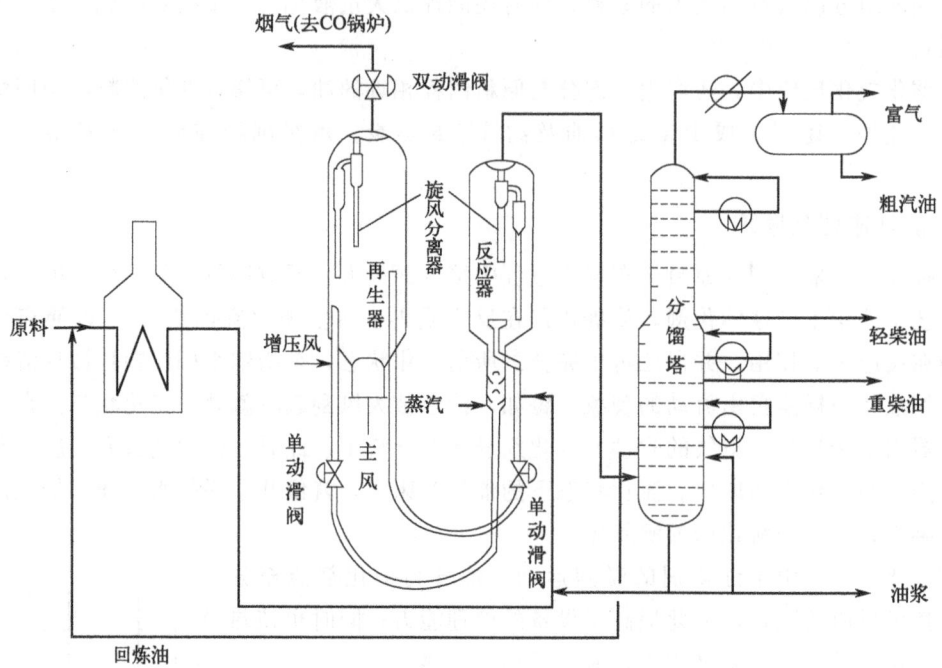

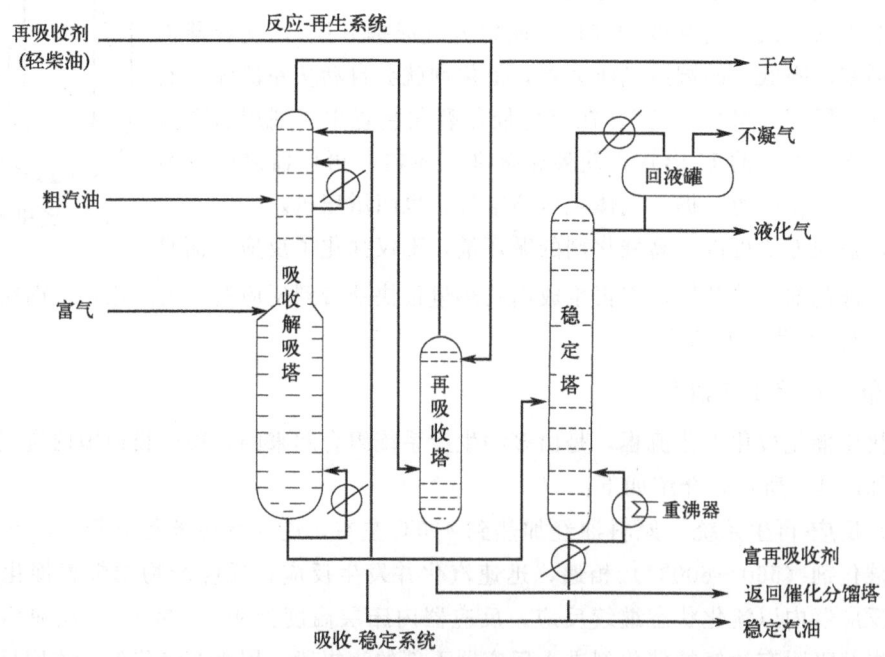

图 4-5 流化催化裂化工艺流程

汽油、柴油、回炼油及油浆。

裂化富气与粗汽油送往吸收稳定系统，回炼油返回反应器进行再次裂化。塔底油浆一部分进行回炼，一部分用于分馏塔下部打循环，将进入分馏塔油气中携带的少量催化剂粉末洗下。

(3) 吸收-稳定系统　目的与热裂化装置的吸收-稳定系统相似，在于将裂化富气中 $C_2$

以下组分与 $C_3$ 以上的组分分离以便利用，同时将混入粗汽油中的少量气体烃分出，以降低汽油蒸气压，保证符合商品规格。

裂化富气经压缩机压缩后进入吸收解吸塔，用吸收剂（汽油）将其中 $C_3$、$C_4$、$C_5$ 等组分吸收下来，自塔底排出，叫富吸收油。自塔顶排出的气体主要是 $C_1$、$C_2$ 及少量作吸收剂的汽油，进入再吸收塔，用轻柴油（再吸收剂）把携带的汽油吸收下来。$C_1$、$C_2$ 等从塔顶排出，叫催化裂化干气。吸收了汽油的轻柴油自塔底排出然后入分馏塔吸收。富吸收油经过加热可将吸收的气体烃释放出来，叫作解吸。由于富吸收油一部分是本装置生产的粗汽油，所以对粗汽油来讲，经过加热解吸就达到了稳定的效果。这一过程主要是在稳定塔中进行的。塔顶分出 $C_3$、$C_4$ 组分，因其在常温加压下呈液态，所以叫液化气。稳定塔底得到稳定汽油，一部分打入吸收解吸塔作吸收剂，余下为本装置的产品。

（4）影响反应和再生的操作条件　反应-再生系统是本装置的"心脏"。除原料油与催化剂性能以外，反应-再生操作条件对整个生产过程影响较大。主要的操作条件是反应温度、压力、空速、剂油比、回炼比与再生温度等。

① 反应温度。提高反应温度有利于裂化反应的进行。适当提高反应温度可提高汽油辛烷值。一般反应温度为 460～490℃。但反应温度过高，生成的汽油会进一步裂化，使气体产率提高，汽油产率下降。

② 反应压力。提高压力可延长油气在反应器中的停留时间，所以可提高汽油产率，但也增加了焦炭产率，降低了汽油辛烷值。一般反应器和再生器压力均为 $0.8kgf/cm^2$ 左右。

③ 空速。在正常运转中，两器内的催化剂虽然是不断循环的，但由于单位时间内进出的催化剂数量相同，因此，两器内催化剂的数量始终保持不变，催化剂的数量叫作反应器或再生器催化剂的藏量。空速是指每小时进入反应器的原料油量与反应器内催化剂藏量之比，即：

空速＝每小时进入反应器的原料油量(t/h)/反应器内催化剂藏量(t)

将上式单位加以整理，就得到空速的单位是 $h^{-1}$。可以看出，如果反应器内催化剂藏量不变，每小时进入反应器的原料油数量越大，则空速越高。也就是说，空速反映了原料油与催化剂的接触时间，所以从空速的数值就可以看出该装置处理量的大小。提高空速可增加处理能力，但会缩短原料油与催化剂接触时间，从而降低汽油产率，一般空速为 $5～10h^{-1}$。

④ 剂油比。在正常运转中，每小时循环于两器间的催化剂量与每小时进入反应器的原料油量之比，叫剂油比。在同一条件下，剂油比越大，则单位数量的催化剂上积炭量少，有利于裂化反应进行。一般剂油比为 4～6。

⑤ 回炼比。每小时回炼油与新鲜原料油量之比，叫回炼比。在一定条件下，提高回炼比，可增加轻质油品产率，但也相应地降低了处理能力。一般回炼比为 1 左右，即回炼油与新鲜原料油量各占一半。

⑥ 再生温度。为了把催化剂表面上结的焦炭烧掉，以恢复其活性，就需要严格控制再生温度。一般说来，再生温度高，烧焦快，也比较彻底，但当温度超过 700℃ 时会破坏催化剂，甚至破坏旋风分离器。所以再生温度以 600℃ 左右为宜。再生后的催化剂上含碳量降到 0.4%～0.7% 即可。

## 进度检查

**一、填空题**

1. 热裂化的主要产品有_____、_____、_____和残油。
2. 在石油中所包含的各种烃类中，_____最容易裂化，其次是_____和_____。
3. 烷烃在裂解过程中，容易裂解为小分子的是_____和_____。

**二、简答题**

1. 原油为什么要进行预处理？
2. 原油脱水脱盐采用哪些方法？
3. 常压蒸馏可以生产哪些油品？工艺条件是什么？
4. 热裂化和催化裂化有哪些不同？

# 模块 5　有机化工产品生产技术

编号 FJC-122-01

## 学习单元 5-1　有机化工简介

**学习目标**：完成本单元的学习之后，能够了解有机化工的现状、发展概况和发展趋势。
**职业领域**：化工、石油、环保、医药、冶金、汽车、食品、建材等工程。
**工作范围**：分析检验。

### 一、有机化学工业在国民经济中的地位

有机化学工业是利用有机合成方法生产有机化工产品的工业，是化学工业的重要组成部分。随着科学技术和社会的快速发展，有机化工产品的产量与种类日益增多，而人民生活的需要及国民经济的发展对这些产品的产量、种类及品质的要求也越来越高。因此，有机化学工业逐渐派生出其他部门和分支，通常按产品在日常生活及工业生产中起的作用分为三大类：基本有机化学工业、精细有机化学工业和高分子化学工业。基本有机化学工业生产乙烯、丙烯、丁二烯、苯、甲苯、二甲苯、乙炔、甲醇、乙酸等及其衍生物、卤代物、环氧化合物及有机含氮化合物等产品。精细有机化学工业包括表面活性剂、水质稳定剂、专用助剂、添加剂、黏合剂、合成药物、染料、香料、农药等行业。高分子化学工业的主要产品为三大合成材料即合成树脂及塑料、合成橡胶和合成纤维。本单元介绍的是基本有机化学工业。

自20世纪初期以来，煤、石油和天然气被大量开采和利用，向人类提供了各种燃料和丰富的化工原料。由焦炭或无烟煤与生石灰在电炉中熔融制造电石的第一个工厂于1895年建成，但电石乙炔最初主要用于金属切割和焊接，直到1910年以后，才开始用于生产基本有机化工产品。由电石乙炔可以生产乙醛、乙酸、丙酮、丁二烯、氯乙烯、乙酸乙烯、塑料、合成橡胶等产品，使基本有机化学工业发展成为一个巨大而且重要的新兴工业。由于这一时期的化学工业是以煤为基础原料建立起来的，因此称之为煤化学工业，而基本有机化工原料（或产品）差不多都是由电石乙炔制取的，因此又把当时的基本有机化学工业称为乙炔化学工业。

1920年，美国新泽西标准石油公司采用了埃利斯发明的丙烯（来自炼厂气）水合工艺制取异丙醇，标志着石油化工的兴起。在20世纪40年代，管式裂解炉裂解烃类工艺和临氢重整工艺开发成功，使有机化工基本原料（乙烯等低碳烯烃和苯等芳烃）有了丰富、廉价的来源。此后，石油化工突飞猛进地发展起来，很快便取代了煤在有机化工中的统治地位。

1931年氯丁橡胶实现工业化，以及1937年聚己二酰己二胺（尼龙66）合成以后，高分子化工蓬勃发展起来，到20世纪50年代初期形成了大规模生产塑料、合成橡胶和合成纤维的工业，人类进入了合成材料的时代，更进一步推动了工农业生产科技发展，人类生活水平得到了显著的提高。有机化学工业生产的大量产品为高分子化工提供了单体和原料。

石油化工和高分子化工发展的同时，为了满足人们对生活品质的追求，将有机化工提供的原料合成复杂、技术含量高、品种繁多的精细化学品成为化学工业一大发展方向，精细有机化学工业得到了迅速发展。

在高新技术迅猛发展的今天，有机化学工业及其相关的产品生产技术，不仅不可缺少，而且成为高新技术发展的必要支撑和保障。比如信息技术所需的电子化学品、航天工业所需的高能燃料、国防工业所需的各种特殊化学品等都离不开有机化学工业。各种新的化工产品和化工生产技术成为现代化工研究的前沿和热点，有机化学工业的技术进步推动着整个社会的发展。

有机化学工业对农业的发展也起着重要作用。它除了为农业现代化生产所使用的合成材料（合成橡胶、塑料薄膜及其他塑料制品等）提供原料和单体外，还为生产杀虫剂、除草剂和植物生长调节剂等农药提供了原料和中间体。另外它减轻了某些产品对农业的依赖程度，比如为合成纤维的生产提供单体，大量地节约了天然纤维原料——棉花，使更多的耕地能够用于粮食生产。

综上所述，有机化学工业与其他类别的化学工业构成了整个庞大而完善的化学工业体系，为工农业发展、交通运输、国防军事及尖端科技等领域提供了必不可少的化学品和能源。

## 二、有机化学工业的主要产品

近50年来，有机化学工业得到了迅速的发展，已成为化学工业的重要组成部分。各种基本有机化学工业产品支撑了整个有机化学工业的生产和发展，这些产品表明了一个国家基本有机化学工业的发展水平和产业结构。

基本有机化学工业的主要产品分为五个系列：

### 1. 碳一系列产品

碳一系列产品包含甲烷系统产品和合成气系统产品两大类。甲烷系统产品见图5-1。合成气系统产品指以合成气为原料的产品，合成气可以由天然气、煤和渣油等原料制得。

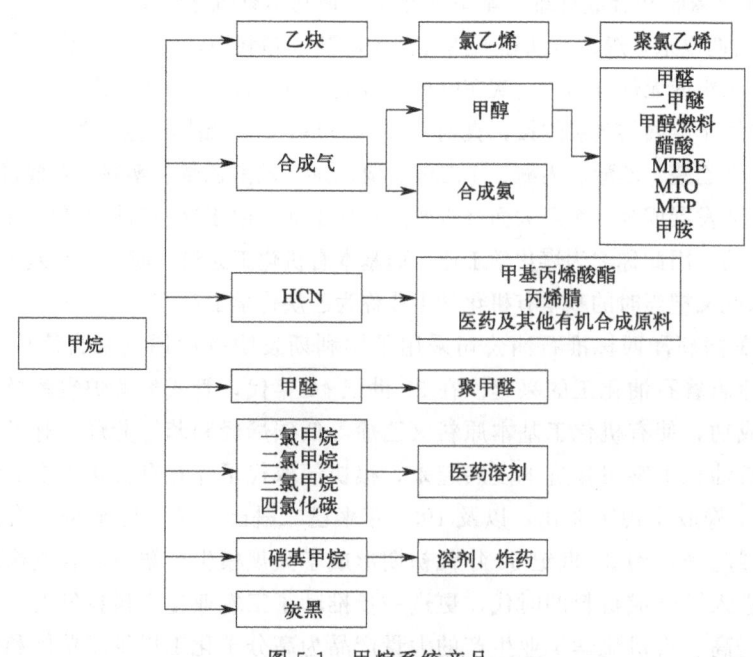

图5-1 甲烷系统产品

## 2. 碳二系列产品

碳二系列产品中,最重要的是乙烯,其他产品诸如乙炔、乙酸及乙醇也是典型的碳二产品。乙烯的用途非常广泛,由乙烯出发可以生产许多重要的基本有机化学工业产品,它是高分子材料的重要单体,也是其他化工产品的重要原料,常用其产量衡量一个国家基本化学工业的发展水平。乙烯的用途和主要产品见图 5-2。

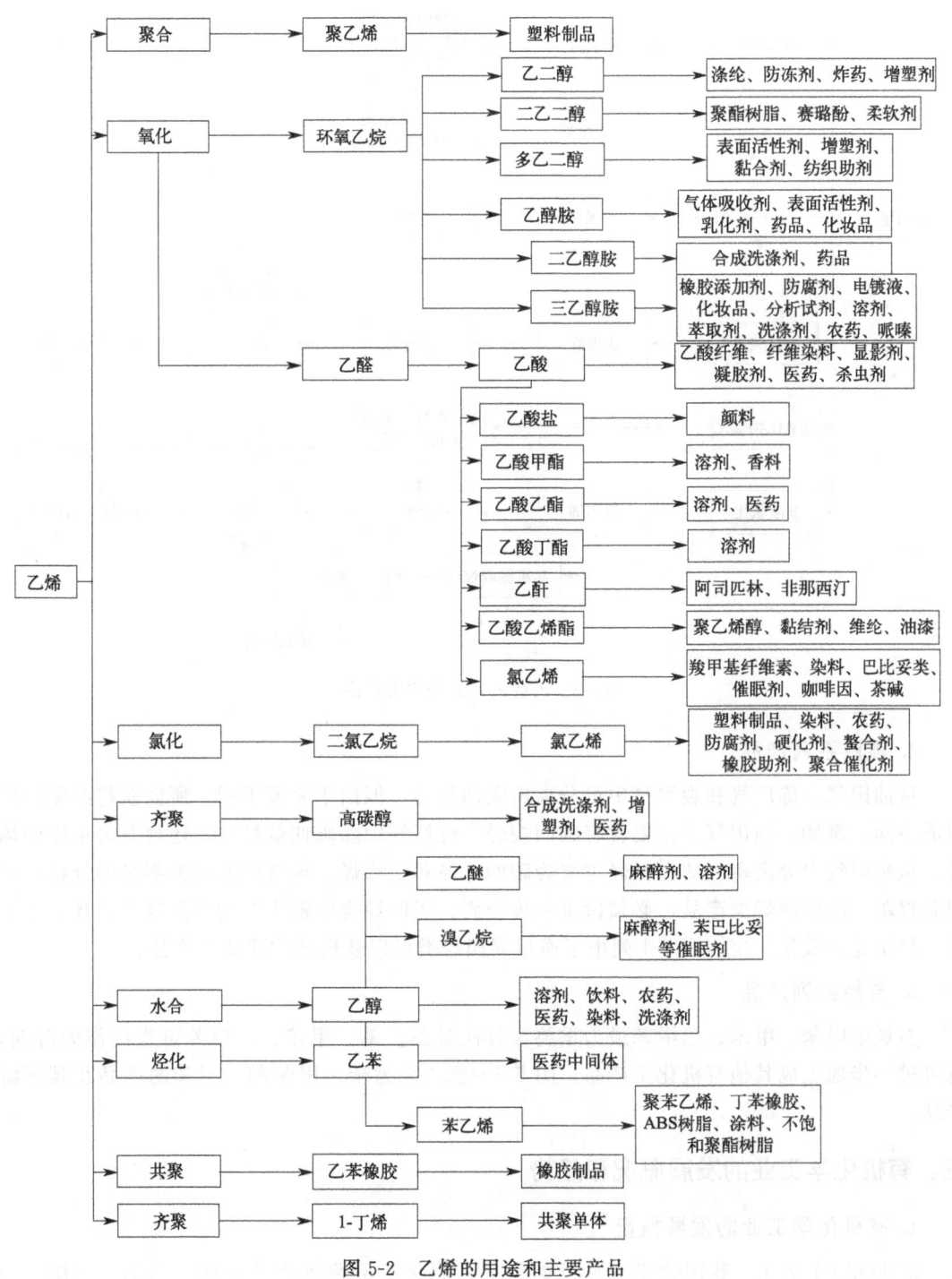

图 5-2 乙烯的用途和主要产品

## 3. 碳三系列产品

碳三系列产品中，最重要的是丙烯，它也是高分子材料合成的重要单体，重要性仅次于碳二系列的乙烯。丙烯的用途和主要产品见图 5-3。

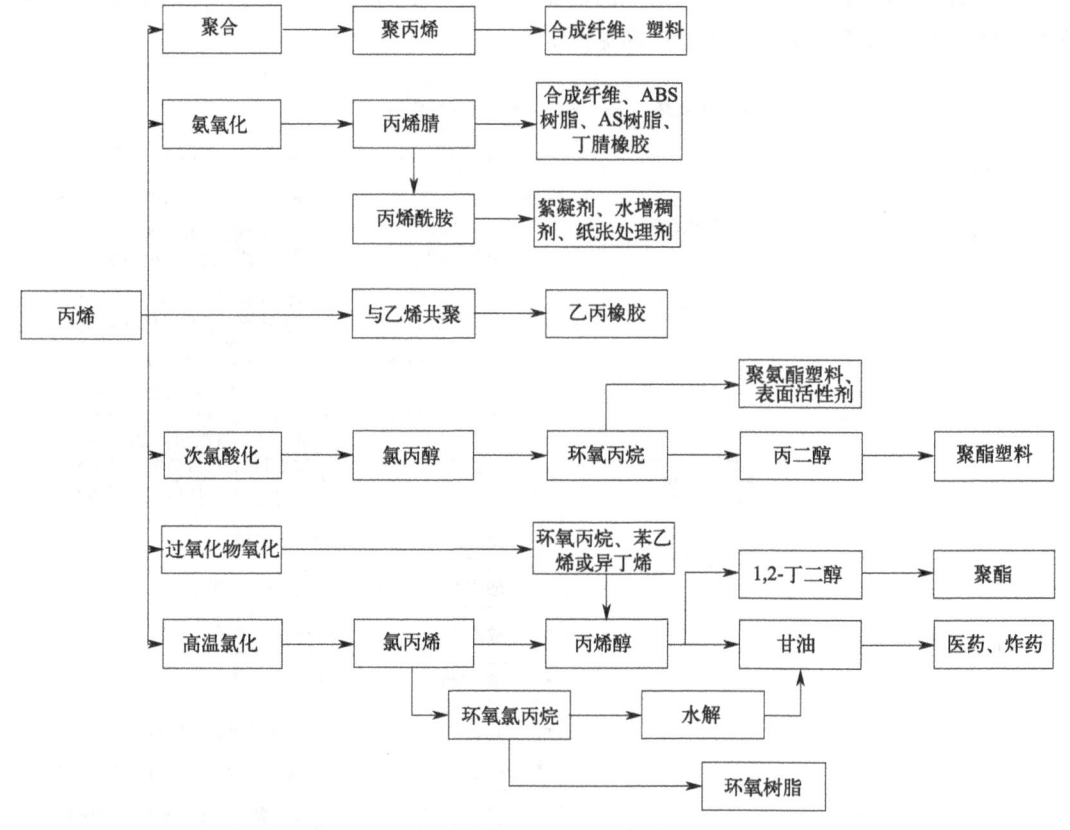

图 5-3  丙烯的用途和主要产品

## 4. 碳四系列产品

从油田气、炼厂气和裂解气中可分离出碳四烃类，但由于来源不同，所能获得的碳四烃组成不同。例如，油田气中主要含有碳四烷烃，炼厂气中除碳四烷烃外，还含有大量碳四烯烃；从裂解气中分离得到的碳四烃主要为碳四烯烃和二烯烃。这些碳四烃类都是混合物，要想获得单一的碳四烃类产品，必须做进一步分离。碳四烃类中最重要的产品是丁二烯、正丁烯、异丁烯以及正丁烷。图 5-4 列出了通过碳四烃类可以获得的主要化工产品。

## 5. 芳烃系列产品

芳烃中以苯、甲苯、二甲苯最为重要，其次是萘。苯、甲苯、二甲苯可直接作为溶剂，也可进一步加工成其他有机化工产品。图 5-5～图 5-7 为苯、甲苯和二甲苯的产品及其下游产品。

# 三、有机化学工业的发展概况和趋势

## 1. 有机化学工业的发展概况

20 世纪 60 年代，我国化学工业开始发展，原化工部曾提出"三烯、三苯、一炔、一

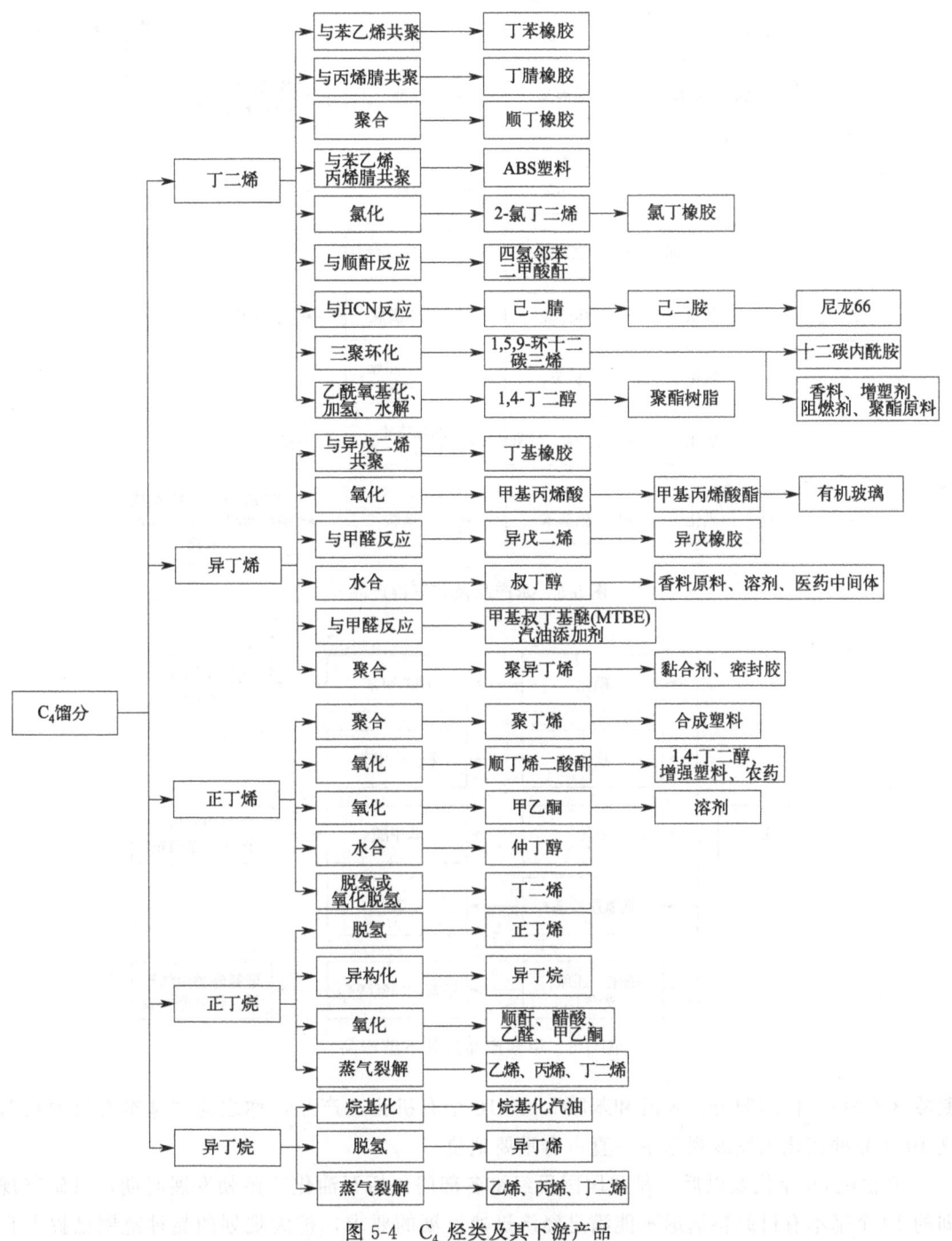

图 5-4 C$_4$ 烃类及其下游产品

萘"是发展有机化工的基础。这八种化工产品被称作"基础有机原料",作为重点产品纳入了国家发展规划。

进入 20 世纪 70 年代后,以解决三大合成材料需求为首要任务的石油化学工业,通过引进技术和设备得到了很大发展,同时也深感有机化工原料不可或缺,需要与三大合成材料同步发展。故当时的燃料化学工业部提出任务,要重视发展"甲乙丁辛四个醇,苯酚、丙酮和

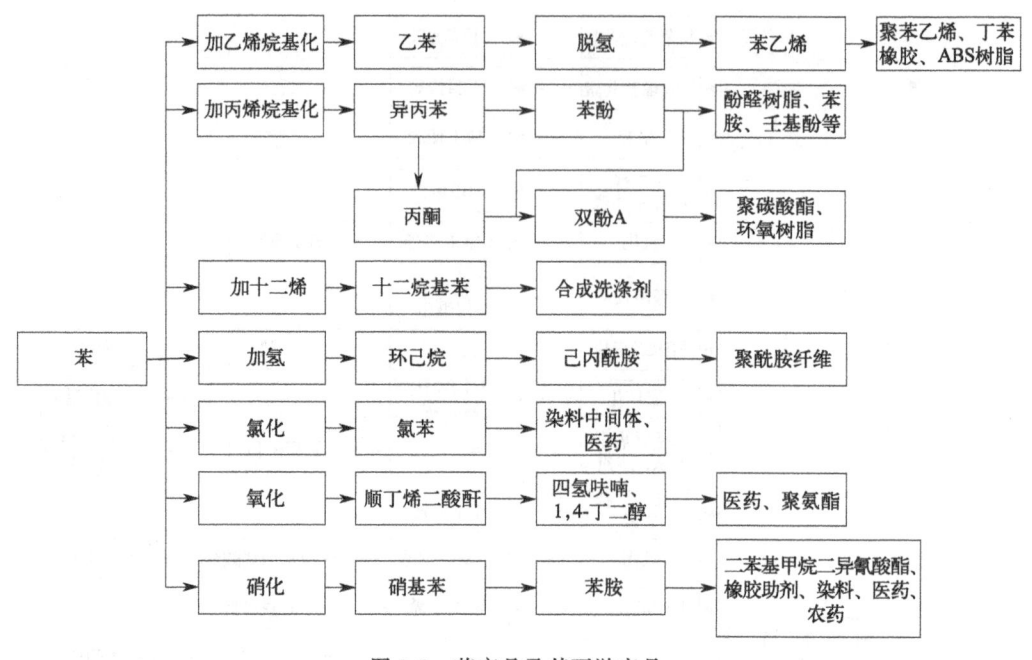

图 5-5 苯产品及其下游产品

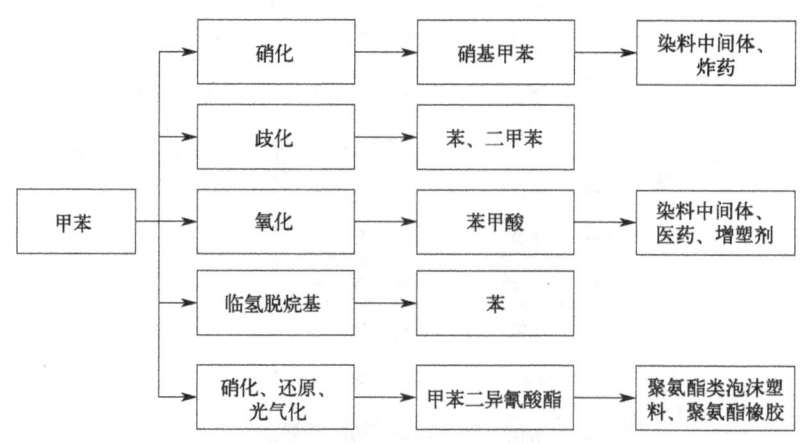

图 5-6 甲苯产品及其下游产品

醋酸（乙酸），再加顺酐、苯酐和苯胺"，共 10 个有机化工产品，称之为"基本有机原料"，这 10 个品种在化工发展规划中一直占有重要地位。

20 世纪 80 年代及以后，是我国国民经济各部门包括石油化工蓬勃发展时期，只研究规划的 10 个基本有机原料远远不能满足经济迅速发展的要求，扩大规划的品种范围已提上日程。从编制"七五"发展规划开始，把 10 个基本有机原料品种扩至 20 余个，随后至"八五""九五"又扩大至 30 个品种，它们是：甲醇、乙醇、乙二醇、醋酸、甲醛、苯酐、顺酐、苯酚、丙酮、乙酸酐、萘、甘油、乙酸乙烯、丁醇、辛醇、1,4-丁二醇、甲酸、草酸、环氧乙烷、环氧丙烷、环氧氯丙烷、丙二醇、脂肪醇、脂肪酸、脂肪胺、二甲基甲酰胺、异丙醇、丙烯酸、甲乙酮、双酚 A。这 30 个品种仍沿用"基本有机原料"之名。

进入 21 世纪，我国化学工业中，精细化工作为传统基本有机化工的深加工产业迅速发

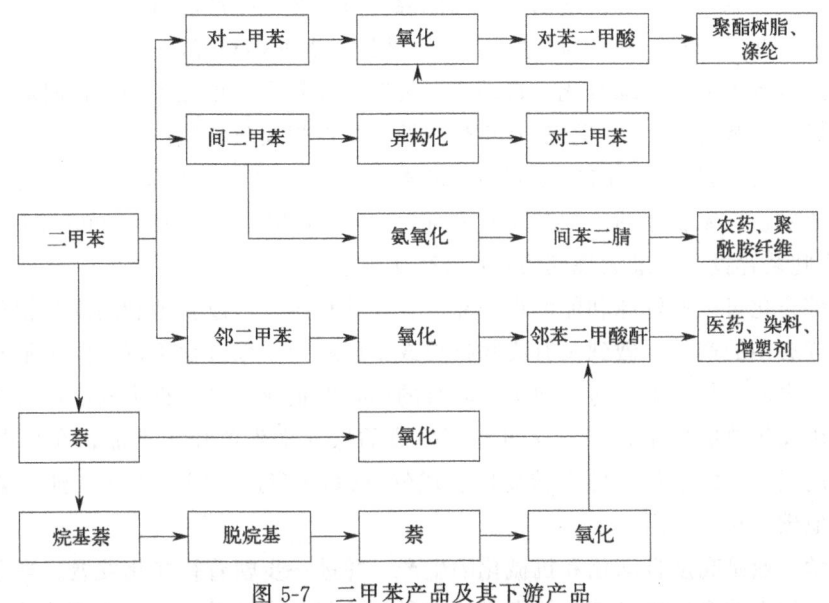

图 5-7 二甲苯产品及其下游产品

展起来，产品种类繁多。相关部门及专家在众多原料品种中，筛选出用量较大、涉及面广或较重要、较热门原料 100 种，作为重点安排规划的对象。

经过几十年的发展，我国基本有机化学工业技术不断创新，新产品、新品种迅速增加，规模不断扩大，尤其在"十五"期间，适逢全球石油化工景气周期，把握住了机遇，加快了发展步伐，在市场中迅速崛起。目前已经具备相当规模和基础，门类比较齐全，品种大体配套的工业体系。其中，原油加工量从 1995 年的 1.81 亿吨提升到 2012 年的 4.679 亿吨，乙烯产量从 1995 年的 239 万吨增长到 2012 年的 1486.7 万吨，丙烯产量从 1995 年 205.8 万吨增长到 2012 年的 1592.9 万吨，甲醇产量也从 1995 年 147 万吨增长到 2008 年的 2640.5 万吨。

我国基本有机化学工业发展的同时，也极大地带动了下游精细化工、制药工业和合成材料等行业的飞速发展。但根据我国能源储量及结构，随着化石原料消耗的迅速增加，有机化工的产业结构正逐渐发生变革。

**2. 有机化学工业的发展趋势**

（1）原料和产品更加多样化　用同一种原料可以制造多种不同的化工产品；同一种产品可采用不同原料以及不同方法和工艺路线来生产；一个产品可以有多种用途，而不同产品可能会有相同用途。由于这些多样性，加之有机化学品分子结构的多样性，有机化学工业能够为人类提供越来越多的新物质、新材料和新能源。

有机化学工业经历了从以煤为原料，到以石油和天然气为原料，再到重新以煤为原料的发展历程。究其原因，是因为石油和天然气的逐渐枯竭，人类在寻找更为广泛的化工原料。现在，有机化学工业主要原料仍是矿物原料，比如石油、天然气和煤，但生物资源也开始融入整个化学工业，比如生物柴油的出现。当然，"原料"的概念不仅局限于自然资源，经过化学加工得到的产品，往往是其他化学加工部门的原料；工业废渣、废液、废气以及人类使用后废弃的物质和材料，排放到环境会造成巨大的危害。然而，它们经过物理和化学的再加工，可作为再生资源，成为有价值的产品和能源。未来物质生产的特点之一将是越来越完善和有效地利用这些"废料"和"垃圾"，建立可持续发展的循环经济。

（2）生产装置大型化、综合化、自动化　装置规模越大，单位容积单位时间的产出率越大。例如乙烯生产装置，在 20 世纪 50 年代中期，生产规模只有年产 5 万吨，成本很高，无法盈利；到 70 年代初扩大为年产 20 万吨，成本降低了 40%，成为能获利的设备；自 70 年代以后，工业发达国家新建的乙烯装置均在年产 30 万吨以上，2004～2008 年间有 14 套年产大于 50 万吨装置投产，最大规模为年产 132 万吨。

生产的综合化可以使资源和能源得到充分合理的利用，可以就地利用副产物和"废料"，将它们转化成有用的产品，做到没有废物排放或排放最少。综合化不仅局限于不同化工厂之间的联合体，也应该是化工厂与其他工厂联合的综合性企业。例如火力发电厂与化工厂的联合，可以利用煤的热能发电，同时又可利用生成的煤气来生产化工产品；在核电站建化工厂，可以利用反应堆的余热来使煤转变成合成气（$CO+H_2$），用于生产汽油、柴油、甲醇以及许多其他碳一化工产品。

现代化学工业是高度自动化和机械化的生产，并进一步朝着智能化发展。当今化学工业的持续发展，越来越多地依靠高新技术迅速将科研成果转化为生产力，如生物与化学工程、微电子与化学、材料与化工等不同学科的相互结合，可创造出更多优良的新物质和新材料；计算机技术的高质量发展，已经使化工生产实现了远程自动化控制，也将给化学品的合成提供强有力的智能化工具；将组合化学、计算化学与计算机相结合，可以准确地进行新分子、新材料的设计与合成，从而节省大量实验时间和人力。因此，现代化学工业需要有创造性和开拓能力的多种学科不同专业的技术专家，以及受过良好教育、熟悉生产技术的操作和管理人员。

（3）重视能量综合利用，更加环保绿色　化工生产是由原料物质经化学变化转化为产品的过程，同时伴随着能量的传递和转换，必须消耗能量。化工生产部门是能耗大户，合理用能和节能显得极为重要，许多生产过程的先进性体现在采用了低能耗工艺、设备和流程，也开发出一些节能型催化剂。例如聚氯乙烯单体的生产方法，过去氯乙烯是用乙炔与氯化氢合成，而乙炔由电石法制造，该工艺消耗大量电能，产生大量废渣，现已逐渐淘汰，由能耗和成本均较低的乙烯氧氯化法所取代。一些能够提高生产效率和具有节约能源前景的新方法、新过程的开发和应用受到高度重视，例如膜分离、膜反应、等离子体化学、生物催化、光催化和电化学合成等。

### 进度检查

**一、填空题**

1. 有机化学工业通常按产品在日常生活及工业生产中起的作用分为三大类：_____、_____、_____和_____。

2. 碳一系列产品包含_____和_____两大类。

**二、判断题（正确的在括号内画"√"，错误的画"×"）**

1. 我国化学工业开始发展时，曾提出"三烯、三苯、一炔、一萘"是发展有机化工的

基础，这八个化工产品被称作"基础有机原料"。（　　）

2. 许多生产过程的先进性体现在采用了低能耗工艺、设备和流程，开发出一些节能型催化剂。（　　）

三、简答题

1. 有机化学工业最主要产品分为哪五部分？
2. 简述有机化学工业发展的趋势。

编号 FJC-122-02

# 学习单元 5-2　乙烯生产技术

**学习目标**：完成本单元的学习之后，能够掌握乙烯的性质和用途，石油烃热裂解生产乙烯的生产原理和工艺条件、工艺流程。
**职业领域**：化工、石油、环保、医药、冶金、汽车、食品、建材等工程。
**工作范围**：分析检验。

乙烯生产技术是石油化工的核心技术，乙烯装置是石油化工的核心装置。乙烯的生产技术水平、产量、规模标志着一个国家石油化学工业的发展水平。多年来，我国乙烯工业发展很快，乙烯产量逐年上升，与国外竞争的能力不断增强，自主创新能力进一步提高，拥有一批具有自主知识产权的技术。

## 一、乙烯的性质及用途

乙烯是由两个碳原子和四个氢原子组成的化合物，两个碳原子之间以双键连接，如图 5-8 所示。乙烯是合成纤维、合成橡胶、合成塑料（聚乙烯及聚氯乙烯）、合成乙醇（酒精）的基本化工原料，也用于制造氯乙烯、苯乙烯、环氧乙烷、乙酸、乙醛和炸药等，还可用作水果和蔬菜的催熟剂，是一种已证实的植物激素。

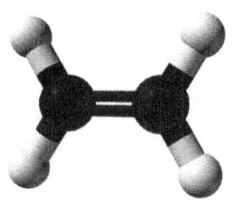

图 5-8　乙烯分子结构

乙烯是世界上产量最大的化学产品之一，乙烯工业是石油化工产业的核心，乙烯产品占石化产品的 70% 以上，在国民经济中占有重要的地位。乙烯的物理性质见表 5-1。

表 5-1　乙烯的物理性质

| 名称 | 数值 |
| --- | --- |
| 摩尔质量/g·mol$^{-1}$ | 28.05 |
| 密度/g·L$^{-1}$(15℃,气体) | 1.178 |
| 熔点/℃ | −169.2 |
| 沸点/℃ | −103.7 |
| 临界温度/K | 282.4 |
| 临界压力/MPa | 5.04 |
| 爆炸极限(空气中)/%(体积) | 2.7~36.0 |

乙烯由于具有碳碳不饱和双键，所以性质非常活泼，它可以进行多种类型的反应，从而生产出多种化工产品。乙烯可以与多种物质发生加成、氧化、烷基化、聚合、羰基合成等反应，由此可以衍生出数百种下游产品，如聚乙烯、聚氯乙烯、乙丙橡胶、氯乙酸等化学品。这些衍生化学品广泛应用于纺织、涂料、染料、医药、食品等领域，与人们的生产生活息息相关。

我国乙烯工业已有多年的发展历史，20 世纪 60 年代初我国第一套乙烯装置在兰州化工厂建成投产。多年来，我国乙烯工业发展很快，乙烯产量逐年上升，2005年时，乙烯生产能力就已达到786万吨/年，居世界第三位。随着我国"十一五"规划新建和改扩建乙烯装置的相继投产，我国乙烯产能在2010年已达1495万吨/年，成为仅次于美国的第二大乙烯生产国。

## 二、乙烯的生产方法

由于乙烯的化学性质很活泼，因此在自然界中独立存在的可能性很小。制取乙烯的方法很多，但以管式炉裂解技术最为成熟，除管式炉裂解技术外，还有催化裂解、合成气制乙烯等多种方法。

### 1. 管式炉裂解技术

反应器与加热炉融为一体，称为裂解炉。原料在辐射炉管内流过，管外通过燃料燃烧的高温火焰、产生的烟道气、炉墙辐射加热将热量经辐射管管壁传给管内物料，裂解反应在管内高温下进行，管内无催化剂，也称为石油烃热裂解。同时为降低烃分压，目前大多采用加入稀释蒸汽的方法，故也称为蒸汽裂解技术。

### 2. 催化裂解技术

催化裂解即烃类裂解反应在有催化剂存在下进行，可以降低反应温度，提高选择性和产品收率。据俄罗斯有机合成研究院对催化裂解和蒸汽裂解的技术经济比较，认为催化裂解单位乙烯和丙烯生产成本比蒸汽裂解低10％左右，单位建设费用低13％～15％，原料消耗降低10％～20％，能耗降低30％。

### 3. 合成气制乙烯（MTO）

MTO合成路线，是以天然气或煤为主要原料，先生产合成气，再由合成气转化为甲醇，然后由甲醇生产烯烃的路线，完全不依赖于石油。在石油日益短缺的21世纪有望成为生产烯烃的重要路线。2005年10月，全球首个煤制烯烃工业化装置工程，神华集团煤制油有限公司的煤制烯烃项目举行了奠基仪式。煤制烯烃包括煤气化、合成气净化、甲醇合成及甲醇制烯烃四项核心技术。

### 4. 乙醇脱水制乙烯

因甜高粱茎秆含有丰富的糖分，为制取燃料乙醇提供了得天独厚的原料。通过采用固体连续发酵、连续蒸酒生产乙醇工艺，将甜高粱茎秆经粉碎、进料、发酵、出料、蒸酒、脱水等工序，最终制得燃料乙醇。生物质生产乙烯是首先利用甜高粱生产乙醇，然后通过乙醇脱水制造乙烯，工业上采用的催化剂为$\gamma\text{-}Al_2O_3$或ZSM分子筛，反应温度为360～420℃，一般采用外加热多管式固定床反应器，乙醇可接近全部转化，乙烯收率为95％左右，从而达到节省原油的目的。

到目前为止，世界乙烯95％都是由管式炉蒸汽热裂解技术生产的，其他工艺路线由于经济性或者存在技术瓶颈等问题，至今仍处于技术开发或工业化试验的水平，没有或很少有常年运行的工业化生产装置。本单元主要介绍石油烃热裂解生产乙烯的技术。

## 三、石油烃热裂解生产乙烯

炼油装置产品主要有炼厂气（甲烷、乙烷、丙烷、丁烷）、拔头油、抽余油、石脑油、加氢尾油、常压柴油、减压柴油等。尽管其来源和种类不同,但主要成分都包括烷烃、环烷烃和芳烃,二次加工的馏分油中还含有烯烃,只是各种烃的比例有差异。烃类在高温下裂解,不仅原料发生多种反应,生成物也能继续反应,其中既有平行反应又有连串反应,包括脱氢、断链、异构化、脱氢环化、脱烷基、聚合、缩合、结焦等反应过程。因此,烃类裂解过程的化学变化是错综复杂的,生成的产物也多达数十种甚至上百种。烃类热裂解过程中的主要产物及变化关系见图 5-9。

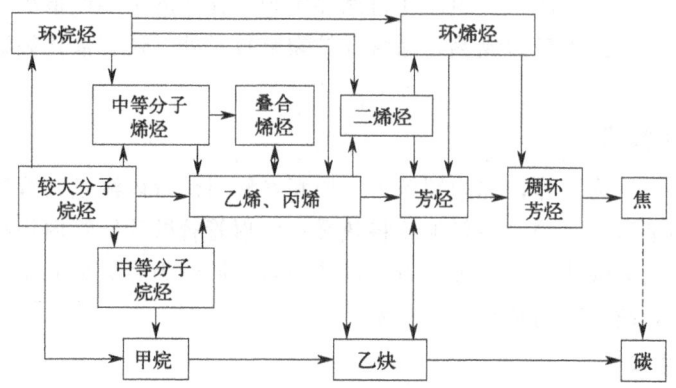

图 5-9 烃类热裂解过程中的主要产物及变化关系示意图

### 1. 生产原理

所谓一次反应是指主要生成目的产物乙烯、丙烯等低级烯烃的反应。

(1) 烷烃裂解的一次反应

① 断链反应。断链反应是 C—C 链断裂反应,反应后产物有两个,一个是烷烃,一个是烯烃,其碳原子数都比原料烷烃少。其通式为:

$$C_{m+n}H_{2(m+n)+2} \longrightarrow C_nH_{2n+2} + C_mH_{2m}$$

通常情况下 $m > n$,即产物中较大的一个分子为烯烃,较小的一个为烷烃。大分子产物会继续断链,断链的位置在对称中心或对称中心附近的 C—C 链处。

② 脱氢反应。脱氢反应是 C—H 链断裂的反应,生成的产物是碳原子数与原料烷烃相同的烯烃和氢气。其通式为:

$$C_nH_{2n+2} \rightleftharpoons C_nH_{2n} + H_2$$

断链和脱氢反应都是热效应很大的吸热反应,所以烃类裂解需要吸收大量的热,脱氢比断链反应需要吸收更多的热。

断链反应的 $\Delta G^{\ominus}$ 都是相对值较大的负值,反应为不可逆;而脱氢反应的 $\Delta G^{\ominus}$ 是较小的负值或为正值,是可逆反应,所以转化率受到平衡的限制。因此从热力学分析,对于同一正构烷烃,在相同条件下,断链反应比脱氢反应容易进行;对于不同的正构烷烃,在相同条件下,分子中碳原子数较多的比碳原子数较少的容易产生断链反应。脱氢反应若要达到较高的转化率,必须采用较高的温度。

(2) 环烷烃的断链(开环)反应 环烷烃的热稳定性比相应的直链烷烃好。环烷烃热裂解时,可以发生 C—C 链的断裂(开环)与脱氢反应,生成乙烯、丙烯、丁烯和丁二烯等烃类。

以环己烷为例,断链反应:

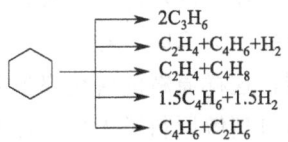

环烷烃的脱氢反应生成的是芳烃，芳烃缩合最后生成焦炭，所以不能生成低级烯烃，即不属于一次反应。

(3) 烯烃的断链反应　常减压车间的直馏馏分中一般不含烯烃，但二次加工的馏分油中可能含有烯烃。大分子烯烃在热裂解温度下能发生断链反应，生成小分子的烯烃。例如：

$$C_5H_{10} \longrightarrow C_3H_6 + C_2H_4$$

(4) 芳烃的断侧链反应　芳烃的热稳定性很高，一般情况下，芳香烃不易发生断裂，由苯裂解生成乙烯的可能性极小。但烷基芳烃可以断侧链生成低级烷烃、烯烃和苯。

原料经过一次反应后，生成氢、甲烷和一些低分子量的烯烃如乙烯、丙烯、丁二烯、异丁烯、戊烯等，氢和甲烷在裂解温度下很稳定，而烯烃则可以继续反应。所谓二次反应就是一次反应生成的烯烃继续反应并转化为炔烃、二烯烃、芳烃直至生碳或结焦的反应。烃类热裂解的二次反应比一次反应复杂。

**2. 工艺条件**

对相同裂解原料而言，裂解所得产品收率和产品分布取决于裂解过程的工艺条件。只有选择合适的工艺条件，并在生产中平稳操作，才能有效控制反应达到理想的裂解产品收率和分布。

(1) 裂解温度　从热力学分析，裂解发生的断链和脱氢反应都是吸热反应，在高温下才能进行。温度越高对生成乙烯、丙烯越有利，但对烃类分解成碳和氢的二次反应更加有利，即二次反应在热力学上占优势。从动力学角度分析，升高温度，石油烃裂解生成乙烯的反应速率和烃分解为碳和氢的反应速率都会增加，但对前者的影响更大，即提高反应温度，有利于提高一次反应对二次反应的相对速率，有利于乙烯收率的提高，所以一次反应在动力学上占优势。因此，选择一个最适宜的裂解温度，既可以发挥一次反应在动力学上的优势，又可以抑制二次反应在热力学上的优势，选择适宜温度显得至关重要。

以乙烷裂解反应为例，乙烷裂解过程各反应的平衡常数见表5-2。

$$C_2H_6 \xrightleftharpoons{K_{p1}} C_2H_4 + H_2 \qquad C_2H_6 \xrightleftharpoons{K_{p1a}} 0.5C_2H_4 + CH_4$$

$$C_2H_4 \xrightleftharpoons{K_{p2}} C_2H_2 + H_2 \qquad C_2H_2 \xrightleftharpoons{K_{p3}} 2C + H_2$$

表 5-2　乙烷裂解过程各反应的平衡常数

| $T/K$ | $K_{p1}$ | $K_{p1a}$ | $K_{p2}$ | $K_{p3}$ |
| --- | --- | --- | --- | --- |
| 1100 | 1.675 | 60.97 | 0.01495 | $6.556 \times 10^7$ |
| 1200 | 6.234 | 83.72 | 0.08053 | $8.662 \times 10^6$ |
| 1300 | 18.89 | 108.74 | 0.3350 | $1.570 \times 10^6$ |
| 1400 | 48.86 | 136.24 | 1.134 | $3.646 \times 10^5$ |
| 1500 | 111.98 | 165.87 | 3.248 | $1.032 \times 10^5$ |

一般当温度低于750℃时，生成乙烯的可能性较小，或者说乙烯收率很低；在750℃以

上生成乙烯可能性增大,温度越高,反应的可能性越大,乙烯的收率越高。但当反应温度太高,特别是超过900℃时,甚至达到1100℃时,对结焦和生碳反应极为有利,同时生成的乙烯又会经历乙炔中间阶段而生成碳,这样原料的转化率虽有增加,产品的收率却大大降低。

(2) 停留时间　停留时间是指自裂解原料进入裂解辐射管到离开裂解辐射管所经过的时间,即反应原料在反应管中停留的时间。如果裂解原料在反应区停留时间太短,大部分原料还来不及反应就离开了反应区,原料的转化率很低,这样就增加了后续未反应原料分离、回收的能量消耗;反之,原料在反应区停留时间过长,对促进一次反应是有利的,故转化率较高,但二次反应也有时间充分进行,反而降低了乙烯收率。同时由于二次反应的进行,生成更多的焦和碳,缩短了裂解炉管的运转周期,既浪费了原料,又影响正常的生产进行。所以选择合适的停留时间,既可使一次反应充分进行,又能有效地抑制并减少二次反应。

停留时间的选择主要取决于裂解温度。停留时间在适宜的范围内,发生一次反应生成的乙烯较多,而发生二次反应损失的乙烯较少,这样就有一个最高的乙烯收率称为峰值收率。如图5-10所示,不同的裂解温度,所对应的峰值收率不同。温度越高,乙烯的峰值收率越高,相对应的适宜停留时间越短,这是因为二次反应主要发生在转化率较高的裂解后期,如控制很短的停留时间,一次反应产物还没来得及发生二次反应就迅速离开了反应区,从而提高了乙烯的收率。

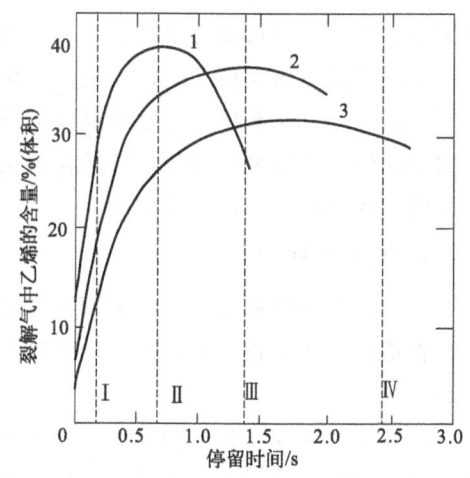

图5-10　温度和停留时间对乙烷裂解反应影响
1—843℃；2—816℃；3—782℃

(3) 裂解反应的压力　高温条件下,断链反应的平衡常数很大,几乎接近全部转化,因此改变压力对断链反应的平衡转化率影响不大。对于脱氢反应,它是一个可逆过程,降低压力有利于提高转化率,而不利于平衡二次反应中的聚合、脱氢缩合、结焦等反应。因此从热力学分析可知,降低反应压力对一次反应有利,而对二次反应不利。另外,降低压力可增大一次反应对二次反应的相对速率。故无论从热力学还是动力学分析,降低裂解压力对一次反应有利,并可抑制二次反应,从而减轻结焦的程度。

(4) 稀释剂的降压作用　在裂解过程中不能采用抽真空减压操作,这是由于裂解在高温下进行,当某些管件连接不严密时,有可能漏入空气,不仅会使裂解原料和产物部分氧化而造成损失,更严重的是空气与裂解气能形成爆炸性混合物而导致爆炸。另外,如果在此处采用减压操作,会导致后续分离部分的裂解气压缩操作增加负荷,即增加了能耗。工业上常用的办法是在裂解原料气中添加稀释剂以降低烃分压,而不是降低系统总压。稀释剂可以是惰性气体(例如氮)或水蒸气。工业上通常用水蒸气作为稀释剂。

综上所述,石油烃热裂解的操作条件宜采用高温、短停留时间、低烃分压。产生的裂解气要迅速离开反应区,因为裂解炉出口的高温裂解气在出口温度条件下将继续进行裂解反应,使二次反应增加,乙烯损失随之增加,故需将裂解炉出口的高温裂解气加以急冷,当温度降到650℃以下时,裂解反应基本终止。

### 3. 裂解工艺流程

裂解工艺流程包括原料供给和预热系统、裂解和高压蒸汽系统、急冷油和燃料油系统、急冷水和稀释蒸汽系统。图 5-11 是轻柴油裂解工艺流程。

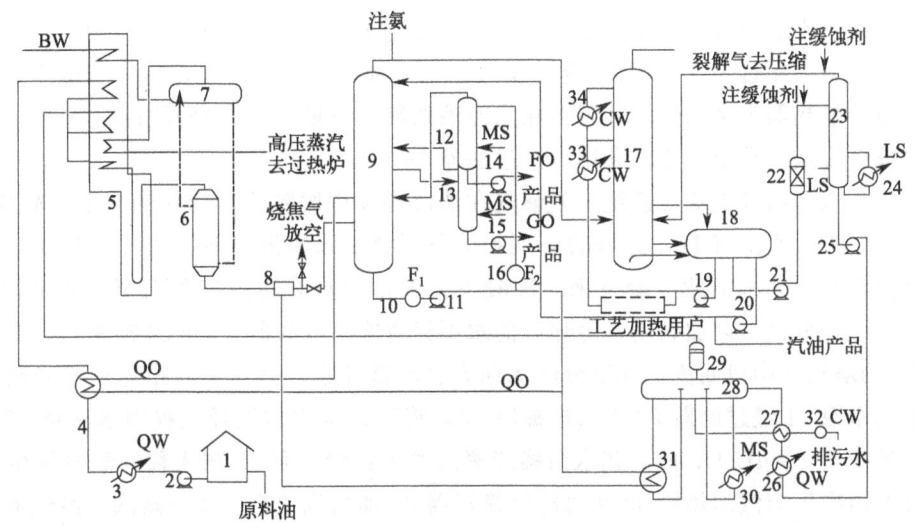

图 5-11　热裂解法生产乙烯的工艺流程

1—原料油贮罐；2—原料油泵；3、4—原料油预热器；5—裂解炉；6—急冷换热器；7—高压汽包；
8—油急冷器；9—油洗塔；10—急冷油过滤器；11—急冷油循环泵；12—燃料油汽提塔；13—裂解轻柴油汽提塔；
14—燃料油输送泵；15—裂解轻柴油输送泵；16—燃料油过滤器；17—水洗塔；18—油水分离器；
19—急冷水循环泵；20—汽油回流泵；21—工艺水泵；22—工艺水过滤器；23—工艺水汽提塔；24—再沸器；
25—稀释蒸汽发生器给水泵；26、27—预热器；28—稀释蒸汽发生器汽包；29—气液分离器；30—中压蒸汽加热器；
31—急冷油换热器；32—排污水冷却器；33、34—急冷水冷却器
QW—急冷水；CW—冷却水；MS—中压水蒸气；LS—低压水蒸气；
QO—急冷油；BW—锅炉给水；GO—轻柴油；FO—燃料油

（1）原料油供给和预热系统　原料油从贮罐 1 经预热器 3 和 4 与过热的急冷水和急冷油热交换后进入裂解炉的预热段。原料油供给必须保持连续、稳定，否则直接影响裂解操作的稳定性，甚至有损毁炉管的危险。因此原料油泵须有备用泵及自动切换装置。

（2）裂解和高压蒸汽系统　预热过的原料油进入对流段初步预热后与稀释蒸汽混合，再进入裂解炉的第二预热段预热到一定温度，然后进入裂解炉 5 辐射段进行裂解。炉管出口的高温裂解气迅速进入急冷换热器 6 中，使裂解反应很快终止。

急冷换热器的给水先在对流段预热并局部汽化后送入高压汽包 7，靠自然对流流入急冷换热器 6 中，产生 11MPa 的高压蒸汽，从汽包送出的高压蒸汽进入裂解炉预热段过热，过热至 470℃ 后供压缩机的蒸汽透平使用。

（3）急冷油和燃料油系统　从急冷换热器 6 出来的裂解气再去油急冷器 8 中，用急冷油直接喷淋冷却，然后与急冷油一起进入油洗塔 9，塔顶出来的气体为氢、气态烃和裂解汽油以及稀释蒸汽和酸性气体。

裂解轻柴油从油洗塔 9 的侧线采出，经汽提塔 13 汽提其中的轻组分后，作为裂解轻柴油产品。裂解轻柴油含有大量的烷基萘，是制萘的好原料，常称为制萘馏分。塔釜采出重质

燃料油。自油洗塔塔釜采出的重质燃料油，一部分经汽提塔 12 汽提出其中的轻组分后，作为重质燃料油产品送出，大部分则作为循环急冷油使用。循环急冷油分两股进行冷却，一股用来预热原料轻柴油之后，返回油洗塔作为塔的中段回流，另一股用来发生低压稀释蒸汽，急冷油本身被冷却后循环送至急冷器作为急冷介质，对裂解气进行冷却。

急冷油系统常会出现结焦堵塞而危及装置的稳定运转。结焦产生原因有两个：一是急冷油与裂解气接触后超过 300℃ 时不稳定，会逐步缩聚成易于结焦的聚合物；二是不可避免由裂解管、急冷换热器带来的焦粒。因此在急冷油系统内设置 6mm 滤网的过滤器 10，并在急冷器油喷嘴前设较大孔径的滤网和燃料油过滤器 16。

(4) 急冷水和稀释水蒸气系统　裂解气在油洗塔 9 中脱除重质燃料油和裂解轻柴油后，由塔顶采出，进入水洗塔 17，此塔的塔顶和中段用急冷水喷淋，使裂解气冷却，其中一部分的稀释蒸汽和裂解汽油就冷凝下来。冷凝下来的油水混合物由塔釜引至油水分离器 18，分离出的水一部分供工艺加热用，冷却后的水再经急冷水冷却器 33 和 34 冷却后，分别作为水洗塔 17 的塔顶和中段回流，此部分的水称为急冷循环水。另一部分相当于稀释蒸汽的水量，由工艺水泵 21 经过滤器 22 送入汽提塔 23，将工艺水中的轻烃汽提回水洗塔 17，保证塔釜中含油少于 $100\mu L/L$。此工艺水由稀释蒸汽发生器给水泵 25 送入稀释蒸汽发生器汽包 28，再分别由中压蒸汽加热器 30 和急冷油换热器 31 加热汽化产生稀释蒸汽，经气液分离器 29 分离后再送入裂解炉。这种稀释蒸汽循环使用系统，节约了新鲜的锅炉给水，也减少了污水的排放量。

油水分离器 18 分离出的汽油，一部分由泵 20 送至油洗塔 9 作为塔顶回流循环使用，另一部分从裂解中分离出的裂解汽油作为产品送出。

脱除绝大部分蒸汽和裂解汽油的裂解气，温度约为 40℃，送至裂解气压缩系统。

**4. 裂解气分离流程组织**

(1) 裂解气的组成　烃类经过裂解制得的裂解气，其组成与裂解原料、裂解条件、裂解深度、裂解炉的类型等条件有关，是复杂的气体混合物。其中既有目的产物等有用组分，也有一些无用或有害杂质。表 5-3 列举了几种不同原料的裂解气组成。通过裂解气的净化分离，达到去除有害杂质、分离出高浓度单一烯烃产品、为基本有机化工和高分子化工提供原料的目的。

表 5-3　不同原料裂解产物组成　　　　　　　　　　　　　　单位：%

| 组分 | 原料来源 | | |
|---|---|---|---|
| | 乙烷裂解 | 石脑油裂解 | 轻柴油裂解 |
| $H_2$ | 34.0 | 14.09 | 13.18 |
| $CO+CO_2+H_2S$ | 0.19 | 0.32 | 0.27 |
| $CH_4$ | 4.39 | 26.78 | 21.24 |
| $C_2H_2$ | 0.19 | 0.41 | 0.37 |
| $C_2H_4$ | 31.51 | 26.10 | 29.34 |
| $C_2H_6$ | 24.35 | 5.78 | 7.58 |
| $C_3H_4$ | | 0.48 | 0.54 |

续表

| 组分 | 原料来源 | | |
|---|---|---|---|
| | 乙烷裂解 | 石脑油裂解 | 轻柴油裂解 |
| $C_3H_6$ | 0.76 | 10.30 | 11.42 |
| $C_3H_8$ | | 0.34 | 0.36 |
| $C_4$ | 0.18 | 4.85 | 5.21 |
| $C_5$ | 0.09 | 1.04 | 0.51 |
| $\geqslant C_6$ | | 4.53 | 4.58 |
| $H_2O$ | 4.36 | 4.98 | 5.40 |

(2) 裂解气的净化分离　工业上采用的裂解气分离方法主要有油吸收法和深冷分离法。

油吸收法又叫油吸收精馏法，它是根据裂解气中各组分在某种吸收剂中的溶解度差异，将裂解气中除氢气和甲烷以外的烃类吸收，然后用精馏的方法将各组分进行分离。由于油吸收法的能耗高、烯烃损失大等缺点，在 20 世纪 60 年代后几乎全部被深冷分离法取代。

深冷分离利用裂解气中各组分沸点相差较大，各组分相对挥发度不同，在不同温度下用精馏法进行分离。在一定的压力下，碳三以上的馏分可在常温下分离，碳二馏分则需在 $-30 \sim -40℃$ 条件下进行分离。而用精馏方法将裂解气中甲烷和氢气分离出来，则需在更低的温度下进行分离。这种采用低温分离裂解气中甲烷和氢气的方法称为深冷分离法。深冷分离法能耗低、操作稳定，不仅能得到高质量的烯烃产品，还可获得高纯度的氢气和甲烷。因此，当今管式炉裂解的乙烯厂，几乎都采用深冷分离法进行裂解气的分离和精制。

急冷后的裂解气温度仍在 $200 \sim 300℃$，并且是含有从氢到裂解燃料油的复杂混合物。因此，首先须通过预分馏使其冷却至常温，并分出重组分；然后进行压缩和净化，以除去酸性气体和水等杂质，并达到分离所需的压力；最后通过深冷精馏分离才能得到所需要的合格产品。

预分馏出来的裂解气是含有酸性气体和水等杂质的烃类混合物。为了得到合格的目的产品，必须对其进行净化和精馏分离。不同的精馏分离方案和净化方案组成不同的裂解气分离流程。

在裂解气分离过程中，要通过催化加氢的方法脱除炔烃。根据脱除炔烃位置的不同，有前加氢和后加氢之分。在裂解气分离氢气之前，利用裂解气中所含氢气对炔烃进行加氢，称为前加氢，这种方式无须外给氢气，但是由于参加反应的组分复杂，且没有理想的催化剂，限制了这种工艺的工业化应用。后加氢是对分离出的碳二馏分和碳三馏分分别加氢脱除其炔烃，所需氢气是由裂解气分离出的氢气供给，可以严格控制氢气加入量，获得理想的反应条件，提高乙烯的收率，因此国内外工业生产大多采用后加氢工艺。

顺序分离流程一般采用后加氢方案，而前脱乙烷和前脱丙烷则既有前加氢方案又有后加氢方案。

**5. 裂解气的精馏分离**

(1) 脱甲烷　脱除裂解气中的氢和甲烷，是裂解气分离过程中投资最大、能耗最多的环节。该系统所需冷负荷占全装置冷负荷的一半以上。

根据脱甲烷压力的高低，分为高压脱甲烷、中压脱甲烷和低压脱甲烷。目前，以采用前脱氢高压脱甲烷最为广泛。

（2）脱乙烷、乙炔加氢和乙烯精馏　对于脱乙烷来讲，在顺序分离流程中，裂解气经脱甲烷系统脱除氢气和甲烷等轻组分后，脱甲烷塔塔釜得到碳二和碳二以上的馏分，送入脱乙烷塔。由脱乙烷塔塔顶切割出碳二馏分，进一步精馏得到乙烯产品。塔釜则为碳三和碳三以上组分，需送至脱丙烷塔进一步分离。

对乙烯精馏来讲，无论哪种分离流程，乙烯精馏塔进料均以碳二馏分为主，通过乙烯精馏得到合格的乙烯产品和乙烷。

（3）脱丙烷、脱丁烷和丙烯精馏　就脱丙烷系统而言，在顺序分离流程和前脱乙烷分离流程中，脱乙烷塔塔釜液为碳三和碳三以上馏分，其中碳三以下组分基本脱除。脱乙烷塔塔釜液送入脱丙烷系统，塔顶分离出丙烷和丙烯，需要进一步进行丙烯精馏得到丙烯；塔釜为碳四和碳四以上馏分。

裂解气分离是乙烯装置的重要组成部分，其投资和能耗在乙烯装置中占很大比例。因此，乙烯工作者仍不断研究新型分离技术、优化分离流程，以达到节省投资、降低能耗、提高烯烃收率的目的。

## 进度检查

**一、填空题**

1. 乙烯是＿＿＿＿＿＿、＿＿＿＿＿＿、＿＿＿＿＿＿、＿＿＿＿＿＿的基本化工原料。
2. 乙烯的生产方法主要有＿＿＿＿＿＿、＿＿＿＿＿＿、＿＿＿＿＿＿、＿＿＿＿＿＿。
3. 烷基芳烃可以断侧链生成＿＿＿＿＿＿、＿＿＿＿＿＿、＿＿＿＿＿＿。

**二、判断题（正确的在括号内画"√"，错误的画"×"）**

1. 乙烯中两个碳原子之间以双键连接。　　　　　　　　　　　　　　（　　）
2. 乙烯的化学性质不活泼。　　　　　　　　　　　　　　　　　　　（　　）
3. 环烷烃的脱氢反应生成的是芳烃，芳烃缩合最后生成低级烯烃。　　（　　）

**三、简答题**

1. 乙烯主要可以发生哪些反应？
2. 简述烃类的热裂解反应的大致规律。

编号 FJC-122-03

# 学习单元 5-3  甲醇生产技术

**学习目标：** 完成本单元的学习之后，能够掌握甲醇的性质和用途，合成气生产甲醇的反应原理、工艺条件和工艺流程。
**职业领域：** 化工、石油、环保、医药、冶金、汽车、食品、建材等工程。
**工作范围：** 分析检验。

早在 2005 年，我国的"十一五"规划纲要中提出要节能减排。2020 年 9 月，我国首次明确提出碳达峰和碳中和的目标。我国向全世界宣布，将采取更加有力的政策和措施，承诺力争于 2030 年前碳排放达到峰值，2030 年单位国内生产总值二氧化碳排放将比 2005 年下降 60%～65%，2060 年前实现碳中和的宏远目标。碳中和和碳达峰本质上都是为减少碳排放量所设定的目标。甲醇是一种优良燃料，利用工业甲醇或燃料甲醇，加变性醇添加剂，与现有国标汽柴油（或组分油）按一定体积（或质量比）经严格科学工艺调配制成的一种新型清洁燃料，可替代汽、柴油，使用这种燃料的汽车发动机无须改装，燃料辛烷值高，造成空气污染远比柴油、汽油要小，对节能减排有重要意义。

## 一、甲醇的性质及用途

甲醇（Methanol）又称"木醇"，CAS No. 67-56-1，分子式为 $CH_3OH$，分子结构图见图 5-12，相对分子量为 32.04。它是无色、有酒精气味、易挥发的液体，有毒，饮用 5～10mL 能致双目失明，大量饮用会导致死亡。甲醇用于制造甲醛和农药等，并用作有机物的萃取剂和乙醇的变性剂等。通常由一氧化碳与氢气反应制得。甲醇的物理性质见表 5-4。

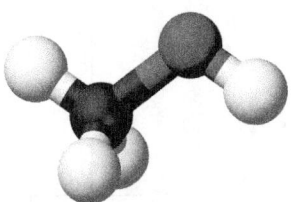

图 5-12  甲醇分子结构

表 5-4  甲醇的物理性质

| 名称 | 物理性质 |
| --- | --- |
| 熔点/℃ | -97 |
| 沸点(101.3kPa)/℃ | 64.7 |
| 密度(293.15K)/g/mL | 0.7918 |
| 黏度(293.15K)/(mPa·s) | 0.59 |
| 临界温度/K | 513 |
| 临界压力/MPa | 8.1 |
| 蒸发热(沸点时)/kJ/mol | 37 |
| 比热容(液体,298.15K)/[J/(mol·K)] | 79.5 |
| 比热容(气体,298.15K)/[J/(mol·K)] | 44.06 |
| 闪点/℃ | 11 |
| 自燃点/℃ | 385 |
| 爆炸极限(空气中)/% | 6.0～36.5 |

模块 5  有机化工产品生产技术

甲醇是一种重要的有机化工原料，主要用于生产甲醛，消耗量占到甲醇总产量的一半。甲醛是生产各种合成树脂必不可少的原料。用甲醇作甲基化试剂可生产丙烯酸甲酯、对苯二甲酸二甲酯、甲胺、甲基苯胺、甲烷氯化物等；甲醇羰基化可生产乙酸、乙酸酐、甲酸甲酯等重要有机合成中间体，它们是制造各种染料、药品、农药、炸药、香料、喷漆的原料，目前用甲醇合成乙二醇、乙醛、乙醇也日益受到重视。甲醇产品及其下游产品见图 5-13。

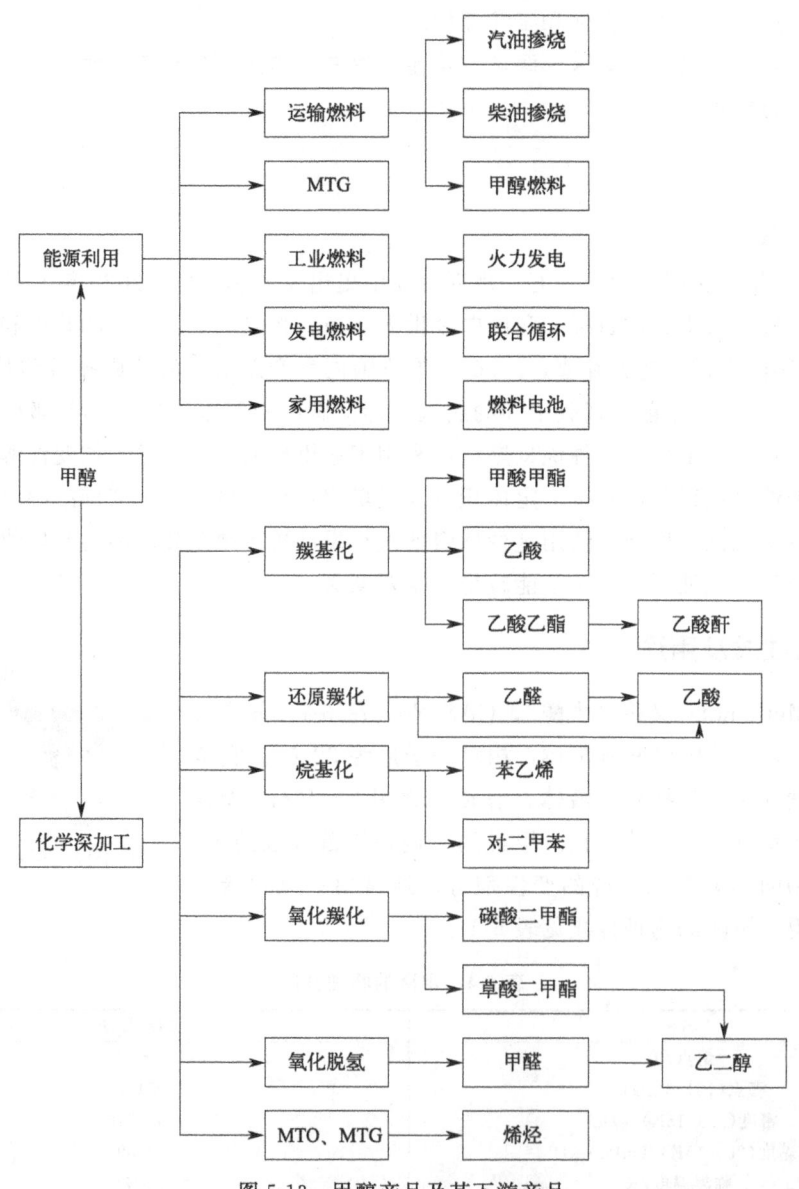

图 5-13　甲醇产品及其下游产品

甲醇是一种优良燃料。在汽车燃油中可直接添加 3%～5%的甲醇，目前直接将甲醇作为燃料已引起世界各国的重视，它已被某些发电站用作燃料。1987 年，我国在北京顺义也建成投产了第一座年产万吨的甲醇汽油厂，甲醇汽油由 50%的汽油、40%的甲醇和 10%的添加剂组成。前些年我国汽车用"高比例甲醇汽油"的研制和应用也取得了成果，并通过鉴定。使用这种燃料的汽车，发动机无需改装，燃料辛烷值高，空气污染远比使用柴油、汽油作燃料要小。该项科技成果对缓解我国燃油短缺，促进煤炭深加工和环境保护有重要意义。在宇宙航空中，甲醇也能作火箭燃料。

## 二、甲醇的生产方法

1661 年，罗伯特·波义耳通过蒸馏黄杨木首次获得了纯甲醇，此种方法在相当长一段时间内成为人们获取甲醇的重要方法。随着化学工业的发展，出现了多种甲醇的制备方法。氯甲烷水解可以得到甲醇，但成本高昂并没有实现工业化生产。甲烷可直接部分氧化成为甲醇，这种反应深度极难控制，容易深度氧化得到碳的氧化物和水，因此这种方法也未得到推广，但人们仍在对其进行研究。如今合成甲醇主要采用合成气化学合成法，以固体（如煤、焦炭）、液体（如原油、重油、轻油）或气体（如天然气及其他可燃性气体）作为原料，经造气或者转化、净化（脱硫）变换，脱除二氧化碳，制备成一定碳氢比的合成气，在不同的催化剂作用下，选用不同的工艺条件单产甲醇（分高压、中压和低压法）。另外，还可以与合成氨联产甲醇（联醇法），将合成后的粗甲醇，经精馏得到高纯度的成品甲醇。

### 1. 合成气化学合成法

合成气的主要有效成分为 CO、$CO_2$ 和 $H_2$，另外含有少量 $N_2$、$CH_4$、Ar 及其他微量气体。主反应如下：

$$CO(g)+2H_2(g) \rightleftharpoons CH_3OH(g) \quad \Delta_r H_m^{\ominus}(298K)=-90.8 \text{kJ/mol}$$

$$CO_2(g)+3H_2(g) \rightleftharpoons CH_3OH(g)+H_2O(g) \quad \Delta_r H_m^{\ominus}(298K)=-58.6 \text{kJ/mol}$$

这两个反应都是可逆的放热反应。

合成气化学合成法技术成熟，经历了五十多年的发展。按合成压力的不同，分为高压法、中压法和低压法，见表 5-5。

表 5-5 甲醇合成催化剂组成及适用条件

| 方法 | 催化剂 | 压力/MPa | 温度/℃ |
| --- | --- | --- | --- |
| 高压法 | ZnO-$Cr_2O_3$ 二元催化剂 | 25～35 | 300～400 |
| 低压法 | CuO-ZnO-$Cr_2O_3$ 或 CuO-ZnO-$Al_2O_3$ 三元催化剂 | 5～10 | 220～270 |
| 中压法 | CuO-ZnO-$Al_2O_3$ 三元催化剂 | 10～15 | 220～270 |

### 2. 甲烷部分氧化法

甲烷部分氧化法主反应如下：

$$2CH_4(g)+O_2(g) \rightleftharpoons 2CO(g)+4H_2(g)$$

$$CO(g)+2H_2(g) \rightleftharpoons CH_3OH(g)$$

$$CO_2(g)+3H_2(g) \rightleftharpoons CH_3OH(g)+H_2O(g)$$

通过合成气化学合成甲醇虽然技术成熟，但是合成气的生产过程复杂、能耗较高，一次性投资也比较大，所以如果甲烷能够直接转为甲醇就可以极大地精简流程，国内外学者对其也极为关注。

## 三、天然气制合成气

天然气的主要成分为甲烷（一般体积分数＞90%），其他为少量的乙烷、丙烷等气态烷烃和少量的硫化物。其他甲烷含量较高的工业气体，如炼厂气、焦炉气和煤层气等也可通过转化工艺制取合成气。目前，工业上主要有蒸气转化法和部分氧化法两种天然气转化方法。蒸气转化法是技术较为成熟、应用最广泛的合成气生产方法，以下介绍该种方法。

### 1. 生产原理

蒸气转化法是在以镍为活性组分的催化剂作用下，在高温环境中，使甲烷和水蒸气反应，生成主要成分为 $H_2$、$CO$ 的混合气体，主反应为：

$$CH_4 + H_2O \rightleftharpoons CO + 3H_2 \quad \Delta_r H_m^{\ominus}(298K) = 206 \text{kJ/mol} \quad (1)$$

$$CO + H_2O \rightleftharpoons CO_2 + H_2 \quad \Delta_r H_m^{\ominus}(298K) = -41.19 \text{kJ/mol} \quad (2)$$

可能发生以下副反应，主要是析碳反应：

$$CH_4 \rightleftharpoons C + 2H_2 \quad (3)$$

$$2CO \rightleftharpoons C + CO_2 \quad (4)$$

$$CO + H_2 \rightleftharpoons C + H_2O \quad (5)$$

### 2. 工艺条件

在催化剂存在的情况下，甲烷蒸气转化才有足够的反应速率。倘若操作不当，导致析碳反应严重，生成的炭会附着在催化剂的内外表面，导致催化剂活性降低，反应速率下降。析碳进一步严重时，床层阻力会上升，能耗会增加，催化剂内表面的炭遇到水蒸气会剧烈气化，导致催化剂碎裂和粉化，引起床层堵塞，迫使停工，造成严重的经济损失。因此，对于甲烷的蒸气转化过程要特别注意防止析碳。析碳反应（3）、（4）、（5）的平衡常数见表 5-6 和表 5-7。

表 5-6 析碳反应（3）、（4）的平衡常数

| 温度/℃ | $K_{p3}$ | $K_{p4}$ | 温度/℃ | $K_{p3}$ | $K_{p4}$ |
|---|---|---|---|---|---|
| 327 | 0.01 | $5.35 \times 10^5$ | 827 | 27.20 | 0.082 |
| 427 | 0.1116 | $3.74 \times 10^3$ | 927 | 62.10 | 0.0175 |
| 527 | 0.7087 | $9.108 \times 10^1$ | 1027 | 126.1 | 0.0048 |
| 627 | 3.077 | 5.193 | 1127 | 231.1 | 0.0016 |
| 727 | 10.17 | 0.5264 | | | |

表 5-7 析碳反应（5）的平衡常数

| 温度/℃ | 600 | 800 | 1000 | 1200 | 1400 |
|---|---|---|---|---|---|
| $K_{p5}$ | 0.01 | $5.35 \times 10^5$ | 827 | 27.20 | 0.082 |

由表 5-6 可知，高温有利于甲烷裂解析碳，但不利于一氧化碳歧化析碳。在高温下不利于还原析碳，却有利于炭被水蒸气所气化，即向反应式的逆向进行，温度越高、水蒸气比例越大，则越有利于消碳；如果气相中 $H_2$、$CO_2$ 分压很大，均有利于抑制析碳。

影响甲烷水蒸气转化反应平衡的主要因素有温度、水碳比和压力。

（1）温度的影响 甲烷和水蒸气反应生成 $CO$ 和 $H_2$ 是吸热的可逆反应，高温对平衡有利，即 $H_2$ 及 $CO$ 的平衡产率高，$CH_4$ 平衡含量低。一般情况下，温度提高 10℃，甲烷的平衡含量可降低 1.0%～1.3%。高温也会抑制 CO 气化和还原析碳的副反应。但是，温度过高，会有利于甲烷裂解，当高于 700℃时，甲烷均相裂解速率很快，会大量析碳，并沉积在催化剂和器壁上。

从热力学角度看，高温下甲烷平衡浓度低；从动力学角度看，高温使反应速率加快，所

以出口残余甲烷含量很低。因加压对平衡的不利影响,更要提高温度来弥补。在 3MPa 的压力下,为使残余甲烷含量降低到 0.3%(干基),必须使温度达到 1000℃。但是,在此温度下,反应管的材质难以承受。以耐高温的 HK-40 合金钢为例,在 3MPa 压力下,要使反应炉管寿命达到 10 年,管壁温度不得超过 920℃,其管内介质温度相应为 800~820℃。因此,为满足残余甲烷在 10%(干基)左右,第二段转化反应器为大直径的钢制圆筒,内衬耐火材料,可耐 1000℃ 以上高温。对于此结构的反应器,不能再用外加热方法供热。温度在 800℃ 左右的一段转化气绝热进入二段炉,同时补入氧气,氧与转化气中甲烷燃烧放热,温度升至 1000℃,转化反应继续进行,使二段出口甲烷降至 0.3%。补入空气则有氮气带入,这对于合成氨是必要的,但对合成甲醇或其他产品则不应有氮。

(2) 水碳比的影响　水碳比是诸多操作条件中最容易调节的,又对一段转化过程影响较大。水碳比高,有利于防止积炭,残余甲烷含量也低。在 800℃、2MPa 条件下,水碳比由 3 提高到 4 时,甲烷平衡含量由 8% 降至 5%,可见水碳比对甲烷平衡含量影响是很大的。同时,高水碳比也有利于抑制析碳副反应。当原料气中无不饱和烃时,水碳比若小于 2,温度到 400℃ 时会析碳;而当水碳比大于 2 时,温度要高达 1000℃ 才会析碳;但若有较多不饱和烃存在时,即使水碳比大于 2,但温度≥400℃ 时就会析碳。为了防止积炭,操作中一般控制水碳比在 3.5 左右。近年来,为了节能,要降低水碳比,防止积炭可采取的措施有三个,其一是研制、开发新型的高活性、高抗碳性的低水碳比催化剂;其二是开发新的耐高温炉管材料,提高一段炉出口温度;其三是提高进二段炉的空气量,可以保证降低水碳比后,一段出口气中较高残余甲烷能在二段炉中耗尽。目前,水碳比已可降至 3.0,最低者可降至 2.75。

(3) 压力的影响　甲烷蒸气转化反应是体积增大的反应,从热力学特征看,低压有利于转化反应。当温度 800℃、水碳比为 4,压力由 2MPa 降低到 1MPa 时,甲烷平衡含量由 5% 降至 2.5%。从动力学看,在反应初期,增加系统压力,相当于增加反应物分压,反应速率加快。但到反应后期,反应接近平衡,产物浓度高,加压反而会降低反应速率,所以从化学角度看,压力不宜过高。另外,从工程角度考虑,适当提高压力对传热有利,因为甲烷转化过程需要外部供热,给热系数大有利于强化传热。提高压力,即提高了介质密度,是提高雷诺数 $Re$ 的有效措施。为了增大传热面积,采用多管并联的反应器,这就带来了如何将气体均匀分布的问题,提高系统压力可增大床层压降,使气流均匀分布于各反应管。虽然提高压力会增加能耗,但若合成气是作为压力较高的合成过程的原料时,在制造合成气时将压力提高到一定水平,就能降低后续工段的气体压缩功,使全厂总能耗降低。加压还可以减小设备、管道的体积,提高设备生产强度,占地面积也小。综上所述,甲烷水蒸气转化过程一般是加压的,压力大约为 3MPa。

(4) 气流速度　反应炉管内气体流速高有利于传热,降低炉管外壁温度,延长炉管寿命。当催化剂活性足够时,高流速也能强化生产,提高生产能力。但流速不宜过快,否则床层阻力过大、能耗增加。

总之,从反应平衡考虑,甲烷水蒸气转化过程应该用适当的高温、稍低的压力和高水碳比。

### 3. 工艺流程

在现代大型化工企业里,常采用连续生产的管式炉转化工艺,对流段预热到 380~

400℃，经钴钼加氢和氧化锌脱硫后，按水碳比为 1.8 的比例，天然气与一定压力的工业蒸汽混合。混合气先在对流段加热升温后再进预转化炉，预转化炉中为吸热反应，降温后再进入对流段升至 500～650℃，进入一段蒸气转化炉辐射段，流经转化催化剂进行转化反应。一段炉的热量是由顶部（顶烧炉）或反应管两侧（侧烧炉）烧嘴喷入天然气燃烧供给的。

氧气加压，配入一定量的蒸气，与一段转化气汇合进入二段炉燃烧区燃烧后，进入二段炉催化剂床层。转化气经废热锅炉回收热量后，送去合成工序。在进入合成工序的压缩机前，必须将合成气冷却，冷凝出水分，防止压缩机液击。由于天然气蒸气转化法制的合成气中，氢过量而一氧化碳与二氧化碳量不足，工业上解决这个问题的一种方法是采用添加二氧化碳的蒸气转化法，以达到合适的配比，二氧化碳可以外部供应，也可以从转化炉烟道气中回收。另一种方法是以天然气为原料的二段转化法，即在第一段转化中进行天然气的蒸气转化，只有 35%～45% 的甲烷进行反应，第二段进行天然气的部分氧化和催化转化，不仅所得合成气配比合适，而且由于第二段反应温度提高到 800℃ 以上，残留的甲烷量减少，增加了合成甲醇的有效气体组分。天然气进入蒸气转化炉前需进行净化处理，清除有害杂质，要求净化后气体含硫量小于 $0.1mL/m^3$。转化后的气体经压缩去合成工段合成甲醇。天然气制合成气合成甲醇流程示意图见图 5-14。

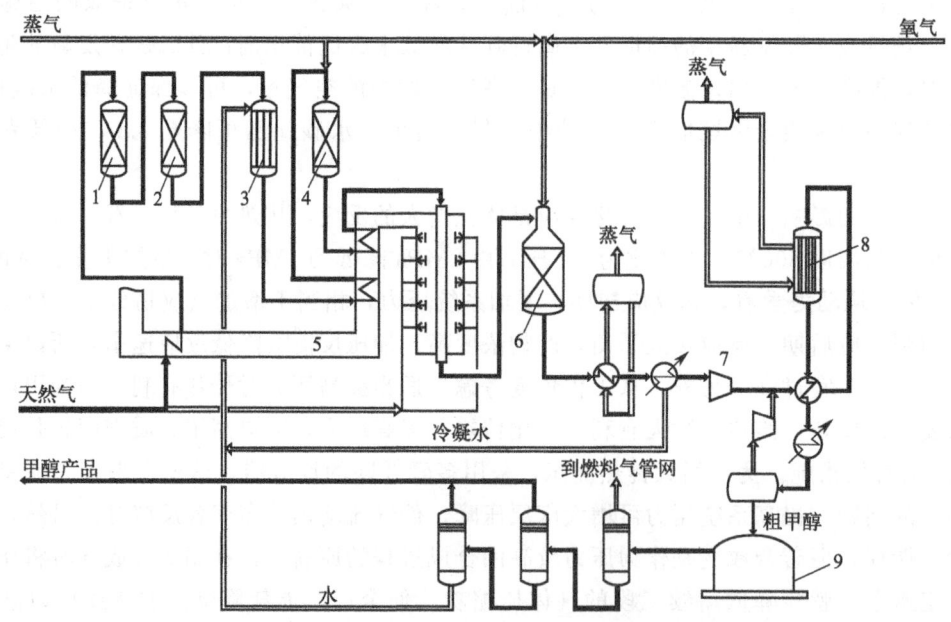

图 5-14　天然气制合成气合成甲醇流程示意图
1—加氢反应器；2—脱硫罐；3—饱和塔；4—预转化塔；5—蒸气转化炉；
6—二段转化炉；7—新鲜气压缩机；8—甲醇合成塔；9—粗甲醇储槽

## 四、合成气合成甲醇

### 1. 基本原理

合成甲醇的主反应如下，均为可逆放热反应。

$$CO+2H_2 \rightleftharpoons CH_3OH(g) \quad \Delta_r H_m^\ominus(298K)=-90.8kJ/mol$$

$$CO_2 + 3H_2 \rightleftharpoons CH_3OH(g) + H_2O(g) \quad \Delta_r H_m^{\ominus}(298K) = -58.6 \text{kJ/mol}$$

值得注意的是，甲醇合成反应的反应热随压力和温度变化而变化。它们之间的关系如图 5-15 所示。从图中可以看出，当温度降低，压力越高时，反应热越大。当反应温度低于 200℃时，反应热随压力变化的幅度比高温时（大于 300℃）更大，所以合成甲醇温度低于 300℃时，要严格控制压力和温度的变化，以免造成温度的失控。从图中还可以看出，当压力为 20MPa，反应温度在 300℃以上，此时的反应热变化最小，易于控制。所以合成甲醇的反应若采用高压，则同时采用高温，反之采用低温、低压操作。由于低温下反应速率不高，故需要高活性的催化剂，而低温高活性的铜基催化剂的出现，使得低压合成甲醇法逐渐取代了高压合成甲醇法。

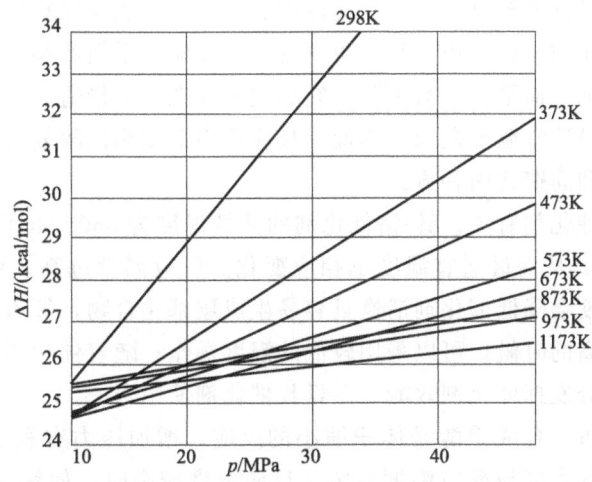

图 5-15　合成甲醇反应热效应与温度与压力的关系（1kcal＝4.186kJ）

## 2. 催化剂

目前工业生产上采用的催化剂大致可分为锌-铬系和铜-锌系两大类。不同类型的催化剂其性能不同，要求的反应条件也不同。

锌-铬系催化剂是高压法合成甲醇使用的催化剂，该催化剂活性低，故需要较高的反应温度，由于高温下受平衡转化率的限制，必须提高合成压力才能满足工艺要求。该种催化剂还有机械强度高、耐热性能好和使用寿命长的特点，但由于低压法的出现，该种催化剂已比较少见。

铜-锌系（铜基）催化剂是低压法使用的催化剂，活性组分是 Cu 和 ZnO，还需添加一些助催化剂，改善该催化剂的活性，各种助剂对活性可以产生一定影响。比如加入铝和铬时活性可以提高。$Cr_2O_3$ 的添加可以提高铜在催化剂中的分散度，同时又能阻止分散的铜晶粒在受热时被烧结、长大，可延长催化剂的寿命。添加 $Al_2O_3$ 助催化剂使催化剂活性更高，而且 $Al_2O_3$ 价廉、无毒，用 $Al_2O_3$ 代替 $Cr_2O_3$ 更好。

铜基催化剂是 20 世纪 60 年代中期以后开发成功的，其特点是活性高，反应温度低（210～280℃），操作压力低（5～10MPa），广泛用于合成甲醇；其缺点是该催化剂对原料气中的杂质尤为敏感，特别是硫、砷、氯等元素的化合物能使催化剂永久性中毒，故要求对原料气进行严格的净化处理，要求总硫含量小于 $0.1\mu L/L$，某些工厂为延长催化剂使用寿命，甚至在甲醇合成反应器前设置保护床。

铜基催化剂在使用前必须经过还原操作才能有活性。还原过程要求升温、出水平缓稳定，才能得到活性良好、稳定和长寿命的催化剂。一般铜基催化剂的寿命在2～3年，但据国外某些公司报道其催化剂寿命可达10年。常见的铜基催化剂有西南化工研究院的XNC98、南化集团研究院的C307、庄信万丰公司的KATALCOJM51系列催化剂和托普索公司的MK121。

**3. 工艺条件**

合成甲醇反应是多个反应同时进行的，除主反应之外，还有生成二甲醚、乙醇、异丁醇等副反应。因此，如何提高合成甲醇反应的选择性，提高甲醇收率是核心问题，这就涉及催化剂的选择以及操作条件的控制，诸如反应温度、压力、空速及原料气组成等。

(1) 反应温度和压力　合成甲醇是个可逆的放热反应，平衡产率与温度、压力有关。温度升高，反应速率增加，而平衡常数下降，它们之间存在一个最适宜温度。催化剂床层的温度分布要尽可能接近最适宜温度曲线，为此，反应器内部结构比较复杂，以便及时移出反应热。一般采用冷激式和间壁式两种方式。

反应温度与所选催化剂有关。锌-铬催化剂的活性温度为350～400℃，而铜基催化剂活性温度在210～280℃，从而最适宜温度也相应变化。反应温度过高，催化剂寿命短，容易生成甲酸；过低的温度会降低催化剂活性且容易生成羰基化合物，管道容易结蜡。因此在催化剂使用初期，活性高的时候，可以采用较低的温度操作；随着催化剂逐渐老化，相应地提高反应温度，才能充分发挥催化剂效能，并延长催化剂使用寿命。

从热力学角度分析，合成甲醇是体积缩小的反应，增加压力有利于甲醇平衡产率的提高，另外，压力升高的程度与反应温度有关，反应温度较高时，如锌-铬催化剂，采用的压力也较高（30MPa），当反应温度较低时，如铜基催化剂，压力可降低至5～10MPa。

(2) 空速　从理论上讲，降低空速，反应气体和催化剂接触时间长，可以提高单程转化率。但是空速过低，反应器温度会升高，使副反应增加，从而导致合成甲醇的选择性和生产能力下降。如果提高空速，反应气体与催化剂接触时间短，单程转化率降低，会导致能耗上升，反应器甲醇出口浓度下降。所以应选择合适空速操作。对于合成甲醇来讲，空速与循环比（循环气量与新鲜气量之比）有关，可以通过调节循环气量来改变空速。锌-铬催化剂的工艺空速以20000～40000$h^{-1}$为宜，而铜基催化剂的低压单醇工艺以8000$h^{-1}$为宜，中压联醇通常以12000～20000$h^{-1}$为宜。如果反应器换热能力能够提高，空速还可下降，进一步减少能耗。

(3) 合成甲醇原料气配比　$H_2/CO$的化学计量比（摩尔比）为2∶1，而工业生产原料气（新鲜气）除$H_2$和CO外，还有一定量的$CO_2$，故常用$H_2/(CO+1.5CO_2)=2.0～2.05$或$(H_2-CO_2)/(CO+CO_2)=2.05～2.15$两种方式表示氢碳比。实际上进入合成塔的原料气中$H_2/CO$之值总是大于2，即氢气过量。其原因是，氢含量高可提高反应速率，减少副反应，而且氢气的热导率大，有利于反应热的导出，利于反应温度的控制。

此外，原料气中含有一定量的$CO_2$，可以减少反应热的放出，利于床层温度控制，同时还能抑制二甲醚的生成。

原料气中除$H_2$、CO和$CO_2$外，还有$CH_4$和Ar等惰性气体，虽然新鲜气体中它们的含量很少，但由于循环积累的结果，其总量可达15%～20%，使$H_2$和CO的分压降低，导致合成甲醇转化率降低。为避免惰性气体含量过高,需排放一定量的循环气,这造成原料气的浪费。

### 4. 甲醇合成工艺流程

以天然气和煤为原料生产甲醇,从工艺气体净化进入甲醇合成工段以后的工艺过程基本上都是相同的,它们的区别在于由于原料不同,合成气的制备和净化工艺不同。典型的管壳式甲醇合成塔工艺流程如图 5-16 所示。

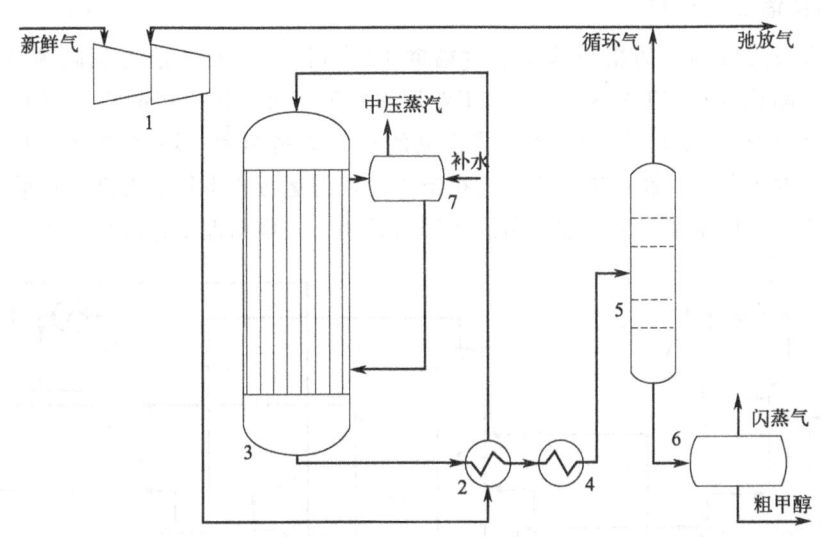

图 5-16 甲醇合成工艺流程示意图
1—联合压缩机;2—入塔预热器;3—甲醇合成塔;4—甲醇水冷器;
5—甲醇分离器;6—闪蒸槽;7—汽包

经净化处理制得总硫含量小于 $0.1\mu L/L$、氢碳比为 $(H_2-CO_2)/(CO+CO_2)=2.05\sim2.15$ 的合成气,经透平压缩机压缩段 5 级叶轮加压后,在缸内与从甲醇分离器来的循环气按一定比例混合,经过循环段 1 级叶轮加压后,送入缓冲槽,温度约为 60℃的入塔气进入入塔预热器壳程,被来自合成塔反应后的出塔热气体加热到 225℃后,进入甲醇合成塔顶部。

管壳式甲醇合成塔管内装有铜基低压合成甲醇催化剂。当合成气进入催化剂床层后,在 220~260℃下,CO、$CO_2$ 与 $H_2$ 反应生成甲醇和水,同时还有微量的其他有机杂质生成。合成甲醇的两个反应都是强放热反应,反应释放出的热大部分由合成塔壳侧的沸腾水带走。通过控制汽包压力来控制催化剂床层温度及合成塔出口温度。从合成塔来的热反应气体进入入塔预热器的管程与入塔合成气逆流换热,被冷却到 90℃左右,此时有一部分甲醇被冷凝成液体。该气液混合物再经水冷器进一步冷凝,冷却到≤40℃,再进入甲醇分离器分离出粗甲醇。

分离出粗甲醇后的气体,温度约为 40℃,返回多级联合压缩机的循环段,经加压后循环使用。为了防止合成系统中惰性气体的积累,要连续从系统中排放少量的循环气体,其中少部分去氢回收制取氢气,另一部分经水洗塔洗涤甲醇后作为弛放气体送往燃气发电管网,整个合成系统的压力由弛放气排放调节阀来控制。

由甲醇分离器分离出的粗甲醇,减压至 0.4MPa 后,进入甲醇闪蒸槽,以除去溶解在粗甲醇中大部分气体,然后直接送往甲醇精馏工段或粗甲醇贮槽,闪蒸出的气体排入燃料气系统作燃料。

汽包与甲醇合成塔壳侧由两根下水管和六根气液上升管连接形成一个自然循环锅炉,副产 1.6~4.3MPa 中压蒸汽。汽包用的锅炉给水来自锅炉给水总管,在汽包下部设连续和间断排污以保证水质,连续排污排入排污膨胀槽,间断排污可直接排入下水道。

**5. 甲醇精馏工艺流程**

由甲醇合成工段制得的粗甲醇需通过精馏工艺(图 5-17)才能得到高纯度的精甲醇。国内精甲醇产品执行 GB/T 338—2011《工业用甲醇》标准,出口甲醇需达到美国 AA 级甲醇分析标准(O-M-232E)。甲醇精馏工艺常见的有双塔精馏和三塔精馏两种工艺。通常情况下,双塔精馏工艺一次性投资低于三塔精馏工艺,但运行成本较后者高。目前,节能降耗成为主流趋势,三塔精馏工艺也被更多的工厂所采用,三塔精馏工艺流程如图 5-17 所示。

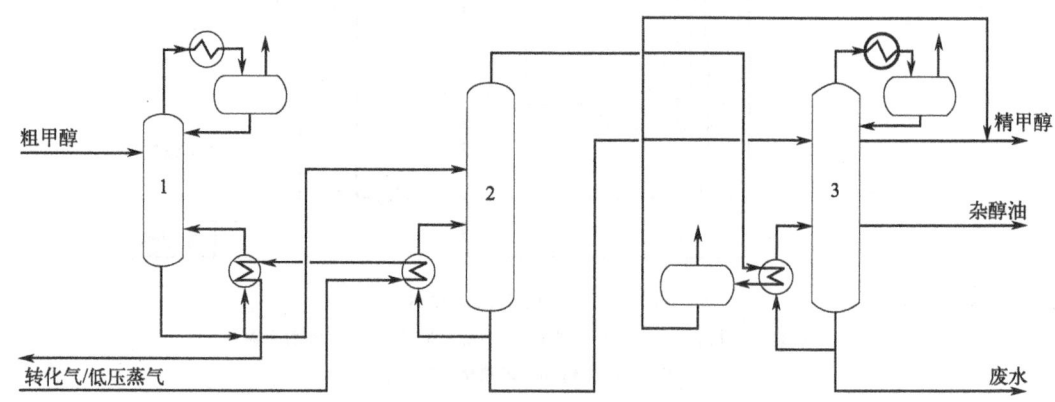

图 5-17 甲醇精馏工艺流程示意图
1—预塔(脱醚塔);2—加压塔;3—常压塔

由粗甲醇泵从粗甲醇贮槽或合成工段送来的粗甲醇经预热器加热至 65℃ 左右,送入预塔(脱醚塔)中上部。该塔作用是除去溶解在粗甲醇中的气体和沸点低于甲醇的含氧有机物,以及 $C_{10}$ 以下的烷烃。预塔底由 0.5MPa 低压蒸气或转化气(来自天然气转化工段)经再沸器提供热量。汽化后的甲醇蒸气经过预塔冷凝器大部分冷凝下来回收至预塔回流槽,再由预塔回流泵打至塔顶回流。

预塔冷凝器未冷凝的部分低沸点组分及不凝气经过预塔第二冷却器冷却至 40℃,将其中绝大部分甲醇回收,不凝气经预塔压力调节阀通过排放槽放空。为了防止粗甲醇中微量酸性物质腐蚀塔内件及促进胺类和羰基物的分解,可在预塔前加入质量分数为 1%~5% 的烧碱液,调节预后甲醇 pH 值为 8~9。

脱除掉轻组分后的预后甲醇,经预后甲醇泵提压,通过预后第一预热器及预后第二预热器预热后送至加压塔。加压塔塔底用 0.5MPa 蒸气或转化气经再沸器提供热量。塔顶甲醇蒸气进入常压塔再沸器作为常压塔的塔底热源,甲醇蒸气本身被冷凝后汇集至加压塔回流槽,然后一部分由加压塔回流泵加压后回流,其余部分作为产品经精甲醇冷却器冷却至≤40℃ 进入精甲醇槽。

由加压塔塔底排出的甲醇溶液减压后送至常压塔。常压塔塔底再沸器利用加压塔塔顶蒸气作为热源,被汽化后的甲醇蒸气经常压塔冷凝器冷却至≤40℃,气液混合物进入常压塔回流槽,甲醇液体经回流泵加压,一部分作为回流送入常压塔顶部,其余部分作为产品送往精甲醇槽。

## 进度检查

一、填空题

1. 目前生产甲醇的方法主要有_____和_____。
2. 合成气的主要有效成分为_____、_____、_____。
3. 影响甲烷水蒸气转化反应平衡的主要因素有_____、_____、_____。

二、判断题（正确的在括号内画"√",错误的画"×"）

1. 甲烷水蒸气转化过程中,如果析碳反应严重,生成的炭会附着在催化剂的内外表面,导致催化剂活性降低,反应速率下降。 （    ）
2. 锌-铬系催化剂是低压法合成甲醇使用的催化剂。 （    ）
3. 对于合成甲醇来讲,空速过低,反应器温度会升高,使副反应增加,降低合成甲醇的选择性和生产能力。 （    ）

三、简答题

1. 对比生产甲醇的两种方法的优缺点。
2. 简述天然气制合成气的生产原理和工艺条件。
3. 简述合成气合成甲醇的生产原理、工艺条件和工艺流程。

编号 FJC-122-04

# 学习单元 5-4 甲醛生产技术

**学习目标**：完成本单元的学习之后，能够掌握甲醛的性质用途，银法生产甲醛的生产原理、工艺条件和工艺流程。
**职业领域**：化工、石油、环保、医药、冶金、汽车、食品、建材等工程。
**工作范围**：分析检验。

甲醛是一种重要的基本有机化工原料。我国甲醛主要用于生产三醛树脂（包括脲醛树脂、酚醛树脂和三聚氰胺甲醛树脂），占甲醛消费总量的50%以上。此外，甲醛还用于生产季戊四醇、新戊二醇、1,4-丁二醇（BDO）、三羟甲基丙烷、甲缩醛、乌洛托品、多聚甲醛、二苯基甲烷二异氰酸酯、吡啶等化工产品，以及长效缓释肥料、医药、日用化学品等。据中国甲醛行业协会的统计，至2011年10月我国甲醛行业运转的生产企业共有425家，生产装置共有624套，其中产能在5万t/a及以上有229套，甲醛总生产能力达2873万t/a，居全球第一，占全球总产能的48%。

## 一、甲醛的性质及用途

甲醛（图5-18）俗称蚁醛，分子式为HCHO，是醛类中最简单的化合物。甲醛在常温下是无色的具有强烈刺激性的窒息性气体，有毒，特别是对眼睛和鼻子的黏膜有刺激作用。浓度很低时就能刺激眼、鼻的黏膜；浓度较大时，对呼吸道黏膜有刺激作用；吸入高浓度的甲醛会引起肺部水肿。甲醛也能刺激皮肤，造成灼伤。

甲醛气体可燃，甲醛蒸气与空气能形成爆炸性混合物。甲醛易溶于水，可形成各种浓度的水溶液，浓度可高达55%，呈酸性，pH值为2.5~4.4。甲醛水溶液中，游离的单体甲醛却很少，不超过0.1%（质量），其成分主要是聚甲醛，37%~40%的甲醛水溶液称为福尔马林。甲醛的物理性质见表5-8。

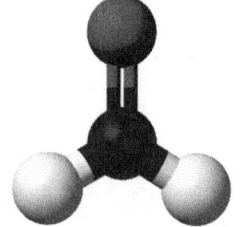

图5-18 甲醛分子结构

表5-8 甲醛的物理性质

| 名称 | 数值 | 名称 | 数值 |
|---|---|---|---|
| 熔点/℃ | -117 | 三相点/℃ | -118.05 |
| 沸点(101.3kPa)/℃ | -19.5 | 比热容(气体,298.15K)/[J·(mol·K)$^{-1}$] | 35.39 |
| 密度(253.15K)/g·mL$^{-1}$ | 0.815 | 闪点/℃ | 85 |
| 临界温度/℃ | 137.2 | 自燃点/℃ | 430 |
| 临界压力/MPa | 6.81 | 爆炸极限(空气中)/%(体积) | 7~73 |

甲醛是一种高毒物质，由于本身具有一定潜伏期（一般为3~15年），故危害性持久，

难以预防，研究表明，甲醛具有强烈的致癌和促癌作用，已经被世界卫生组织确定为致癌和致畸物质，在我国有毒化学品优先控制名单上高居第 2 位，被称为居室的"隐形杀手"。当室内空气中甲醛含量为 $1\times10^{-7}$，可刺激眼睛，引起流泪；达到 $6\times10^{-7}$，可引起咽喉不适或疼痛。浓度更高时，可引起恶心呕吐、咳嗽胸闷、气喘甚至肺水肿；达到 $3\times10^{-5}$ 时，会立即致人死亡。长期接触低剂量甲醛可引起慢性呼吸道疾病，引起鼻咽癌、白血病等，导致青少年记忆力和智力下降。在所有接触者中，儿童和孕妇对甲醛尤为敏感，危害也就更大。

甲醛分子中含有碳氧双键，化学反应能力很强，可以和许多物质发生反应，化学反应主要有聚合、缩聚和加成反应。甲醛易于聚合，在不同条件下生成不同的聚合物。甲醛能自身发生缩合反应，生成三聚甲醛或多聚甲醛。气体甲醛在常温下或甲醛水溶液在浓缩时均能自动聚合，生成白色粉末状聚甲醛。这些聚合物在酸性介质中加热时可分解成气态甲醛。甲醛与苯酚或脲素的缩聚可分别制得酚醛树脂或脲醛树脂。甲醛与氨缩合可得六亚甲基四胺（即乌洛托品）。乌洛托品是比较重要的化工和医药原料，常用作酚醛树脂的固化剂。甲醛与异丁烯作用，可获得异戊二烯，是合成橡胶的重要原料。

甲醛还是重要的基本有机化工原料，主要用于生产脲醛、酚醛、三聚氰胺、甲醛树脂、聚甲醛以及多元醇、异戊二烯、乌洛托品、尼龙等，在医药、炸药、农药和染料工业中还可用作消毒剂、杀虫剂、溶剂和还原剂等。

## 二、甲醛的生产方法

目前生产甲醛的方法主要有低级烷烃氧化制甲醛及甲醇空气催化氧化制甲醛。低级烷烃氧化制甲醛是属于非选择性的氧化反应，副产物多。世界上采用该法生产的甲醛量很少，主要在天然气和石油丰富的国家和地区才有发展。目前工业上大量采用的是甲醇空气催化氧化法。

以甲醇为原料生产甲醛的方法，通常是有机原料与蒸汽或空气的混合物，在一定的温度（300～500℃）下通过固定床或流化床催化剂床层，发生适度的氧化反应生成所需氧化产品。又可称为气相催化氧化法。

按工业生产所使用的催化剂和生产工艺不同，可分为两种工艺路线：一是在过量甲醇（甲醇蒸气浓度控制在爆炸上限 37% 以上）条件下，原料甲醇、空气和水蒸气在金属型的催化剂上进行脱氢氧化反应，通常采用结晶 Ag 催化剂，故称为"银法"，也称"甲醇过量法"。二是过量空气（甲醇蒸气浓度控制在爆炸下限 7% 以下）条件下，甲醇气直接与空气混合，在金属氧化物型催化剂下进行氧化反应，催化剂以 $Fe_2O_3$-$MoO_3$ 系最为常见，故称"铁钼法"，也称"空气过量法"。

### 1. 银法

银法采用在爆炸上限操作，原料气中甲醇浓度较高，设备效率提高，所以基建投资较低。但是由于银法在 600℃ 以上的高温下操作，银粒易熔结增大，加之对毒物很敏感，所以催化剂易失活。同时反应温度高，副反应增加，导致甲醇单耗比铁钼法高。另外，由于甲醇过量，反应时间短，转化率低，这样产品中未反应的甲醇含量高，对甲醛下游产品的合成极为不利，必须分离精制。

银法工艺简单，投资省，调节能力强，产品中甲酸含量少，尾气中含氢，可以燃烧。但是甲醇的转化率低，单耗高，催化剂寿命短，对甲醇纯度要求高，甲醛成品中甲醇含量高，只能生产低浓度甲醛。目前生产能力较小的企业仍采用此法。

### 2. 铁钼法

铁钼法采用在爆炸下限操作，原料气中空气的浓度较高，甲醇转化率较高，可达95%~99%，甲醇单耗低，不需蒸馏装置，可以生产高浓度甲醛，甲醛成品中含醇量低，催化剂使用寿命长。但是铁钼法生产一次性投资大，电耗高。目前采用铁钼法工艺路线的甲醛装置生产能力较大，这是大型企业建设规模较大的装置时，投资与效益综合考虑下选择的工艺。

### 3. 两种方法比较

甲醇氧化生产甲醛两种方法的比较见表5-9。

表 5-9  甲醇氧化生产甲醛两种方法的比较

| 特点 | 银法 | 铁钼法 |
| --- | --- | --- |
| 原料配比 | 甲醇过量 | 空气过量 |
| 催化剂 | 金属银 | 氧化铁和氧化钼的混合物 |
| 安全性 | 甲醇浓度高于爆炸上限(大于37%) | 甲醇浓度低于爆炸下限(小于7%) |
| 反应特征 | 反应温度低，副反应少，产率高 | 由于空气过剩，甲醇几乎全部被氧化 |
| 产品 | 甲醛水溶液 | 甲醛水溶液 |
| 缺点 | 转化率低，单耗高，催化剂寿命短 | 设备庞大，动力消耗大 |
| 使用 | 国内主要采用 | 国外技术占多 |

## 三、银法生产甲醛

### 1. 反应原理

（1）主反应

$$CH_3OH + 1/2O_2 \longrightarrow HCHO + H_2O \tag{1}$$

$$CH_3OH \rightleftharpoons HCHO + H_2 \tag{2}$$

用金属银作催化剂，甲醇经空气氧化制取甲醛的方法，简称银法。主反应（1）要在200℃左右才能进行，因此经预热进入反应器的原料混合气，必须用电热丝点火加热。它是一个放热反应，放出的热量使催化床温度逐渐升高，反应（1）随之加快。

甲醇脱氢反应（2）在低温下几乎不进行，当催化床温度达到600℃左右时，就成为生成甲醛的主要反应之一。反应（2）是一个吸热反应，故它对控制催化床的升温是有利的。反应（2）是可逆反应，但当原料混合气中的氧与反应（2）生成的氢化合为水时，可使反应（2）不断向合成甲醛的方向进行，从而提高甲醛的转化率。

银法甲醇氧化生产甲醛，除上述主反应外，还有生成二氧化碳、一氧化碳和少量甲酸等的副反应。

（2）副反应

$$CH_3OH + 3/2O_2 \longrightarrow CO_2 + 2H_2O \tag{1}$$

$$CH_3OH + O_2 \longrightarrow CO + 2H_2O \tag{2}$$

$$HCHO + 1/2O_2 \longrightarrow HCOOH \tag{3}$$

副反应都消耗了原料甲醇，且得不到产品甲醛，如果氧化过度就将产生的甲醛深度氧化成甲酸、一氧化碳或二氧化碳从塔顶排放。因此副反应不仅消耗原料，降低产物收率，还会影响反应系统温度的控制，应设法减少其发生。

### 2. 催化剂

银法生产甲醛的催化剂有两种。一是采用载于浮石上的银，即为浮石银催化剂，二是采用无载体的电解银。

浮石银催化剂抗毒化能力强，对温度适应性宽，制备过程中可灵活加入其他活性因素（如助催化剂）等，以改善催化剂的性能，故称其为改良浮石银。该催化剂的比表面积大，活性较高，甲醇转化率高达84%，选择性可达88%。生产中为保证较高的转化率，采取延长停留时间，提高反应温度的方法来实现，装填的催化剂高度一般达到100~150mm。

电解银催化剂是20世纪70年代中期由我国自行研发成功的纯金属材料催化剂，又称为海绵银。电解银催化剂是以铂或钛、钌等金属作为阳极，纯银板作阴极，溶有硝酸银的电解液在电解槽阴极发生还原反应得到电子而析出金属银，将此电解银洗涤、抽滤、烘干、热处理，然后造粒、筛分便制得电解银催化剂。电解过程需经过一次电解和二次电解，一次电解控制较低的电流密度使银缓慢析出，一般在初次使用原银或催化剂污染严重时进行；二次电解控制较高的电流密度，提纯的同时获得疏松的具有较大比表面积的催化剂，以提高其活性，实际生产中常用此法对失活银进行再生处理。电解银催化剂活性高、甲醇转化率可达90%，选择性可达90%以上。

电解银催化剂与浮石银催化剂相比具有制备方法简便、再生容易、无有害气体产生、银耗少、转化率和选择性较高等特点，甲醇单耗一般可达440~460kg。但对铁质非常敏感，当银催化剂表面含有铁元素杂质时，不仅使催化剂的活性下降，而且还会促进甲醇的完全燃烧反应，造成甲醇消耗增加、床层温度难以控制，形成所谓的"飞温"。

### 3. 工艺条件

（1）反应温度　工业生产上，反应温度的选择主要是根据催化剂的活性、反应过程、甲醛收率、催化剂床层压降以及副反应等因素决定的。

当反应温度在600~640℃之间时，均可获得较高的甲醛收率；当温度超过640℃时，甲醛收率明显下降。产生这一现象的原因主要有以下两点：在高温条件下，电解银催化剂开始发生熔结，导致晶粒变大变粗，使活性表面减少，催化剂活性下降，反应收率下降；另外，副反应的反应速度随反应温度的升高而加快，因而在高温下反应选择性下降。

（2）反应压力　高温下平衡常数较大，压力对化学平衡基本上无影响。生产中采用常压操作，反应压力为0.02MPa左右（能克服流程阻力即可）。为避免甲醛蒸气泄漏，也可采用微负压操作。

（3）反应时间　反应时间增长，有利于甲醇转化率提高，但深度氧化分解等副反应随之增多，因此采用快速反应，接触时间约为0.1s。

（4）反应混合气组成　因为空气量增多，则氧化反应的比例增大，反应放热增多，所以确定反应混合气组成时，首先考虑氧化、脱氢反应的比例，以使反应区热量基本平衡。

其次，考虑水蒸气存在是否对反应有利。水蒸气可以移除部分反应热，避免催化剂过热；有利于消除催化剂表面积碳；有利于抑制深度氧化反应，提高甲醛产率。工业生产中水蒸气与甲醇的摩尔比约为1.6:1。

还要考虑生产安全，甲醇与空气混合后，甲醇浓度高于爆炸极限上限，甲醇过量35%

左右，即甲醇与氧的摩尔比是1：0.37左右。

（5）原料气纯度　原料气中的杂质严重影响催化剂的活性，因此对原料气的纯度有严格的要求。当甲醇中含硫时，它会与催化剂形成不具活性的硫化银；当甲醇中含有醛酮时，则会发生树脂化，甚至成碳，覆盖于催化剂表面；含五羰基铁时，在操作条件下析出的铁沉积在催化剂表面，会促使甲醇分解。为此，空气应经过滤，以除去固体杂质，并在填料塔中用碱液洗涤以除去 $SO_2$ 和 $CO_2$。为除去 $Fe(CO)_5$，可将混合气体在反应前于 200~300℃ 通过充满石英或瓷片的设备进行过滤。

### 4. 工艺流程

以银为催化剂，甲醇氧化生产甲醛的工艺流程如图5-19所示。

原料甲醇用甲醇泵1送入甲醇高位槽2，以一定的流量经甲醇过滤器3进入间接蒸汽加热的蒸发器6。同时在蒸发器底部由鼓风机5送入经空气过滤器4除去灰尘和其他杂质的定量空气。空气鼓泡通过被加热 45~50℃ 的甲醇层时被甲醇蒸气所饱和，每升甲醇蒸气和空气混合物中加入一定量的水蒸气。为了保证混合气在进入反应器后即进行反应，以及避免混合气中存在甲醇凝液，还常将混合气进行过热。过热在过滤器7中进行，一般过热温度为 105~120℃。过热后的混合气经阻火器8，以阻止氧化器中可能发生燃烧时波及蒸发系统；再经过滤器9滤除含铁杂质，进入氧化反应器10，在催化剂作用下，于 380~650℃ 发生催化氧化和脱氢反应。

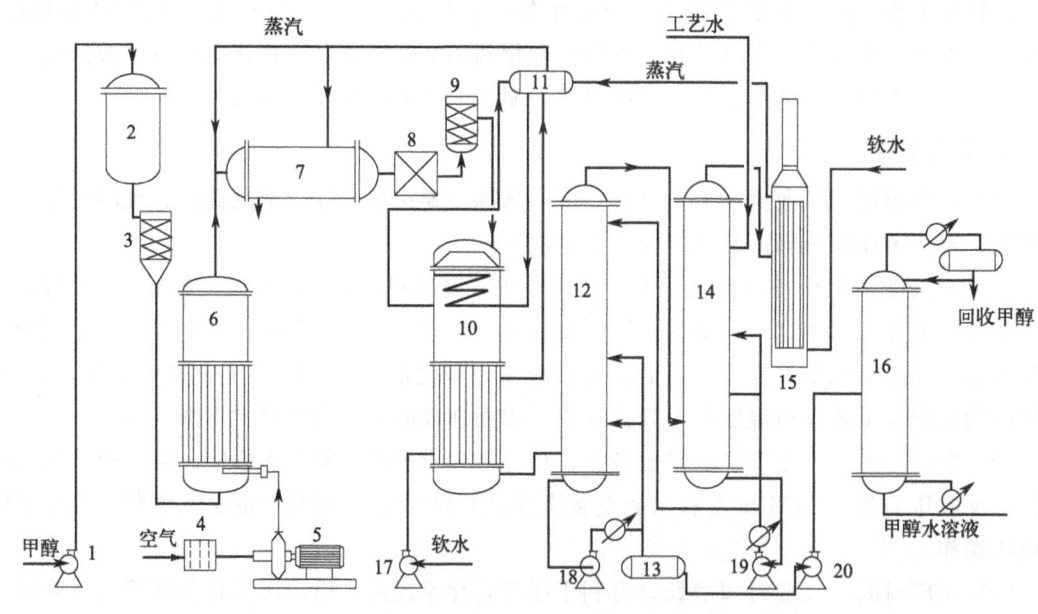

图5-19　银法甲醇氧化生产甲醛工艺流程图

1—甲醇泵；2—甲醇高位槽；3—甲醇过滤器；4—空气过滤器；5—鼓风机；6—蒸发器；
7—过热器；8—阻火器；9—过滤器；10—氧化反应器；11—汽包；12—第一吸收塔；
13—甲醛贮槽；14—第二吸收塔；15—尾气燃烧炉；16—脱醇塔；
17—软水泵；18，19—循环泵；20—甲醛泵

氧化反应器由反应部分和冷却部分两部分组成，上部是反应部分，在气体入口处连接一锥型的顶盖，使气体分布均匀，然后原料混合气在催化剂床层中进行催化反应。为了防止催

化剂床层过热，在催化剂床层中装有冷却蛇管，通入冷水以带出部分反应热。氧化器下部是一个紫铜的列管式冷却器，管外通冷水冷却。从反应部分来的反应气体在这里迅速地冷却至100~130℃，以防止甲醛在高温下发生深度氧化等副反应；但也不能冷却到过低的温度，以免甲醛聚合，形成聚合物堵塞管道。由于铁能促进甲醇深度氧化分解，因此生产甲醛的设备和管道应避免采用铁材料，反应部分和冷却管采用紫铜或不锈铜，其他管道大多数采用铝制品制成。

在650℃银催化作用下，甲醇发生脱氢、氧化反应。出氧化器的反应气体进入第一吸收塔12，将大部分甲醛吸收；未被吸收的气体再进入第二吸收塔14底部，从塔顶加入一定量的冷水进行吸收。由第二吸收塔塔底采出的稀甲醛溶液经循环泵19打入第一、第二吸收塔，作为吸收剂的一部分。第二吸收塔塔顶尾气送入尾气燃烧炉燃烧回收余热，并产生一定量的蒸气供甲醇配料使用，从而降低甲醛生产的能耗。自第一吸收塔塔底引出的吸收液经冷却器冷却后，由泵18抽出，一部分返回塔12，另一部分经甲醛泵20送入脱醇塔16得到产品，即为含10%甲醇的甲醛水溶液。甲醇的存在可防止甲醛聚合。甲醛产率约为80%。

由第二吸收塔排出的尾气可以燃烧或排空。

## 进度检查

**一、填空题**

1. 目前生产甲醛的方法主要有_____和_____。

2. 按工业生产所利用催化剂和生产工艺不同，甲醇氧化法包括_____和_____两种方法。

3. 银法生产甲醛的催化剂有_____和_____。

**二、判断题**（正确的在括号内画"√"，错误的画"×"）

1. 银法生产甲醛过程中，副反应不仅消耗原料，降低产物收率，还会影响反应系统温度的控制，应设法减少其发生。（　　）

2. 甲醇经空气氧化制取甲醛是一个放热反应，因此不需要对进入反应器的原料混合气进行预热。（　　）

3. 银法生产甲醛，压力对化学平衡基本上无影响。因此生产中常采用常压操作。（　　）

**三、简答题**

1. 简述生产甲醛两种方法的优缺点。

2. 分析银法生产甲醛的生产原理和工艺条件。

# 学习单元 5-5　醋酸生产技术

编号 FJC-122-05

**学习目标**：完成本单元的学习之后，能够掌握醋酸的性质用途，乙醛氧化法生产醋酸的生产原理、工艺条件和工艺流程。
**职业领域**：化工、石油、环保、医药、冶金、汽车、食品、建材等工程。
**工作范围**：分析检验。

醋酸是非常重要的基本有机化学品，作为一种环境友好的有机酸，在所有机酸中的产量最大。醋酸主要用于生产醋酸酯、醋酸乙烯/聚乙烯醇、对苯二甲酸、醋酸纤维素、氯乙酸等化学品。我国目前主要采用乙醛氧化法和甲基羰基化法生产。在 20 世纪 70 年代，西南化工研究设计院、清华大学、中科院化学研究所等国内多家科研院所就开始进行低压甲醇羰基化合成醋酸工艺技术的开发研究，由于当时材料不过关，又无法从国外进口，一直没有实现工业化生产。20 世纪 80 年代，江苏索普（集团）有限公司联合西南化工研究设计院、中科院化学研究所、上海化工设计院、西安 524 厂、上海石化公司、合肥通用机械研究所等单位进行国内首套低压甲醇羰基化合成醋酸工业化装置的开发建设，首先完成了 300 吨/年中试装置的建设、试验，历时 8 年，装置于 1998 年 1 月 5 日一次投料试车成功，当年投产。2000 年进行 2.5 万吨/年扩能改造。2001 年开始建设第 2 套 22 万吨/年的装置，并于 2004 年 7 月一次投料试车成功。

## 一、醋酸的性质及用途

醋酸（acetic acid；HAc），学名乙酸，CAS No. 64-19-7，分子式为 $CH_3COOH$，分子量为 60.05。醋酸在常温下是具有腐蚀性并有强烈刺激性气味的无色透明液体，在 16.6℃ 以下时转化为一种冰状晶体，故不含水的醋酸也叫作冰醋酸。更多醋酸的物理性质见表 5-10。

醋酸几乎贯穿了整个人类文明史，乙酸发酵细菌（醋酸杆菌）存在于世界的每个角落，普通食用醋含有 3%～5% 醋酸。

表 5-10　醋酸的物理性质

| 名　称 | 数　值 | 名　称 | 数　值 |
| --- | --- | --- | --- |
| 熔点/℃ | 16.64 | 蒸发热(沸点时)/(J·g$^{-1}$) | 395.50 |
| 沸点(101.3kPa)/℃ | 117.87 | 比热容(液体,293.15K)/[J·(g·K)$^{-1}$] | 2.04 |
| 密度(293.15K)/(g·mL$^{-1}$) | 1.0492 | 比热容(气体,397.15K)/[J·(g·K)$^{-1}$] | 5.03 |
| 黏度(298K)/mPa·s | 10.97 | 闪点(闭杯)/℃ | 43 |
| 临界温度/K | 592.71 | 自燃点/℃ | 465 |
| 临界压力/MPa | 4.53 | 爆炸极限(空气中)/%(体积) | 4.0～16.0 |

醋酸在化学中的应用可以追溯到古代。早在公元前 3 世纪，古希腊人就用醋酸与金属反应制备美术颜料，包括白铅（碳酸铅）、铜绿（含有乙酸铜的铜盐混合物）。古罗马人将发酸

的酒放在铅制容器中煮沸，能得到一种叫"sapa"的高甜度糖浆，该糖浆富含一种有甜味的铅糖，即乙酸铅，这导致了罗马贵族的中毒事故的发生。

我国醋酸生产起步于1953年，上海试剂一厂建成一套乙醇-乙醛-醋酸路线工业生产装置。而后，我国建成了一批主要以乙醇为原料的醋酸装置。改革开放后，吉林、大庆、南京、上海引进了4套乙烯-乙醛-醋酸装置，1996年我国醋酸产量提升到45.6万吨。从1996年开始，随着羰基合成制醋酸技术的引进和自建装置，我国的醋酸产量在2007年达到218万吨，截至2011年，我国醋酸产能突破700万吨/年。

醋酸在所有有机酸中的产量最大，由醋酸可以衍生出数百种下游产品，见图5-20，如醋酸酯、醋酸乙烯酯、醋酸纤维素、氯乙酸等化学品。此类衍生品广泛应用于基本有机合成、纺织、涂料、染料、医药、食品等领域。

## 二、醋酸的生产方法

早在公元前，人类就通过发酵制醋。直到1847年，德国化学家Kolbe才首次用合成的方法制得醋酸。1911年，德国建成第一套乙醛氧化合成醋酸的工业装置。合成醋酸的方法很多，但当今工业上主要采用三种生产方法：轻油液相氧化法、乙醛氧化法、甲醇羰基化法。轻油液相氧化法适用于轻油含量比较高的地区，我国目前主要采用乙醛氧化法和甲醇羰基化法生产醋酸。

### 1. 乙醛氧化法

乙醛氧化法的主反应式为：

$$CH_3CHO + 1/2 O_2 \longrightarrow CH_3COOH$$

分别进入反应器的乙醛溶液和空气在醋酸锰溶液的催化下生成醋酸。该方法醋酸的收率很高，可达98%，缺点是反应介质对设备有很强的腐蚀性。

根据乙醛来源的不同，乙醛氧化法包括乙烯-乙醛法和乙醇-乙醛法两种方法。乙烯氧化法制醋酸是使分别进入反应器的乙烯和氧气在含氯化钯、氯化铜、盐酸的水溶液催化作用下，生成乙醛。乙醇乙醛法是乙醇蒸气、空气和水蒸气混合气体进入氧化炉，在电解银催化剂作用下，生成乙醛。

### 2. 低压甲醇羰基化法

甲醇和一氧化碳在催化剂条件下经羰基化反应直接生成醋酸。

$$CH_3OH + CO \longrightarrow CH_3COOH$$

根据反应压力和催化剂的不同，甲醇羰基化法又有低压法和高压法之分。甲醇低压羰基化法合成醋酸首先由美国Monsanto公司在1968年实现工业化，经过多年发展，形成了各具特色的工艺路线。该工艺以铑-碘为催化体系，在低压（3~4MPa）条件下生成醋酸。

1960年，德国BASF公司开发了用钴-碘催化体系在高压（65.0~71.5MPa）条件下，甲醇和一氧化碳合成醋酸的工艺。该工艺制得的醋酸含有低浓度的碘，这是醋酸乙烯单体（VAM）生产商所需要的。

低压甲醇羰基化法制醋酸具有原料低廉、工艺简单、醋酸收率高等优点。但在生产过程中，由于高浓度的碘会对设备造成严重的腐蚀，所以设备必须采用如哈氏合金这样的昂贵材料。

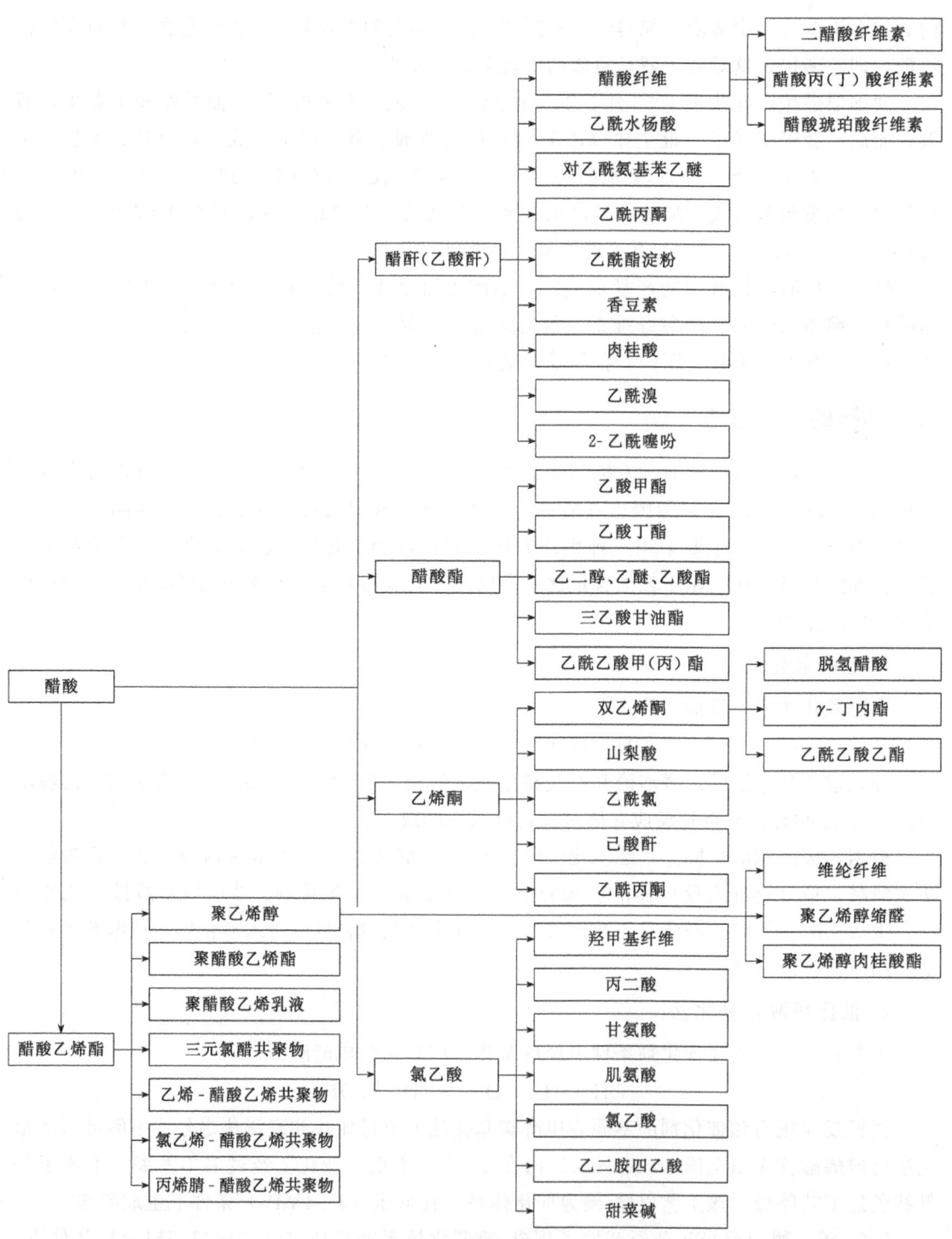

图 5-20 醋酸主要衍生物

### 3. 各种方法比较

各种方法生产醋酸的经济技术指标见表 5-11。

表 5-11　不同方法生产醋酸的经济技术指标比较

| 项目 | 乙烯乙醛法 | 乙醇乙醛法 | Monsanto 低压法 | BASF 高压法 |
|---|---|---|---|---|
| 反应温度/℃ | 75 | 75 | 130～180 | 210～250 |
| 反应压力/MPa | 0.2 | 0.2 | 3～4 | 65.0～71.5 |
| 消耗(以 1t 醋酸计) | | | | |
| 　乙烯/kg | 525 | | | |
| 　甲醇/kg | | | 541 | 610 |
| 　乙醇/kg | | 969 | | |
| 　一氧化碳/kg | | | 563 | 780 |
| 　水/m³ | 8.5 | 150 | 150 | 780 |
| 　蒸气/kg | 4250 | 4230 | 1500 | 2750 |
| 　电/(kW·h) | 52.7 | 600 | 30 | 350 |

## 三、乙醛法生产醋酸

### 1. 反应原理

乙醛首先氧化成过氧醋酸，然而过氧醋酸很不稳定，在醋酸锰的催化下发生分解，同时使得另一分子乙醛氧化，生成两分子醋酸：

$$CH_3CHO + O_2 \longrightarrow CH_3COOOH$$
$$CH_3COOOH + CH_3CHO \longrightarrow 2CH_3COOH$$

在氧化过程中还进行下列副反应：

$$CH_3CHO \longrightarrow CO + CH_4$$
$$3CH_3CHO + 3O_2 \longrightarrow HCOOH + 2CH_3COOH + CO_2 + H_2O$$
$$2CH_3CHO + 5O_2 \longrightarrow 4CO_2 + 4H_2O$$
$$3CH_3CHO + O_2 \longrightarrow CH_3CH(OCOCH_3)_2 + H_2O$$
$$CH_2COOH \longrightarrow CH_4 + CO_2$$
$$2CH_3COOH \longrightarrow CH_3COCH_3 + CO_2 + H_2O$$

### 2. 催化剂

研究发现，变价金属（Mn、Co、Ni、Cu、Fe、Ce 等）的硫酸盐和醋酸盐均可作为催化剂。各种金属盐的活性顺序为：Co>Ni>Mn>Fe。虽然钴盐催化剂活性最高，但它不能满足使过氧醋酸迅速分解的条件，会造成过氧醋酸的积累，存在很大的安全风险。因此一般采用较不活泼的醋酸锰为催化剂。经动力学研究发现，$Mn^{2+}$ 并无催化作用，只有当 $Mn^{2+}$ 转化为 $Mn^{3+}$ 或更高价态时才能起催化作用：

$$2CH_3COOH + O_2 + Mn^{2+} \longrightarrow 2CH_3COO \cdot + 2 \cdot OH^- + Mn^{3+}$$

二价锰离子呈粉红色，随着离子价的升高颜色逐步加深，由粉红色变为红紫、棕色、绿色甚至黑色。所以，在操作过程中往往根据反应液的颜色来判断离子的变价情况。醋酸锰的用量对乙醛吸收氧的速率有影响，醋酸锰在反应体系中必须保持合适的含量以加快反应进行并减少副反应的发生。一般情况下醋酸锰的连续投料量是乙醛质量的 0.08%～0.1%。

### 3. 工艺条件

（1）原料

① 乙烯-乙醛法制醋酸。乙烯氧化法制乙醛，多采用瓦克-赫希斯特（Wacker-Hoechst）

一步法工艺。催化剂是氯化钯、氯化铜和盐酸的水溶液。乙烯氧化制乙醛,其收率约为95%,而1%~1.5%的乙烯是以未反应的状态取出,其余约4%则是由于副反应而损失。

乙烯氧化的副反应主要是乙烯的深度氧化反应、加成反应以及乙醛的氧化、氯化等反应。主要副产物有丁烯醛(巴豆醛)、草酸铜、氯化烃、一氯乙醛及不溶于水的褐色高聚物残渣。在这些副产物中,除一氯乙醛外,均无太大回收价值。通常将气体副产物通入火炬焚烧,液体副产物处理后排放。

② 乙醇-乙醛法制醋酸。乙醇蒸气、空气和水蒸气的混合气体进入氧化炉的电解银催化剂床层进行氧化-脱氢反应生成乙醛。

由于该工艺原料乙醇来源于农作物,一般只有个别国家(如巴西)采用该方法生产。

(2) 气液传质　液相氧化生产醋酸过程是非均相反应,其基本过程如下:一是氧气扩散到乙醛的醋酸溶液界面,而后被溶液吸收;二是乙醛转化为醋酸的化学反应过程。影响气液传质的因素有以下三方面:

① 氧气的通入速率。氧气的通入速率越快,气液接触面积越大,氧气的吸收效率越高。但通入氧气的速率并不能无限增加,当通入氧气速率超过一定值以后,氧气的吸收率反而会降低,甚至还会把大量反应液带出。此外,氧气的吸收不完全还会造成不安全因素。

② 氧气分布板的孔径。为防止局部过热,生产采用氧气分段通入氧化塔,各段还设置有氧气分布板,以使氧气均匀分布成适当大小的气泡,促进氧气的扩散和吸收。氧气分布板的孔径越小,气泡的数量越多,气液两相接触面积越大。但是,孔径过小会造成流动阻力增加,增大氧气的输送压力。

③ 氧气通过液柱的高度。在一定的通氧速率下,氧气的吸收率与其通过的液柱高度成正比。一般液柱超过4m时,氧气的吸收率可达97%以上,液柱再增加,吸收率无明显变化。

(3) 反应温度　乙醛氧化生成醋酸是放热反应,乙醛氧化成过氧醋酸及过氧醋酸分解生成醋酸的速率都随温度的升高而加快。但反应温度过高也会使副反应加剧,使粗醋酸中甲酸、高分子物质、焦油状物质增多并生成大量$CO_2$。同时,由于温度过高,乙醛会大量逸入氧化塔上部气相空间,增加爆炸的危险性。当反应低于40℃时,过氧醋酸不能及时分解,会引起积聚而发生爆炸。一般氧化段反应温度控制在75℃左右。如果反应温度从低温向高温剧烈波动,低温时积聚的过氧醋酸在高温时会剧烈分解,引起爆炸。因此在操作中必须控制温度在规定工艺范围内保持平稳。

(4) 反应压力　由反应原理可知,增加压力有利于反应向生成醋酸的方向进行,也有利于氧的吸收,并能够提高乙醛的沸点,降低乙醛的分压。但升高压力会增加设备与操作费用,故氧化反应塔顶的压力控制在0.23MPa左右。

### 4. 工艺流程

乙醛氧化制醋酸的工艺流程图如图5-21所示。该工艺为两个外冷却塔串联合成醋酸。该工艺流程可划分为氧化与精制两部分。

乙醛氧化工艺流程:含醋酸锰0.1%~0.3%的浓醋酸盛装于第一氧化塔中,先向第一氧化塔加入适量乙醛,混合均匀后加热,然后液态乙醛和纯氧按照一定比例通入第一氧化塔中进行鼓泡反应。控制中部反应区的温度为348K左右,塔顶压力为0.15MPa。氧化液从塔底抽出,送入第一氧化塔冷却器,由循环冷却水移走反应热。冷却后的氧化液再由中部回流

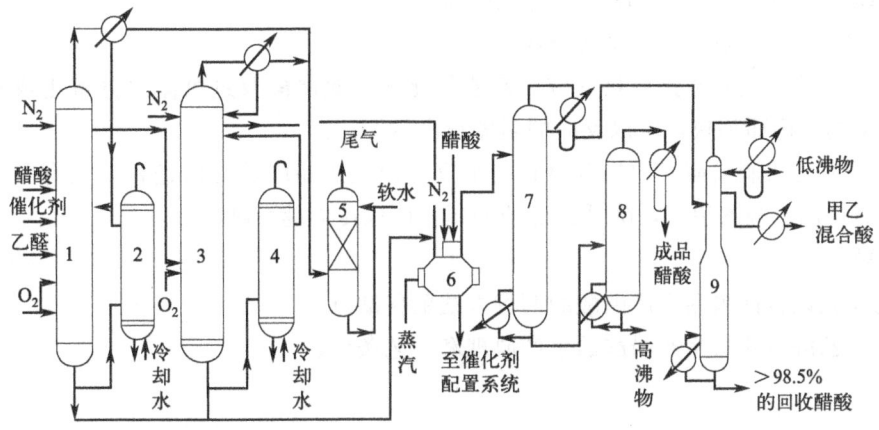

图 5-21 乙醛氧化生产醋酸工艺流程图

1—第一氧化塔；2—第一氧化塔冷却器；3—第二氧化塔；4—第二氧化塔冷却器；
5—尾气吸收塔；6—闪蒸器；7—脱轻塔；8—脱重塔；9—脱水塔

到第一氧化塔。第一氧化塔上部流出的反应液含有2%～8%的乙醛，由两塔间的压差送入第二氧化塔。该塔中部反应温度控制在353～358K之间，塔顶压力为0.08～0.10MPa。在由第一氧化塔流出的反应液中所含少量乙醛在第二氧化塔中继续被氧气氧化。氧化液由泵从底部抽出，通过第二氧化塔冷却器移走反应热后回流至第二氧化塔。物料在两塔中的停留时间共计5～7h。在生产时，应在两个氧化塔上部连续通入纯氮稀释尾气，以防止爆炸。尾气从顶部排出后进入相应的尾气冷却器，经冷却分液后进入尾气吸收塔，用水吸收不凝气中的乙醛和醋酸。

醋酸精制工艺流程：从第二氧化塔上部溢出醋酸含量≥97%，乙醛含量<0.2%，水含量为1.5%的粗醋酸。粗醋酸连续进入闪蒸器，在闪蒸器中用少量醋酸喷淋洗涤。闪蒸器顶部出来的蒸气含有醋酸、水等，送入脱轻塔进一步精制。催化剂醋酸锰、多聚物等难挥发性组分作为闪蒸器的塔釜液排放到催化剂配置系统，经分离后循环使用。

未反应的微量乙醛及副产物醋酸甲酯、甲酸、水等沸点低于醋酸的物质由脱轻塔的塔顶蒸出，送入脱水塔。在脱水塔塔顶蒸出含醋酸3.5%左右的废水，并含有微量的醛类、醋酸甲酯等物质，经处理后排放；塔中部得到含水的甲酸和乙酸混合物；在塔釜得到含量大于98.5%的醋酸，用作闪蒸器的喷淋醋酸。脱轻塔的塔底液送入脱重塔，在脱重塔顶可得到纯度高于99.8%的成品醋酸；脱重塔的塔底得到含有二醋酸亚乙酯的醋酸混合物。此醋酸混合物送至回收塔，蒸馏分离出含量大于98.5%的醋酸，也用作闪蒸器的喷淋醋酸。

## 进度检查

**一、填空题**

1. 我国目前生产醋酸的方法主要有_____、_____。
2. 根据乙醛来源的不同，乙醛氧化法制醋酸包括_____和_____两种方法。
3. 乙醛氧化法制醋酸的催化剂是_____。

## 二、判断题（正确的在括号内画"√"，错误的画"×"）

1. 醋酸也可以通过甲醇羰基化合成。　　　　　　　　　　　　　　　　　　（　）
2. 乙醛氧化生成醋酸是放热反应，乙醛氧化成过氧醋酸及过氧醋酸分解生成醋酸的速率都随温度的升高而加快，所以反应的温度越高越好。　　　　　　　　　　　（　）
3. 乙醛氧化法制醋酸，增加压力有利于反应向生成醋酸的方向进行，也有利于氧的吸收，并能够提高乙醛的沸点，降低乙醛的分压，所以压力越高越好。　　　　　（　）

## 三、简答题

1. 简述我国目前采用生产醋酸的两种方法的优缺点。
2. 分析乙醛氧化法生产醋酸的生产原理和工艺条件。

编号 FJC-122-06

# 学习单元 5-6 甲醇合成装置开停车操作

**学习目标：** 完成本单元的学习之后，能够了解甲醇合成装置开停车操作步骤及注意事项。
**职业领域：** 化工、石油、环保、医药、冶金、汽车、食品、建材等工程。
**工作范围：** 分析检验。

甲醇生产的总流程长，工艺复杂。甲醇的合成是在高温、高压、催化剂存在下进行的，是典型的复合气-固相催化反应过程。随着甲醇合成催化剂技术的不断发展，目前总的趋势是由高压向低、中压发展。

## 一、开车操作步骤及注意事项

甲醇合成装置的原始开车主要包括以下几个步骤：开车准备、系统检查、系统吹扫、单体试车、催化剂装填、系统置换、催化剂升温还原、合成投运。

在装置开车过程中，应注意以下几点：

① 吹除、排漏：检修部分用氮气吹除，吹除压力小于 0.8MPa，吹至无水、无杂物为止，吹除时阀门不能猛开猛放，吹除口不能站人。

② 使用蒸汽吹扫的管线，吹扫前应充分暖管，防止液击。

③ 系统升压时，严密监控升压速率。试压过程中，应防止高压气体窜入低压侧，并多次检漏。

④ 系统每次完成置换后，应严格检查氧含量。

⑤ 催化剂装填过程中，应防止杂质混入催化剂，并减少碰撞，防止催化剂破碎。

⑥ 催化剂升温还原中，应严格控制升温速率和出水速率，保证还原质量。

⑦ 装置投运后，应严密监控新鲜合成气组成，尤其是硫含量应 $<0.1\mu L/L$。

## 二、停车操作注意事项

对于时间较长的停车，停车过程中需注意的是催化剂降温速率和泄压速率。降温后，应将系统中的残液排干，尤其是在北方，防止设备被冻裂。系统应用氮气置换，保护设备和催化剂。

而对于临时停车，此时应使催化剂温度不下降或少下降，以便故障消除后尽快恢复生产。此时应切断联合压缩机新鲜气补入阀，关塔后放空及各取样阀，通过联合压缩机近路进行循环或停联合压缩机，汽包停止加水。若停车不封塔，此时可通过循环机进行系统循环。利用蒸汽加热，维持反应器温度，停止汽包加水。

如果是遇到停水、停电或发生事故的紧急停车，应马上根据预案或操作手册做出必要的反应。应迅速通知前后工段，通知压缩机停车，完成停止汽包补水、判断是否需要泄压、排出系统内粗醇等操作，应做到随机应变，防止事故扩大。

## 进度检查

**简答题**

1. 简述开车操作的注意事项。
2. 简述停车操作的注意事项。

# 模块 6 精细化工产品生产技术

编号 FJC-123-01

## 学习单元 6-1 精细化工简介

**学习目标：** 完成本单元的学习之后，能够对精细化工有一定的认知，理解精细化学品的定义及分类，了解精细化工的范畴和发展趋势。

**职业领域：** 化工、石油、环保、医药、冶金、汽车、食品、建材等工程。

**工作范围：** 分析检验。

## 一、精细化工的基本概念

精细化学工业是生产精细化学品工业的统称，简称"精细化工"，即从初级原料到精细化工产品的加工方法和过程。精细化工生产过程与一般化工生产不同，它是由化学合成、从天然物质中分离提取、制剂加工和商品化三个部分组成。其方法和过程可以采用化学反应，也可采用复配技术。

精细化学品种类繁多，与人类的生活密切相关，世界各国都非常重视精细化工的发展，是一个"朝阳产业"，我国也把精细化工作为支柱产业之一。精细化学品这个名词，沿用已久，原指产量小、纯度高、价格贵的化工产品，如医药、染料、涂料等。但是，这个含义还没有充分揭示精细化学品的本质。近年来，各国专家对精细化学品的定义有了一些新的见解，欧美一些国家把产量小、按不同化学结构进行生产和销售的化学物质，称为精细化学品；把产量小、经过加工配制、具有专门功能或最终使用性能的产品，称为专用化学品。中国、日本等则把这两类产品统称为精细化学品。

## 二、精细化工产品的分类及特点

### 1. 精细化工产品的分类

精细化学品可以是单一组分的纯物质，也可以是多元复配的产物，因此精细化工产品的范围十分广泛，目前世界各国对其分类的标准没有完全统一，我国原化工部将精细化工产品分为 11 类：农药、颜料、染料、涂料（包括油漆和油墨）、试剂和高纯物、信息化学品（包括感光材料、磁性材料等）、食品和饲料添加剂、黏合剂、高分子聚合物中的功能高分子材料（包括偏光材料等）、化学药品（原料药）和日用化学品、催化剂和各种助剂。

现在国内的有关文献，将精细化学品分为 18 类，即：①医药和兽药；②农药；③黏合剂；④涂料；⑤染料和颜料；⑥表面活性剂和合成洗涤剂、油墨；⑦塑料、合成纤维和橡胶助剂；⑧香料；⑨感光材料；⑩试剂和高纯物；⑪食品和饲料添加剂；⑫石油化学品；⑬造纸用化学品；⑭功能高分子材料；⑮化妆品；⑯催化剂；⑰生化酶；⑱无机精细化学品。

## 2. 精细化工产品的特点

精细化工产品作为商品，在生产、研发和消费过程中，有着自己的特点，它与通用化工产品有着明显的不同。批量小、品种多、特定功能和专用性质构成了精细化学品的量与质两个基本特性。精细化学品的特点是：

① 品种多、更新快，需要不断进行产品技术开发和应用开发，所以研究开发费用很大，如医药的研究经费常占药品销售额的 8%～10%，导致技术垄断性强、销售利润率高。

② 产品质量稳定，对产品要求纯度高，复配以后不仅要保证物化指标，而且更要注意使用性能，经常需要配备多种检测手段进行各种使用试验。这些试验的周期长，装备复杂，不少试验项目涉及人体安全和环境影响。因此，对精细化工产品管理的法规、标准较多，对于不符合规定的产品，往往国家限令其改进，以达到规定指标或禁止生产。

③ 精细化工生产过程与一般化工生产不同，它的生产全过程不仅包括化学合成（或从天然物质中分离、提取），而且还包括剂型加工和商品化。其中化学合成过程，多从基本化工原料出发，制成中间体，再制成医药、染料、农药、有机颜料、表面活性剂、香料等各种精细化学品。剂型加工和商品化过程对于各种产品来说是配方和制成商品的工艺，它们的加工技术大致属于单元操作。

④ 大多以间歇方式小批量生产。虽然生产流程较长，但规模小，单元设备投资费用低，需要精密的工程技术。

⑤ 产品的商品性强，用户竞争激烈，研究和生产单位要具有全面的应用技术，为用户提供技术服务。

⑥ 大量采用复配技术。精细化学品由于其应用对象的特殊性，很难采用单一化合物来满足要求，常采用复配技术，即把不同种类的某些成分，采用特定的工艺手段进行配比，以满足某种特性的需要，于是配方的研究则成为决定性的因素。例如，涂料的配方中，除了以黏结剂为主以外，还需要配以颜料、填料和其他助剂，如增塑剂、固化剂、抗静电剂、阻燃剂等。采用复配技术的产品，具有增效、改性和扩大应用范围等功能，其性能往往超过结构单一的产品。因此，掌握复配技术是使精细化工产品具备市场竞争力的一个极为重要的方面。

## 三、精细化工生产技术

不同的精细化学品种类，其生产技术难易不同，存在一定的差异性。通常无机精细化工产品的生产工艺和技术较为简单，其关键技术是物质的分离和提纯。而有机精细化工生产技术较为复杂，主要包括常规技术和特殊技术。在此主要介绍有机精细化工生产技术。

### 1. 常规技术

（1）合成工艺技术　精细化工产品经实验室研究和中型试验后，积累了大量的数据和经验，基本上可以进行工业化规模的产品生产。但是，生产过程中经常遇到收率低、质量合格率低和成本较高等问题，需通过试验不断查找产生问题的原因，改进工艺条件逐步加以解决。通常查找的试验方法有对比试验技术、生产优化技术和工艺改进技术。在实际生产过程中，有时会一时查找不到影响生产的原因，上述方法的单独使用或几种联合进行，为促进生产过程高效、安全、稳定的进行提供了保证。

（2）生产操作技术　生产工艺技术规程和岗位技术安全操作法是企业生产维持正常的依

据，是要求各级生产指挥人员、技术人员、技术管理人员及企业其他职工必须严格遵守的规范。不同的产品生产或同一产品的不同生产工艺，都有各自的生产工艺技术规程和岗位技术操作法，是一项综合性的技术文件，具有技术法规的作用。

(3) 剂型复配技术　剂型复配技术是精细化工与基本化工最显著的不同之处，因为精细化工中的剂型复配技术主导着产品的最终性能，因而备受人们重视。剂型复配技术是与分子设计、化学合成及工业制造技术同等重要的精细化工技术。

**2. 特殊技术**

(1) 模块式多功能集成生产技术　所谓模块式多功能集成生产技术，即集反应、分离、储存、清洗等各单元操作于一体，实现流程综合性、装置多功能性，具有较强的灵活性和适应性，既保持了间歇操作的优势，又避免了其不足，方便于多品种的轮换生产。

(2) 特殊反应技术　特殊反应技术包括新型催化合成技术、生化合成技术、反应-分离耦合技术、超声波化学合成技术、微波化学合成技术、临界合成技术等。

(3) 特殊分离技术　在精细化工生产中，精馏、萃取、过滤、吸附、结晶和离子交换等单元操作是常见的分离方法，除此之外还用到某些特殊的分离技术，如膜分离技术、超临界萃取技术等。

(4) 极限技术　极限技术主要有加热、超高温或超低温、超高压或超高真空、超微颗粒等。如加热技术，包括电、红外及远红外线、微波加热等。

(5) GMP 技术　GMP（Good Manufacturing Practice，简写为 GMP）技术，也称GMP 制度，是制药工业产品质量保证体系中最为重要的技术之一，药品生产中的精制、烘干、包装工序，除要求提供经济、合理的厂房、设备以及环境条件设施保障外，GMP 还对其洁净等级作了具体要求。与医药制品一样，许多精细化学品也是直接面对消费者，与消费者的健康有关，采取 GMP 技术可以有效地保证产品质量。

## 四、精细化工发展概况及发展趋势

**1. 精细化工发展概况**

精细化工的生产和发展是与人们的生活和生产活动紧密联系在一起的。精细化学品在我国古代就已有了，如火药、油漆等；在 19 世纪前，生产精细化学品的原料主要取之于天然，如药物、肥皂等。到了 20 世纪初，由于石油化学工业和有机合成化学的兴起，精细化学品在数量上和品种上均突飞猛进，使精细化学品的发展出现了第一次大的飞跃。20 世纪中叶，高分子化学的发展促进了新材料的发展，为精细化学品带来了第二次大的飞跃。部分老行业更新换代，如肥皂发展成了合成洗涤剂，油漆扩展成了涂料等；新生行业崛起，如黏合剂、信息用化学品、功能高分子行业等。但直到 20 世纪 60 年代，才由日本首先把精细化工明确地列为化学工业的一个产业部门，到 80 年代初建立了精细化学品产业协会。进入 21 世纪，信息与微电子、生物、新材料、新能源、自动化、航空航天及海洋开发等高新技术的发展，为精细化工行业的发展提供了新的方向和课题，各种精细化学品生产新技术、新概念不断产生，新型精细化学品不断面世。发达国家新领域精细化工发展迅速，重视环境友好绿色精细化学品和超高功能及超高附加值产品的开发，发展绿色化生产与生物工程技术，传统精细化工逐渐向发展中国家转移。

我国精细化工起步较晚，早期发展较慢，20世纪90年代以后快速发展起来。我国精细化工产品的自我供应能力已有了大幅度的提升，传统精细化工产品不仅自给有余，而且大量出口；新领域精细化工产品的整体市场自给率达到70%左右，一些产品在国际市场上具有较大的影响力，但难以满足高端市场要求，以电子化学品为代表的高端精细化学品主要依靠进口。我国精细化学品的生产规模相对来说还比较小，创新不足，生产过程中污染现象较为严重，在精细化工不断发挥重要作用的今天，我们必须客观分析精细化工的薄弱环节，推动精细化工的快速发展。国家"十三五"规划对精细化工给予了更多政策上的支持和巨大的资金投入，精细化工产品必须向着无污染、高科技的方向发展。

**2. 我国精细化工发展趋势**

（1）以技术开发为基础，创制新的精细化工产品　利用新的科学成果进行技术开发，创造新型结构的功能性化学物质，经过应用和市场开发使其成为商品，推向市场。也可以利用已有化学结构的产品，采用化学改性、新的加工技术等多种方法改进其性能，开发生产新产品、新牌号。

（2）向规模化、高科技创新方向发展　精细化工要向规模化、集团化发展，必须重点提升和发展现有化工技术。在一些发达国家，精细化工已经成为化工行业主要的利润来源和经济增长点，瑞士比例已达95%。精细化工与很多行业紧密联系，随着科技的进步，不久的将来，精细化工将与纳米技术、生命科学技术、新能源等领域紧密合作。我国精细化工行业要实现长久有效的发展，必须持续在技术和管理上创新升级，对高新技术进行不断积累，在新时代使我国精细化工产业立于不败之地。

（3）发展绿色精细化学工业　在以往和现今使用的一些精细化工产品中，由于技术原因和科技发展水平的制约，使得一些精细化工产品具有一定毒性，例如人们最常使用的塑料包装袋，虽然这些产品的毒性是在人体的承受范围之内，不足以危害人的生命安全，但终归还是存在一定的不安全因素。对资源的不合理利用、工艺落后、污染较重、生态环保不够等因素也不利于精细化工行业的可持续发展。绿色精细化工是可持续发展的必然要求，逐渐采用无毒、无害、无污染的化学工艺有机合成原料，特别是可再生的生物资源的利用，发展无污染绿色催化剂。随着精细化工技术的发展，精细化工产品在安全性、便捷性和环保性上会有更大的进步。

## 进度检查

**一、填空题**

1. 精细化学工业是_____的统称，简称"_____"。
2. 我国原化工部将精细化工产品分为_____类。

**二、判断题（正确的在括号内画"√"，错误的画"×"）**

1. 精细化工技术中，复配技术是关键。　　　　　　　　　　　　　　　　（　　）
2. 精细化工生产大多采用连续式操作方式。　　　　　　　　　　　　　　（　　）

**三、简答题**

1. 我国精细化学品的定义是什么？
2. 查阅资料，解释什么是复配技术，谈谈复配技术在精细化工中的重要性和应用。

编号 FJC-123-02

# 学习单元 6-2　涂料生产技术

**学习目标：** 完成本单元的学习之后，能够了解涂料的发展历史，熟知涂料的作用和基本组成，掌握涂料制备的工艺，了解涂料的质量标准。
**职业领域：** 化工、石油、环保、医药、冶金、汽车、食品、建材等工程。
**工作范围：** 分析检验。

涂料在生活中无处不在，它能够美化环境、保护设备，在高端领域也发挥着巨大的作用。在近百年的发展中，涂料从天然植物油和松香为基本成分的涂料逐渐演变成以化学合成物为基本成分的合成树脂漆。涂料中大量使用溶剂，它们是大气污染的重要来源，涂料中的有机挥发物 VOC（volatile organic compounds）可造成光化学污染和臭氧层破坏，对自然环境和人类自身健康都能产生不利影响。发展低污染的涂料是环境保护的需要，研究和发展高固体分涂料、水性涂料、无溶剂涂料（粉末涂料和光固化涂料）成为涂料科学的前沿研究课题。

## 一、涂料的概述

涂料产品服务范围遍及各行各业，品种性能多样。涂料工业属于近代工业，但涂料本身却有着悠久的历史，涂料应用始于史前时代。

### 1. 涂料的定义

涂料是借助一定的施工方法涂于物体表面，能形成具有保护、装饰或特殊性能（如绝缘、防腐等）固态涂膜的一类液体或固体材料的总称。目前各种高分子合成树脂广泛用作涂料的原料，全世界涂料产品近千种，产量超过 2000 万吨，并且以年增长率 3.4% 的速度增长，合成树脂涂料占主导地位，形成了以醇酸、丙烯酸、乙烯、环氧、聚氨酯树脂涂料为主体的系列产品。

### 2. 涂料的作用

涂料的应用十分广泛，例如家具和船舶的涂装、武器伪装、航天等，不论是日常生活还是国防建设等方面都有涂料的身影。概括地说，涂料主要有以下四方面的作用。

（1）保护作用　物品暴露在大气中，受到水分、氧气、各种恶劣天气等的影响，会出现金属腐蚀、水泥风化、木材腐败等破坏现象。将涂料涂在物体的表面，可以形成保护膜，阻止或延缓这些破坏的发生。

（2）装饰作用　现代生活中，从房屋建筑、厂房设备、交通工具到电器、文具等，都需要涂料装饰，使人感到美观舒适、焕然一新，生活变得丰富多彩。

（3）标志作用　标志作用是利用涂料色彩的明度和颜色强烈反差的效果，引起人们的警觉，避免危险事故的发生，例如交通道路的警示牌。有些公共设施，如医院、消防车、救护车、邮局等也常用色彩来标示，方便人们辨别。在工厂中，各种管道、设备、槽车、容器常用不同颜色的涂料来区分其作用和所装物的性质。

（4）特殊作用　涂料的特殊作用包括防辐射、防热、防电等。例如电子工业中使用的导电、导磁涂料；航空航天工业上的烧蚀涂料、温控涂料；军事上的伪装与隐形涂料等，这些特殊功能涂料对于高科技的发展有着重要的作用。高科技的发展对材料的要求愈来愈高，而涂料是对物体进行改性最便宜和最简便的方法，不论物体的材质、大小和形状如何，都可以在表面上覆盖一层涂料，从而得到新的功能。

### 3. 涂料的分类

涂料的品种繁多，在我国市场上出现的涂料品种有一千多种。我国 2003 年颁布的国家标准 GB/T 2705—2003《涂料产品分类和命名》中有具体表述。

分散介质在涂料中起到溶解或分散成膜物质及颜（填）料的作用，以满足各种涂料施工工艺的要求，按照分散介质的作用，将涂料分类如下：

（1）水溶性涂料　以水溶性高聚物为成膜物质的产品，分散介质是水。

（2）乳胶型涂料　以各种不饱和单体经乳液聚合得到的分散体系（乳液）为基础，配合颜（填）料、助剂后就成为乳胶漆，分散介质是水。

（3）溶剂型涂料　以高分子合成树脂为成膜物质，分散介质是有机溶剂，如甲苯。

（4）粉末涂料　粉末涂料指的是一种新型的不含溶剂、100%固体粉末状涂料。由成膜树脂、助剂、颜料、填料等经混合、粉碎、过筛而成。涂装施工时需要静电喷涂和烘烤成膜。

## 二、涂料配方的基本组成

涂料是由成膜物质、溶剂、颜料和助剂组成。

### 1. 成膜物质

成膜物质是组成涂料的基础，又称基料、漆料，是能黏着于物体表面并形成涂层或涂膜的一类物质，决定着涂料的基本性质。成膜物质可以是油脂、天然树脂、合成树脂。

### 2. 溶剂

溶剂是挥发成分，包括有机溶剂和水。溶剂的主要作用是使基料溶解或分散成黏稠的液体，以便涂料施工。在涂料施工过程中和施工完毕后，这些有机溶剂和水挥发，使基料干燥成膜。常见的有机溶剂有脂肪烃、芳香烃、醇、酯、醚、酮、氯烃类等。在一般的液体涂料中，溶剂的含量相当大，在热塑性涂料中，一般占 50% 以上，在热固性涂料中，占 30%～50%。

涂料中的有机挥发物可造成光化学污染和臭氧层破坏，对自然环境和人体健康都产生不利影响。

### 3. 颜料

颜料是一种微细的粉末状的有色物质，能赋予涂料以颜色和遮盖力，提高涂层的机械性能和耐久性。颜料的颗粒大小为 $0.2\sim100\mu m$，其形状可以是球状、鳞片状和棒状，不溶于溶剂、水和油类。因为不能离开主要成膜物质单独构成涂膜，也被称为次要成膜物质。

颜料按化学成分可分为无机颜料和有机颜料，常用的无机颜料有钛白（分金红石型和锐钛型)、锌白、锌钡白(又称立德粉)、硫化锌、铁红、铬黄、炭黑、群青、铝粉等；常用的有机颜料有偶氮颜料、酞菁颜料等。

颜料按性能可分为着色颜料、体质颜料和功能性颜料。着色颜料品种非常多。体质颜料又称填料，一般是用来提高着色颜料的着色效果和降低成本，常见的有硫酸钡、硫酸钙、碳酸钙、二氧化硅、滑石粉等。功能性颜料有防锈颜料、消光颜料、防污颜料等。

**4. 助剂**

助剂是涂料的辅助成分，用于改善涂料及涂膜的一些性能，虽然在涂料配方中所占的比例较小，但对涂料的储存、施工、所形成膜层的性能起着重要作用。根据助剂对涂料和涂膜所起作用分为四类：

① 对涂料生产过程发生作用的：如分散剂、消泡剂、湿润剂等。
② 对涂料贮存过程发生作用的：如防腐剂、防结皮剂、防沉淀剂等。
③ 对涂料施工成膜过程发生作用的：流平剂、催干剂、固化剂等。
④ 对涂膜性能发生作用的：如增稠剂、增塑剂、防冻剂等。

## 三、涂料的生产设备

涂料的主要生产设备有：分散设备、研磨设备、调漆设备、过滤设备、输送设备等。

**1. 分散设备**

预分散是涂料生产的第一道工序，可使颜料与部分漆料混合，变成颜料色浆半成品。在色漆生产中，是研磨分散的配套工序。目前，高速分散机是使用最广泛的预分散设备，如图 6-1 所示。

图 6-1 高速分散机

**2. 研磨设备**

研磨设备是色漆生产的主要设备，基本类型分两类，一类带研磨介质，如砂磨机、球磨机等；另一类不带研磨介质，像单辊机、三辊机等。

带研磨介质的设备依靠研磨介质（如玻璃珠、钢珠、卵石等）在冲击和相互滚动或滑动时产生的冲击力和剪切力进行研磨分散。通常用于流动性好的中、低黏度漆浆的生产，产量大，分散效率高。不带研磨介质的研磨分散设备，可用于黏度很大，甚至成膏状物料的生产。

### 3. 调漆设备

大批量生产时，一般用调漆罐，也就是通常所说的调色缸。其结构相对简单，由搅拌装置、驱动电机、搅拌槽几部分组成。搅拌桨可安装在底部及侧面，电机可单速或多速。

### 4. 过滤设备

漆料在生产过程中不可避免会混入杂质，有时产生漆皮，在出厂包装前，必须加以过滤。用于色漆过滤的常用设备有罗筛、压滤机、振动筛、袋式过滤器、管式过滤器和自清洗过滤机等。

### 5. 输送设备

涂料生产过程中，原料、半成品和成品需要运输，输送不同的物料需要不同的输送设备。如液料输送泵、粉料输送泵等。

## 四、涂料的生产工艺

不同类型涂料的生产工艺是有差异的，下面举几个例子。

### 1. 色漆的生产工艺

色漆是由固体粉末状的颜（填）料、黏稠状的液体漆料、稀薄的液体溶剂和少量的助剂组成的多相混合物。就色漆本质而言，它是将颜料分散在漆料中，形成以颜料为分散相，以漆料为连续相的非均相分散体系。

色漆生产工艺是指将颜（填）料均匀分散在基料中，加工成色漆成品的物料传递或转化过程。核心是颜（填）料的分散和研磨，一般包括混合、分散、研磨、过滤、包装等工序。

（1）配料　配料分两次完成，首先按一定的颜料：基料：溶剂比例配颜料浆。然后在分散以后，根据色漆配方补足其余非颜料组分。

（2）预分散　使用高速搅拌机，在低速搅拌下逐渐将颜料加入基料中混合均匀。预分散使得研磨能正常进行，以便分散细度能满足要求。

（3）研磨分散　研磨分散是一种精细研磨，对中、小附聚粒子的破碎很有效，一般在预分散过程后进行，目的是达到更高的细度和分散度。

（4）调漆　将色漆剩余组分加入研磨好的色浆中，调色，调整到适合的黏度。

（5）过滤包装　做底漆采用120目筛子过滤，面漆用180目筛子过滤。去除杂质和不符合细度的颗粒，最后包装。

色漆生产工艺流程，如图6-2所示。

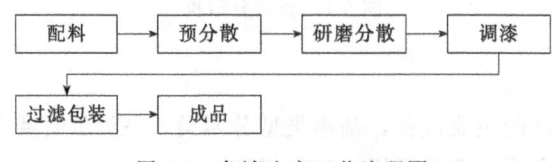

图6-2　色漆生产工艺流程图

### 2. 乳胶漆的生产工艺

将水放入高速搅拌机中，在低速下依次加入成膜助剂、增稠剂、颜料分散剂、消泡剂等助剂。当混合均匀后，再将颜（填）料缓慢加入高速搅拌机中研磨分散，随时检测混合溶液细度，当细度合格后，分散完毕；在低速下加入乳液、pH调整剂，再加入其他助剂，最后用水或增稠剂调整黏度，过滤出料。

乳胶漆生产工艺流程，如图 6-3 所示。

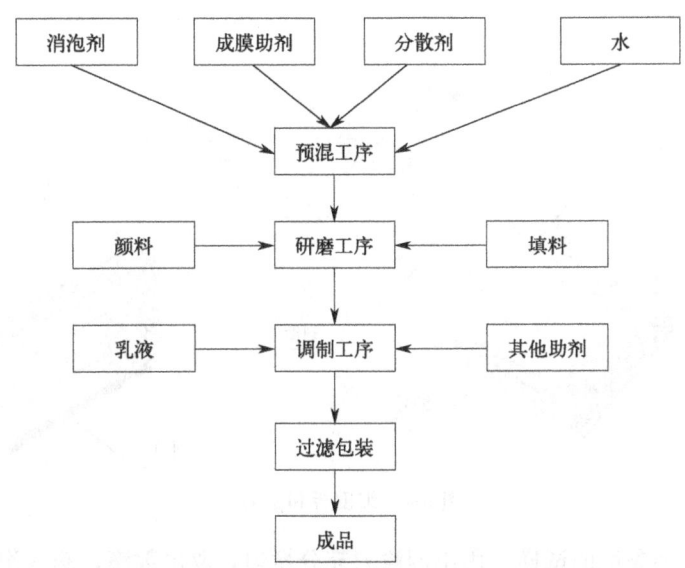

图 6-3 乳胶漆生产工艺流程图

## 五、涂料质量性能的分析检测

### 1. 涂料的性能

涂料的质量和配套性是获得优质涂层的基本条件。涂料的性能指标较多，比较重要的有以下几个。

（1）附着力 涂层与被涂物体表面或涂层之间的结合力。

（2）柔韧性 常以弯曲试验衡量涂膜的柔韧性，即被涂试验板弯曲后涂膜开裂和剥落程度，弯曲最紧面不产生裂纹的涂膜柔韧性最好。

（3）耐冲击性（冲击强度） 涂膜经受高速度负荷冲击，快速变形而不出现开裂和剥落的能力。它表现了成膜物质的柔韧性、涂层的附着力。

（4）硬度 体现了涂膜被比其更硬的物体穿入时的阻力，是涂层机械强度的重要性能之一。

（5）光泽 体现了物体表面反射光线的性质。

（6）耐热及耐老化性 体现了涂料的户外耐久性能。

（7）耐磨性 与涂层的硬度、附着力和交联程度等有关，并且受被涂材料表面性质及处理方法影响，是涂料的力学性能之一。

（8）保光性、耐水和耐溶剂性等性能 涂层在使用中保持原色的性能称保光性，保光与保色性主要与成膜物质与颜料的耐候性有关。涂层耐水性包括吸水性和透水性。耐溶剂性是指抵御有机溶剂、酸碱液等作用的能力。

**2. 涂料的性能检测**

涂料性能检测有细度检测、黏度检测等。下面简单介绍几种。

（1）细度检测　细度是检查色漆中颜料颗粒大小或分散均匀程度的标准，以微米表示。测定方法参考 GB/T 1724—2019《色漆、清漆和印刷油墨　研磨细度的测定》，可用细度板和刮刀（图6-4）。

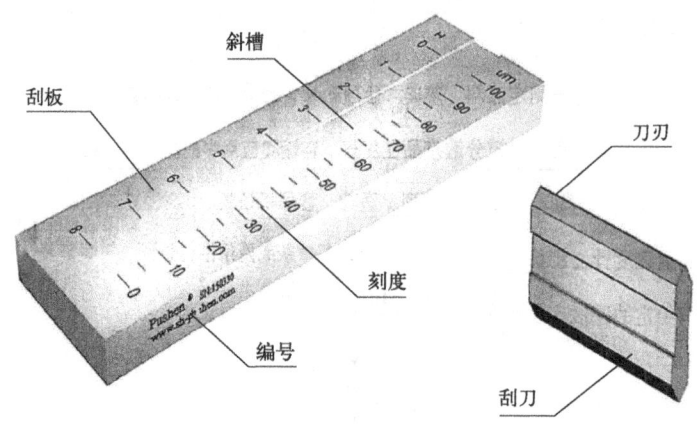

图 6-4　细度板和刮刀

将符合产品标准黏度的试样，用小调漆刀充分搅匀，取出数滴，滴入沟槽最深部位，即刻度值最大部位。以双手持刮刀，横置于刻度值最大部位（在试样边缘处）使刮刀与刮板表面垂直接触。在3s内，将刮刀由最大刻度部位向刻度最小部位拉过。立即（不得超过5s）使视线与沟槽平面成15°～30°角，对光观察沟槽中颗粒均匀显露处，并记下相应的刻度值。如有个别颗粒显露于其他分度线时，则读数与相邻分度线范围内，不得超过三个颗粒。

（2）黏度　黏度测定的方法很多，通常是在一定温度下，测量定量的涂料从仪器孔流出所需的时间，以 s 表示。常用黏度计有两种，一种是涂料-1黏度计，适用于测定流出时间不低于20s的涂料产品；另一种是涂料-4黏度计，适用于测定流出时间在150s以下的涂料。具体操作见 GB/T 1723—1993。

（3）遮盖力　不同类型和不同颜色的涂料，遮盖力各不相同，一般说来高档品种比低档品种遮盖力好，深色的品种比浅色的品种遮盖力好。色漆涂布于物体表面，能遮盖物面原来底色的最小用量，称为遮盖力。测定方法见 GB/T 23981.2—2023。

（4）硬度　涂膜的硬度是指涂膜干燥后具有的坚实性，用以判断它受外来摩擦和碰撞等的损害程度。测定涂膜硬度的方法很多，如摆杆阻尼硬度法、铅笔硬度法、划痕硬度法和压痕硬度法。铅笔法具体操作见 GB/T 6739—2022《色漆和清漆　铅笔法测定漆膜硬度》。

（5）附着力　涂膜附着力是指它和被涂物表面牢固结合的能力。附着力不好的产品，容易和物面剥离而失去其防护和装饰效果。所以，附着力是涂膜性能检查中最重要的指标之一。通过这个项目的检查，可以判断涂料配方是否合适。

附着力的测定方法有划圈法、划格法和扭力法等，以划圈法最常用，它分为7级，1级圈纹最密，如果圈纹的每个部位涂膜完好，则附着力最佳，定为一级。反之，7级圈纹最稀，不能通过这个等级的，附着力就太差而无使用价值了。通常比较好的底漆附着力并没有达一级，面漆的附着力是二级左右。测定方法见 GB/T 1720—2020《漆膜划圈试验》。

## 进度检查

**一、填空题**

1. 涂料是由 _____ 、_____ 、_____ 和 _____ 等按一定配方配制而成，其具体品种称为"漆"，泛称涂料。

2. 颜料按性能可分为 _____ 、_____ 和 _____ 。

**二、判断题（正确的在括号内画"√"，错误的画"×"）**

1. 附着力的测定方法划圈法，它分为 7 级，1 级附着力最佳。（　　）

2. 合成树脂是涂料的主要成膜物质之一。（　　）

**三、简答题**

1. 简述涂料的主要作用。

2. 涂料中溶剂的作用是什么？

3. 涂料生产中预分散的目的是什么？

编号 FJC-123-03

# 学习单元 6-3  农药生产技术

**学习目标**：完成本单元的学习之后，能够了解农药的定义、作用、主要类别、剂型，掌握典型杀虫剂和除草剂的化学性质、分类，掌握典型的农药生产技术。
**职业领域**：化工、石油、环保、医药、冶金、汽车、食品、建材等工程。
**工作范围**：分析检验。

农药在农业生产中的作用不容低估。农药防治作用快，可以快速控制病虫害灾情的蔓延和发展；可以根据防治的对象不同选择对口的农药；可以对应使用高效的喷洒机械等。故而农药可以节省劳动力、提高产量、降低农产品的成本、提高经济效益。同时，农药在农产品的储存、保鲜、运输、销售和加工等过程中也发挥着非常重要的作用。此外，农药在林业、畜牧业及防治卫生虫害，特别是在控制对人类危害严重的传染病（疟疾、鼠疫等）方面也起了十分重要的作用。可以说农药在民生中有着巨大的作用，因而了解农药的相关知识是非常有必要的。

中国农药发展史是中国特色新型工业化道路的缩影。新中国成立以来，中国农药工业从无到有、从小到大，历经了初创、调整、发展三个阶段，走过了波澜壮阔的七十多年风雨历程，取得了辉煌成就。目前，我国已成为世界最大的农药生产国。这些成就离不开赵善欢、钱旭红等老一辈科学家的勤奋、坚持与辛苦付出。

## 一、农药的定义及作用

### 1. 农药的定义

农业是国民经济的基础，农药在农业现代化进程中有着非常重要的地位。农药是指用于防治农作物（包括树木和农林产品）病虫害的杀菌剂、杀虫剂、除草剂、杀鼠剂和植物生长调节剂等。家居用的和非农耕地用的杀虫剂、杀鼠剂、除草剂及杀菌剂也都属于农药。农药广泛用于农林业生产的产前、产中至产后的全过程，同时也用于环境和家庭卫生除害防疫，以及某些工业品的防蛀、防霉。

### 2. 农药的作用

① 用于预防、消灭或者控制危害农、林、牧、渔业的病、虫（包括昆虫、蜱、螨）、草、鼠和软体动物等有害生物。
② 调节植物、昆虫生长。
③ 防治仓储病、虫、鼠及其他有害生物。
④ 用于农林业产品的防腐、保鲜。
⑤ 用于防治动物生活环境中的蚊、蝇、蟑螂、虱、蠓、蚋、跳蚤等卫生害虫和害鼠。
⑥ 预防、消灭或者控制危害河流堤坝、铁路、机场、建筑物、高尔夫球场、草场和其

他场所的有害生物，主要是指防治杂草、危害堤坝和建筑物的白蚁和蛀虫，以及破坏衣物、文物、图书等的蛀虫。

## 二、农药的分类

根据不同的分类标准，农药有很多分类方式。可按防治对象分类、按成分和来源分类、按作用方式及毒理机制分类、按化学结构分类，亦有将上述几种综合或交叉分类的。最常见的分类方式是按照防治对象不同来分类的，见表6-1。

表6-1 农药分类

| 按防治对象 | 分类根据 | 类别 | |
|---|---|---|---|
| 杀虫剂 | 作用方式 | 胃毒剂、触杀剂、熏蒸剂、内吸剂、引诱剂、趋避剂、拒食剂、不育剂、几丁质酶抑制剂、昆虫生长调节剂(保幼激素、蜕皮激素、信息素)、杀卵剂 | |
| | 来源及化学组成 | 合成杀虫剂 | 无机杀虫剂(无机砷、无机氟) |
| | | | 有机杀虫剂(有机氯、有机磷、氨基甲酸酯、拟除虫菊酯等) |
| | | 天然产物杀虫剂(鱼藤酮、除虫菊素、烟碱、沙蚕毒等) | |
| | | 微生物杀虫剂(细菌毒素、真菌毒素、抗菌素) | |
| 杀螨剂 | 化学组成 | 有机氯、有机磷、有机锡、氨基甲酸酯、偶氮及肼类、甲脒类、杂环类等 | |
| 杀鼠剂 | 作用方式 | 速效杀鼠剂、缓效杀鼠剂、熏蒸剂、驱避剂、不育剂 | |
| | 化学组成 | 无机杀鼠剂 | |
| | | 有机杀鼠剂(硫脲类、脲类、香豆素类、杂环类、有机硅类等) | |
| 杀软体动物剂 | 化学组成 | 无机药剂 | |
| | | 有机药剂 | |
| 杀线虫剂 | 化学组成 | 卤代烃、氨基甲酸酯、有机磷、杂环类 | |
| 杀菌剂 | 作用方式 | 内吸剂、非内吸剂 | |
| | 防治原理 | 保护剂、铲除剂、治疗剂 | |
| | 使用方法 | 土壤消毒剂、种子处理剂、喷洒剂 | |
| | 来源及化学组成 | 合成杀菌剂 | 无机杀菌剂(硫制剂、铜制剂) |
| | | | 有机杀菌剂(有机汞、有机铜、有机锡；二硫代氨基甲酸类；取代苯类；酰胺类；取代醌类；硫氰酸类；取代甲醇类；杂环类等) |
| | | 细菌杀菌剂(抗菌素) | |
| | | 天然杀菌剂及植物防卫素 | |
| 除草剂 | 作用方式 | 触杀剂、内吸传导剂 | |
| | 作用范围 | 选择性除草剂、非选择性(灭生性)除草剂 | |
| | 使用方法 | 土壤处理剂、叶面喷洒剂 | |
| | 使用时间 | 播种除草剂、芽前除草剂、芽后除草剂 | |
| | 化学组成 | 无机除草剂 | |
| | | 有机除草剂(有机磷、砷；氨基甲酸酯类；脲类；羧酸类；酰胺类；醇、醛、酮、醚类；杂环类；烃类等) | |
| 植物生长调节剂 | 来源及化学组成 | 合成植物生长调节剂(羧酸衍生物、取代醇类、季铵盐类、杂环类、有机磷等) | |
| | | 天然的植物激素(赤霉素、吲哚乙酸、细胞分裂素、脱落酸等) | |

**1. 杀虫剂**

杀虫剂是用于防治害虫的农药。某些杀虫剂可用于防治卫生害虫、畜禽体内外寄生虫以及危害工业原料及其产品的害虫。

按作用方式分为：

（1）胃毒剂　杀虫剂随食物通过害虫口器摄食后，在肠液中溶解或者被肠壁细胞吸收到致毒部位，致使害虫中毒死亡。如敌百虫、除虫脲等。

（2）触杀剂　害虫接触到药剂时，药剂通过虫体表皮渗入虫体内，使害虫受到干扰或破坏某些虫体组织使害虫死亡。如甲基对硫磷、氰戊菊酯、氯氰菊酯等。

(3) 熏蒸剂 某些药剂在常温下即升华，挥发成有毒气体或经过一定的化学作用而产生有毒气体，然后经由害虫的呼吸系统，如气孔（气门）进入虫体内，使害虫中毒死亡。如溴甲烷、敌敌畏、磷化铝等。熏蒸剂一般应在密闭条件下使用。

目前大量应用的杀虫剂，大都以触杀作用为主，兼有胃毒作用，如好年冬（丁硫克百威）、咪虫啉等。少数品种具有熏蒸作用，如敌敌畏。仅具有上述三种作用方式之一的杀虫剂品种不多。

(4) 内吸剂 是指不论将药剂施到作物的哪一部位（根、茎、叶、种子）都能被作物吸收到体内，并随着植株体液传导到全株各部位。传导到植株各部位的药量足以使危害此部位的害虫中毒死亡，同时，药剂可在植物体内贮存一定时间又不妨碍作物的生长发育。如乐果、甲拌磷、克百威等。内吸剂的优点是使用方便，适用于防治那些藏在隐蔽处的害虫。

(5) 驱避剂 药剂本身无毒害作用，但由于其具有某种特殊气味或颜色，施药后可使害虫不愿接近或远避。当前，最为成功的驱避剂为预防蚊虫的避蚊胺。

(6) 拒食剂 害虫在接触或摄食此类药剂后，会消除食欲，拒绝取食而饥饿至死。从天然植物中人工分离出作为拒食剂的物质已有300多种。糖苷类、萜烯类、香豆素等都有较强的广谱拒食作用。

(7) 引诱剂 能引诱昆虫的药剂即为引诱剂。昆虫在进化过程中，为了自身的生存，利用各种器官，如触角以及跗节等，选择最优的外界条件，延续生命与繁殖后代。有引诱作用的化学物质，在自然界多为能产生气味而弥散空间的有机物。如诱杀地老虎成虫的糖醋酒诱杀剂；诱集棉铃虫产卵的嫩玉米丝提取液等。

(8) 性信息素 雌性昆虫尾端外翻的腺体释放出一种极微量的化学物质以引诱同种雄性昆虫进行交配繁殖。有性引诱作用的性信息素普遍存在于昆虫中，仅鳞翅目昆虫已知有170多种。人们通过活体提取或人工合成这种物质，以引诱雄虫进行灭杀或由此预测害虫的发生期、发生量及危害情况，以便作出防治决策。当前生产上应用较广泛的有棉铃虫性信息素、棉红铃虫性信息素、玉米螟性信息素、家蝇性信息素等多种。

(9) 绝育剂 此种药剂被昆虫摄食后，能破坏其生殖功能，使害虫失去繁殖能力。雌性害虫虽经交配也不会产卵或虽能产卵也不能孵化。其优点是只对那些造成危害的目标害虫起防治作用，而对同一生态环境中的无害或有益昆虫无不良影响。绝育剂在美国防治螺旋蝇效果良好，而当前国内研究较少。

(10) 昆虫生长调节剂 此类药剂通过对目标害虫施用后扰乱害虫正常生长发育而使害虫死亡或减弱害虫的生活能力。这类药剂有保幼激素、蜕皮激素、几丁质酶抑制剂等。

(11) 杀卵剂 药剂与虫卵接触后，进入卵内降低卵的孵化率或直接进入卵壳使幼虫或虫胚中毒死亡。如石灰硫黄合剂，可使卵壳变硬、胚胎干死；一些油剂可阻碍蚊卵、叶螨卵、苹果小卷蛾卵的呼吸，累积有毒代谢物使其中毒死亡。

## 2. 杀菌剂

杀菌剂是指在一定剂量或浓度下，具有杀死植物病原菌或抑制其生长发育的农药。按作用方式和机制可分为：保护性杀菌剂、治疗性杀菌剂、内吸性杀菌剂、土壤消毒剂4种。

(1) 保护性杀菌剂 在植物染病前施用，抑制病原孢子萌发或杀死萌发的病原孢子，以保护植物免受病原菌侵染危害的杀菌剂，又称为防御性杀菌剂。保护性杀菌剂有两种：一种是用杀菌剂消灭病害侵染源，属此类药剂的有代森锰锌、雷多米尔等。另一种是在病菌未侵入植物之前，把杀菌剂施到寄主表面，使其形成一层药膜，防止病菌侵染。属此类药剂的有硫酸铜、绿乳铜、波尔多液等。

（2）治疗性杀菌剂　当病原菌侵入农作物或已使农作物染病后，施用能抑制病原菌继续发展或能灭病菌的药剂，以消除病菌危害或使植物病菌停止发展，植株恢复健康。如多菌灵、苯菌灵、三唑酮、甲霜灵等。

（3）内吸性杀菌剂　它能通过作物根、茎、叶等部位吸收进入作物体内，并在作物体内传导、扩散、滞留或代谢后，起到防治植物病害的作用。这类药剂本身或其代谢可抑制已侵染病原菌的生长或保护植物免受病原菌重复侵染。属此类杀菌剂的有速克灵、苯来特、菌核净等。

（4）土壤消毒剂　采用沟施、浇灌、翻混等方法，对带病土壤进行药剂处理，使土壤中的病原菌得以抑制，以免作物受害。如甲基立枯磷、威百亩等。

**3. 除草剂**

用以消灭或控制杂草生长的农药，使用范围包括农田、苗圃、林地、花卉园林及一些非耕地。按作用方式和作用性质可分为以下几类：

（1）内吸传导型除草剂　药剂施于植物上或土壤中后，可被杂草的根、茎、叶等部位吸收，并能在杂草体内传导到整个植株各部位，使杂草的生长发育受抑致死。如农得时、茅草枯、草甘磷、拿捕净等。

（2）触杀型除草剂　此类除草剂不能被植物体内吸收、传导和渗透，只能是植物的绿色部位接触药剂吸收后被枯杀。如敌草快、灭草松等。

（3）选择性除草剂　植物对其具有选择性，即在一定剂量和浓度范围内能灭杀某种或某类杂草，但对作物安全无害。如广灭灵、盖草能、连达克兰、2，4-滴丁酯等。

（4）灭生性除草剂　在药剂使用后，所有接触药剂的植物均能被杀死。此类药剂无选择性，但可利用作物与杂草之间存在的各种生理差异（如出苗时间早迟、根系分布的深浅、外型生长相异及药剂持效期长短等）正确合理地使用，亦可达到除草不伤苗的目的。如百草枯。

**4. 植物生长调节剂**

植物在整个生长过程中，除需要日光、温度、水分、矿物等营养条件外，还需要有某些微量的生理活性物质。这些极少量生理活性物质的存在，对调节控制植物的生长发育具有特殊功能作用，故称之为植物生长调节物质。植物生长调节物质可分为两类：一类是植物激素，另一类是植物生长调节剂。

植物激素都是内生的，故又称内源激素，假如想通过从植物体内提取植物激素，再扩大应用到农业生产方面，那是很困难的。而植物生长调节剂则是随着对植物激素的深入研究而发展起来的人工合成剂，它具有天然植物激素活性，有着与植物激素相同的生理效应，对植物的生长发育起着重要的调节功能。植物生长调节剂具有调控植物发育程序，增强作物对环境变化的适应性，使作物的生育有利于良种潜力的充分发挥。按作用方式可分为：

（1）生长素类　促进细胞分裂、伸长和分化，延迟器官脱落，可形成无籽果实。如吲哚乙酸、吲哚丁酸等。

（2）赤霉素类　促进细胞伸长、开花，打破休眠等。如赤霉酸。

（3）细胞分裂素类　主要促进细胞分裂，保持地上部分绿色，延缓衰老。如玉米素、二苯脲等。

(4) 乙烯释放剂　用于抑制细胞伸长，引起横向生长，促进果实成熟、衰老和营养器官脱落。如2-氯乙基膦酸（乙烯利）。

(5) 生长素传导抑制剂　能抑制顶端优势，促进侧枝侧芽生长。如氯苯醇（整形素）。

(6) 生长延缓剂　主要抑制茎的顶端分生组织活动，延缓生长。如矮壮素、缩节胺、多效唑等。

(7) 生长抑制剂　可破坏顶端分生组织活动，抑制顶芽生长，但与生长延缓剂不同，在施药后一定时间，植物又可恢复顶端生长。如马来酰肼（青鲜素）。

(8) 油菜素内酯　能促进植物生长，增加营养体收获量，提高坐果率，促进果实膨大，增加粒重等。在逆境条件下，能提高作物的抗逆性，应用浓度极低。如农乐利。

### 5. 杀鼠剂

防治鼠类等有害啮齿动物的农药，多通过胃毒、熏蒸作用直接毒杀。但存在人畜中毒或二次中毒等危险。因此，优良的杀鼠剂应具备：对鼠类毒性大，有选择性；不易产生二次中毒现象；对人畜安全；价格便宜等特点。

符合上述全部要求的杀鼠剂并不多，使用时应强调安全用药的时间和方法。

## 三、农药的剂型

多数农药的原药是脂溶性物质，不溶或难溶于水，不能直接使用。若直接使用，难以分散而黏附在虫、菌体或植株上，影响药效的发挥，达不到防治效果，甚至会烧伤农作物。为提高药效、改善农药性能、降低毒性、稳定质量、节省原药用量、便于使用，必须将农药原药加工制成一定的剂型。

农药的剂型，是根据农作物的品种、虫害的种类、农作物的生长阶段和施药地点、病虫害发生期以及各地自然条件而确定。因此，农药剂型多种多样，可加工成多种剂型，对剂型的要求是经济、安全、合理、有效和方便使用。基本剂型有粉剂、可湿性粉剂、乳剂、液剂、胶体剂和颗粒剂等。

农药剂型分类按有效成分释放特性分类，可分为自由释放型和控制释放型。大多数常规农药剂型如粉剂、粒剂、乳剂、油剂、水剂等均属自由释放型，而控制释放型主要是指缓释剂，通常包括物理和化学两类。按施药过程分类，可分为直接施用、用水稀释后施用和特殊施用三类。最简单的分类方法是按照制剂的物态来分类，分为固态和液态。常见剂型和剂型代码如表6-2所示。

表6-2　常见农药剂型和剂型代码

| 剂型 | 剂型代码 | 剂型 | 剂型代码 |
|---|---|---|---|
| 粉剂 | DP | 可湿性粉剂 | WP |
| 可溶性粉剂 | SP | 水分散粒剂 | WDG/WG |
| 水溶性粒剂 | SG | 乳油 | EC |
| 可溶性液剂 | SL | 微乳剂 | ME |
| 水乳剂 | EW | 悬浮剂 | SC |
| 悬浮乳剂 | SE | 悬浮种衣剂 | FS |
| 油悬浮剂 | OF | 泡腾片剂 | PP |
| 颗粒剂 | GR | 水剂 | AS |
| 蚊香片剂 | MC | 毒饵剂 | RB |

## 四、典型农药产品的生产

### 1. 敌百虫的生产工艺

$$\begin{array}{c} CH_3O \quad O \quad OH \\ \diagdown \| \quad | \\ P-CH-CCl_3 \\ \diagup \\ CH_3O \end{array}$$

$O,O$-二甲基(2,2,2-三氯-1-羟基乙基)磷酸酯

敌百虫是一种高效低毒的有机磷胃毒杀虫剂。工业品敌百虫是白色块状结晶,并含有少量的油状杂质;纯品为白色针状结晶固体,有醛类气味。20℃时,敌百虫在水中的溶解度为120g/L,敌百虫易溶于大多数有机溶剂,但不溶于脂肪烃和石油,在己烷中的溶解度为0.1~1g/L,在二氯甲烷、异丙醇中的溶解度大于200g/L,在甲苯中的溶解度为20~50g/L。敌百虫固体状态很稳定,在溶液中易发生水解和脱氯化氢反应而失效,当pH值大于6时分解迅速。在中性和酸性条件下比较稳定,若在碱性条件下很快转化成敌敌畏,室温下8h分解率达到99%。

敌百虫进入机体后,能抑制胆碱酯酶的活性,造成神经生理功能紊乱。敌百虫不能与其他杀虫剂混用或并用,如波尔多液、石硫合剂、石灰以及其他一些碱性物质,否则对人畜有害。

敌百虫具有杀虫范围广、药效优良、对人畜安全、使用方便、生产工艺简便、成本低廉等特点,因而在国内迅速发展,应用非常广泛,已经成为我国有机磷农药产品中最大的品种,国内的生产工艺在许多方面达到了世界先进水平。

(1) 生产原理 敌百虫生产的原料是甲醇、三氯化磷和三氯乙醛,采用一步合成法,分两段反应。先将三种原料放在反应锅中,然后分酯化、缩合两步进行。两段是指反应温度不同,第一段是在低温下0~35℃反应,生成二甲基亚磷酸酯等,第二段在高温下反应,温度在80~120℃,此步缩合而成敌百虫。两步反应可以在一个罐中进行,分段加热,也可以分别在两个罐内完成。第一段为酯化反应,酯化反应的化学反应方程式是:

$$3CH_3OH + PCl_3 \longrightarrow \begin{array}{c} CH_3O \\ \diagdown \\ P-OH \\ \diagup \\ CH_3O \end{array} + 2HCl + CH_3Cl \uparrow$$

酯化反应为放热反应,因此必须设置冷却装置,用冷盐水冷却,并控制三氯化磷的加料速度,将反应温度控制在35℃以下。反应中生成的大量HCl要尽快排除,否则会同目的产物发生反应,从而降低产品的质量和收率,因此最好是在真空条件下进行,真空度越大越有利,能够迅速排除生成的HCl。第二段为缩合反应,反应方程式如下。

$$\begin{array}{c} CH_3O \\ \diagdown \\ P-OH \\ \diagup \\ CH_3O \end{array} + CCl_3CHO \longrightarrow \begin{array}{c} CH_3O \quad O \quad H \\ \diagdown \| \quad | \\ P-C-CCl_3 \\ \diagup \quad | \\ CH_3O \quad OH \end{array}$$

缩合反应阶段是二甲基亚磷酸酯与三氯甲醛缩合而成敌百虫的反应。为了使反应完全,采取三氯乙醛适当过量。为了提高产品的质量,本阶段也采用真空操作。

(2) 工艺流程 敌百虫的生产方法比较简单,每个工厂采用的方法不一定相同,以某农药厂的工艺流程来介绍。该厂采用的是一步合成,酯化与缩合分别在两个罐内进行,混合和酯化合并在一个罐内。生产时,将所需的原料,甲醇114kg,三氯乙醛177kg,回流液

280kg，分别置于各自的储罐内，并进行计量，然后将三氯乙醛和回流液逐渐放入第一个罐内，在开搅拌的条件下逐渐加入甲醇液，控制反应温度不超过50℃，加入甲醇液体的时间大致为15min。混合液的温度逐渐冷却至5℃以下，然后在充分冷却的条件下，保持真空搅拌，继续向混合液中滴加三氯化磷，保持罐内温度不高于35℃，真空度不低于60kPa。

加完料以后，真空度要再提高到90kPa以上，温度下降至0℃左右，此后将该酯化液缓慢投入甩盘，投入速度以甩盘内不存料并使料液充满液封管为宜，真空度在80kPa左右，温度保持在80~90℃。

当甩盘工作25~30min后，开动第二罐搅拌器，使第二罐的真空度在80kPa，温度在80℃以上，并将回流管内回流液全部放入热罐内，甩盘停止搅拌，酯化液全部导入热罐内，这时开始通气，升高温度，降低真空度至16~17kPa，保持20min，待缩合反应完以后，将物料抽至成品压料罐。接下来结晶，包装入库。

### 2. 草甘膦的生产工艺

草甘膦是1971年首先由美国孟山都（Monsanto）公司开发的有机磷内吸传导广谱灭生性除草剂。草甘膦（glyphosate）又称$N$-(磷酸甲基)甘氨酸，分子式为$C_3H_8NO_5P$，分子量为169.08，结构式为：

$$HOCCH_2NHCH_2\overset{O}{\underset{\|}{P}}(OH)_2$$

（式中左侧羰基亦为$\overset{O}{\|}$）

草甘膦是白色固体，约在230℃溶化并伴随分解。25℃时在水中溶解度为12g/L，不溶于有机溶剂，其异丙胺盐完全溶解于水。鉴于它具有优异的除草性能，很快被推向市场。近年来，由于抗草甘膦转基因农作物的推广和应用，草甘膦使用量不断增加。我国从20世纪80年代开始生产草甘膦，目前已形成了以亚氨基二乙酸为原料的IDA工艺和以甘氨酸-亚磷酸二烷基酯为原料的甘氨酸路线。

(1) 生产原理

① IDA法。以孟山都公司为代表的国外企业主要采用IDA法。先制备亚氨基二乙酸[$NH(CH_2COOH)_2$，IDA]，再用IDA生产双甘膦，最后双甘膦氧化获得草甘膦。该工艺具有流程短、收率高和不产生污染等诸多优势。反应原理如下：

$$NH(CH_2COOH)_2 + CH_2O + PCl_3 \longrightarrow (HOOCCH_2)_2NCH_2\overset{O}{\underset{\|}{P}}(OH)_2 + H_2O$$

$$(HOOCCH_2)_2NCH_2\overset{O}{\underset{\|}{P}}(OH)_2 \xrightarrow{催化剂} HOOCCH_2NHCH_2\overset{O}{\underset{\|}{P}}(OH)_2$$

② 甘氨酸法。该路线以甘氨酸、亚磷酸二甲酯为主要原料。反应原理如下：

$$NH_2CH_2COOH + (CH_2O)_n + N(C_2H_5)_3 \xrightarrow{甲醇} HOCH_2NHCH_2COOH \cdot N(C_2H_5)_3$$

$$HOCH_2NHCH_2COOH \cdot N(C_2H_5)_3 + (CH_3O)_2POH \longrightarrow$$
$$(CH_3O)_2POCH_2NHCH_2COOH \cdot N(C_2H_5)_3$$

$$(CH_3O)_2POCH_2NHCH_2COOH \cdot N(C_2H_5)_3 + HCl \longrightarrow$$
$$(HO)_2POCH_2NHCH_2COOH + HCl \cdot N(C_2H_5)_3 + CH_3Cl$$

(2) 生产工艺

① IDA法的生产工艺

a. IDA的制备。IDA的制备有4种方法：氯乙酸法、二乙醇胺脱氢氧化法、氢氰酸法、亚氨基二乙腈水解法。氯乙酸法由于收率低（70%左右），产品含量低，对环境污染大，已遭淘汰。二乙醇胺法收率较高，工艺过程简单，使用有效催化剂可使二乙醇胺转化率达99%，IDA 的收率可达 90%以上，产品质量高，操作环境好，便于规模发展。该工艺对环境友好，技术先进成熟。氢氰酸法是国外主要采用的工艺，国内氢氰酸的原料来源存在问题，该法在我国未得到充分发展。亚氨基二乙腈水解法是近几年才发展起来的一种路线，四川天然气研究院、清华紫光英力掌握了用天然气制氢氰酸的方法，进而制备亚氨基二乙腈，再通过水解生产 IDA。该路线与二乙醇胺路线相比成本低，但生产的 IDA 用于草甘膦生产，所得产品颜色发灰，市场售价有所降低。国内 IDA 的生产以二乙醇胺法和亚氨基二乙腈水解法为主。

亚氨基二乙腈水解法：

$$HCN + CH_2O + (CH_2)_6N_4 \xrightarrow{\text{催化剂}} NH(CH_2CN)_2 + 2H_2O$$

$$NH(CH_2CN)_2 \xrightarrow{\text{水解、酸化}} NH(CH_2COOH)_2 (IDA)$$

b. 草甘膦的制备。

由双甘膦制备草甘膦有三种方法：硫酸氧化法、双氧水氧化法、氧（空）气氧化法。硫酸氧化法是我国的传统工艺，收率低（75%左右）。在制备粉剂时，后处理工序复杂，处理成本高，且粉剂含量只有 90%左右，目前已被淘汰，只有少数厂家还在使用。双氧水氧化法是我国 IDA 路线厂家较为普遍采用的方法，与硫酸氧化法相比，该法收率高（85%左右），后处理简单，固体产品含量高（95%以上）。不足之处是粉剂收率不高，为 65%～70%，产品出口以粉剂为主，水剂销售以国内市场为主。氧（空）气氧化法以氧（空）气为氧化剂，在催化剂的作用下对双甘膦进行氧化生成草甘膦。该路线与双氧水法相比，又有了很大的进步，收率高（93%～95%），固体含量高（97%以上），且粉剂收率高（85%以上），生产成本低。国内只有个别厂家开发了这种工艺，但技术水平与国际先进技术相比仍有差距，主要表现为单釜产量低，固体收率低。

② 甘氨酸法的生产工艺

a. 甘氨酸的制备。甘氨酸的生产路线主要有两种，一种是以氯乙酸、氨为原料的氯乙酸氨解法，另一种是以甲醛、氰化钠或丙烯腈装置副产的氢氰酸为原料的施特雷克法。氯乙酸氨解法不仅工艺流程复杂，生产成本较高，而且该工艺产生大量富含氯化铵和甲醛的废水，环保处理费用较高，产品质量差，纯度一般在 95%左右，同时氯化物含量高达 0.06%～0.5%，生产草甘膦需进行二次重结晶，对产品的收率影响很大。产品纯度较低，在国外已被淘汰。施特雷克法其主要原料氢氰酸几乎都是丙烯腈装置的副产物，因此不仅投资省，生产成本低，而且所得产品质量也好。日本、美国等发达国家的生产厂大都选用施特雷克工艺，采用该工艺生产的甘氨酸三废少，生产成本低，产品质量好，一般纯度可以达到 99%以上。

b. 草甘膦的制备。在缩合釜中先投入甲醇、三乙胺、多聚甲醛（固体），升温至 40℃左右进行解聚，解聚结束后投入甘氨酸进行加成反应，此时，釜温将自然升温至 50℃左右，保温结束投入亚磷酸二甲酯进行缩合反应，并控制反应温度在 60℃以下，保温 1h 左右，进行冷冻出料，将缩合液打入酸解釜，投入盐酸，再升温进行脱醇，脱至 100℃左右后开真空进行脱酸。脱酸至 105℃左右结束，加水并抽入结晶釜结晶，过滤，草甘膦湿粉去调配异丙胺盐或干燥成原粉。

## 进度检查

**一、填空题**

1. 杀菌剂按作用方式和机制可分为_____、_____、_____、_____等四种。
2. 敌敌畏属于_____杀虫剂。
3. 敌百虫生产的主要原料是_____、_____、_____。

**二、判断题**（正确的在括号内画"√"，错误的画"×"）

1. 家居用的和非农耕地用的杀虫剂、杀鼠剂、除草剂及杀菌剂都属于农药。（  ）
2. 作为除虫菊酯增效剂的物质，其本身并无杀虫能力。（  ）

**三、简答题**

1. 农药有哪些用途？
2. 除草剂有哪些种类？
3. 敌百虫的理化性质是什么？

编号 FJC-123-04

# 学习单元 6-4　表面活性剂生产技术

**学习目标：** 完成本单元的学习之后，能够掌握表面活性剂的定义、特点及分类，掌握表面活性剂的基本作用，熟知常用表面活性剂的特点及应用，掌握典型表面活性剂的生产工艺。
**职业领域：** 化工、石油、环保、医药、冶金、汽车、食品、建材等工程。
**工作范围：** 分析检验。

为什么肥皂和洗涤剂可以清洁物品呢？这里面离不开表面活性剂的作用。表面活性剂是精细化工的重要产品，享有"工业味精"的美称。虽然我国表面活性剂的研究起步较晚，但是在古时候我们就利用表面活性剂了。例如中国古代民间洗涤用的粉剂"澡豆"，在古代可以说是全能化妆品，可洗手、洗脸、洗头、沐浴、洗衣服，总而言之，一切污渍、油脂，"澡豆"全搞定！孙思邈在《千金翼方》中写道："衣香澡豆，仕人贵胜，皆是所要"。意思是说，下至贩夫走卒，上至皇亲国戚，"澡豆"是居家必备。日常生活中常用的肥皂，其制备工艺在我国宋代就比较成熟了，当时人们已经知道将天然皂荚（又名皂角）捣碎研细，加上香料等添加剂，制成橘子大小的芳香球体，俗称肥皂团，专供人们洗面浴身之用，广为流行。这些早期的肥皂和"澡豆"是表面活性剂的初期成员，主要成分是脂肪酸盐，要是分类的话，应该算是阴离子表面活性剂的一种。

## 一、表面活性剂的定义及特点

### 1. 表面活性剂的定义

表面活性剂是指在加入少量时就能显著降低溶液表面张力，并改变体系界面状态的物质。表面活性剂达到一定浓度后可缔合形成胶团，从而具有润湿或抗黏、乳化或破乳、起泡或消泡以及增溶、分散、洗涤、防腐、抗静电等一系列物理化学作用，在纺织、印染、造纸、皮革、食品、化纤、农业、医药、涂料和石油开采等行业中都有广泛的应用，成为一类灵活多样、用途广泛的精细化工产品，是精细化工最重要的产品之一。

表面活性剂形成一门工业可以追溯到 20 世纪 30 年代，以石油化工原料衍生的合成表面活性剂和洗涤剂打破了肥皂一统天下的局面。当今世界每年表面活性剂产量已超过 1500 万吨，品种逾万种。我国表面活性剂工业始于 20 世纪 50 年代，尽管起步较晚，但发展迅速。

### 2. 表面活性剂的特点

（1）双亲性　从化学结构上看，无论何种表面活性剂，其分子结构均由两部分构成。分子的一端为非极性亲油的疏水基（亲油基）；另一端为极性亲水的亲水基（疏油基），因而表面活性剂分子同时具有亲水性的极性基团和亲油性的非极性基团，表面活性剂的这种特有结构通常称为"双亲结构"。

(2) 溶解性　表面活性剂应至少溶于液相中的某一相。

(3) 界面吸附　表面活性剂溶于液相后，会降低溶液表面自由能，吸附于溶液表面上，在达到平衡时，表面活性剂溶质在界面上的浓度要大于其在溶液整体中的浓度。

(4) 界面定向排列　表面活性剂吸附在溶液表面后，会定向排列形成单分子层。

(5) 形成胶束　表面活性剂在溶液中达到一定浓度时，溶液表面张力不再下降。在溶液内部的双亲分子会自动形成极性基向水、碳氢链向内的集合体，这种集合体称为胶束或胶团，形成胶束所需的最低质量浓度称为临界胶束浓度（CMC）。在 CMC 附近，由于胶束形成前后，水中的双亲分子排列情况以及总粒子数目都发生了急剧的变化，反映在宏观上，就会出现表面活性剂溶液的理化性质（如表面张力、溶解度、渗透压、导电性、密度、可溶性、去污能力等）发生显著变化。因此，CMC 可作为表面活性剂活性的一种量度。CMC 值越小，表面活性剂形成胶束所需的浓度越低，则表面活性的界面吸附力越高，表面活性也就越好。

(6) 多功能性　表面活性剂亲水、亲油基不同，表面活性剂的特性有很大的不同，它们溶于溶液后，会显示多种复合功能。如清洁、溶解、发泡、消泡、分散、乳化、破乳、抗静电、杀菌催化及降低表面张力等。

## 二、表面活性剂的分类

表面活性剂的分类方法很多，按表面活性剂在水和油中的溶解性可分为水溶性和油溶性表面活性剂；按分子量分类，可将分子量大于 $10^4$ 者称为高分子量表面活性剂，分子量在 $10^3 \sim 10^4$ 者称为中分子量表面活性剂，分子量在 $10^2 \sim 10^3$ 者称为低分子量表面活性剂；按表面活性剂的来源可分为合成表面活性剂、天然表面活性剂和生物表面活性剂。最常用的分类方法是根据分子能否解离出离子及解离后所带电荷类型来分类，可分为阴离子表面活性剂、阳离子表面活性剂、两性离子表面活性剂、非离子表面活性剂和特殊类型表面活性剂。

### 1. 阴离子表面活性剂

阴离子表面活性剂在水溶液中，能够电离出带负电荷的亲水性基团。按电离出的亲水基团不同又分为磺酸盐型、硫酸酯盐型、羧酸盐型和磷酸盐型阴离子表面活性剂。其中产量最大、应用最广的是磺酸盐型和硫酸酯盐型。

### 2. 阳离子表面活性剂

阳离子表面活性剂的疏水基结构和阴离子表面活性剂相似，而且疏水基和亲水基的连接方式也相似，一种是亲水基直接连在疏水基上，另一种是亲水基通过酯、酰胺、醚键等形式与疏水基间接相连，所不同的是阳离子表面活性剂溶于水时，其亲水基带正电荷。

(1) 胺盐型阳离子表面活性剂　所有的胺盐型阳离子表面活性剂都可通过胺与酸的中和作用制得。一般按起始胺的不同分为高级胺盐型和低级胺盐型。前者多由高级脂肪胺与盐酸或乙酸进行中和反应制得，常用作缓蚀剂、捕集剂、防结块剂等。

(2) 季铵盐型阳离子表面活性剂　季铵盐与胺盐的区别在于它是强碱的盐，无论在酸性还是碱性溶液中均可溶解，并解离成带正电荷的铵根离子。而胺盐为弱酸的盐，对 pH 较为敏感，在碱性条件下游离成不溶于水的胺，从而失去表面活性。季铵盐由脂肪叔胺再进一步烷基化而成。常用的烷化剂为氯甲烷或硫酸二甲酯。它们的种类繁多，产量在各类阳离子表面活性剂中占首位,在工业上有实用价值的季铵盐有下列三种类型:长碳链季铵盐,咪唑啉季铵盐和吡啶季铵盐。

$$R_1-\underset{\underset{CH_3}{|}}{\overset{\overset{R_2}{|}}{N^+}}-CH_3 X^- \qquad \left[ \begin{array}{c} R-C\overset{N}{\underset{R'}{\diagup}}\overset{CH_2}{\underset{C_2H_4OH}{\diagdown}} \end{array} \right]^+ \qquad \underset{}{\bigcirc}\!\!\!-N^+-R_1 X^-$$

长碳链季铵盐　　　　咪唑啉季铵盐　　　　吡啶季铵盐

($R_1=C_8\sim C_{26}$, $R_2=C_8\sim C_{26}$ 或 $CH_3$, $X=Cl$ 或 $CH_3-O-SO_3$)

长碳链季铵盐是阳离子表面活性剂中产量最大的一类,含一个至两个长碳链烷基的季铵盐主要用作织物柔软剂、杀菌剂等。季铵盐阳离子本身的亲水性要比脂肪伯胺、脂肪仲胺和脂肪叔胺大得多。它足以使表面活性作用所需的疏水端溶入水中。季铵盐阳离子使带的正电荷能牢固地被吸附在带负电荷的表面上。目前,季铵盐耗量最大的用途是做家用织物柔软剂。

(3) 氧化叔胺型阳离子表面活性剂　　氧化叔胺具有优良的发泡与泡沫稳定性,用于洗发香波、液体洗涤剂、手洗餐具洗涤剂的制备。它的润湿、柔软、乳化、增稠、去污作用,除用于洗涤剂制备外,还用于工业洗净、纺织品加工、电镀加工。

### 3. 非离子表面活性剂

非离子表面活性剂在水中不会解离成离子状态,它的亲水基含有在水中不离解的羟基(—OH)和醚键(—O—)。非离子表面活性剂主要有脂肪醇聚氧乙烯醚(AEO)、烷基酚聚氧乙烯醚、天然油脂聚氧乙烯醚、脂肪醇酰胺、其他非离子表面活性剂等种类。

由于羟基和醚键在水中不解离,因而其亲水性极差。其水溶性取决于羟基、醚基氧原子通过氢键与水结合的能力。但是单凭一个羟基和醚键的结合,不可能将很大的疏水基溶解于水,因此必须要同时有几个这样的基团结合,非离子表面活性剂才能发挥其亲水性。疏水基上的羟基和醚键的数量越多,亲水性也越大,也就越易溶于水。因此,控制分子中羟基、醚基氧原子的数目,就可以控制非离子表面活性剂的亲油和亲水的特征。

非离子表面活性剂有优异的润湿和洗涤功能,可与阴离子和阳离子表面活性剂兼容,又不受硬水中钙、镁离子的影响。由于有上述优点,非离子表面活性剂从20世纪70年代起发展得很快。目前,从世界范围看,非离子表面活性剂的增长速度最快,已超过阴离子表面活性剂而跃居首位。它的缺点是,通常都是低熔点的蜡状物或液体,所以很难把它们复配成粉状。尽管近年来开发了用它来复配成的低泡洗衣粉,但手感还是发黏。另一个缺点是温度升高或增加电解质浓度时,聚氧乙烯醚链的溶剂化效应会下降,有时会产生沉淀。

### 4. 两性离子表面活性剂

两性表面活性剂,是指同时具有两种离子性质的表面活性剂。从结构来讲,在亲水基一端既有阳离子,也有阴离子,是两者结合在一起的表面活性剂。在酸性溶液中,正电性基团呈阳离子性质,显示阳离子表面活性剂性质;在碱性溶液中,负电性基团呈阴离子性质,显示阴离子表面活性剂性质。

两性表面活性剂有氨基酸型、甜菜碱型、咪唑啉型、磷脂型等,也有其他元素代替P、N,如S为阳离子基团中心的两性表面活性剂。

### 5. 特殊类型表面活性剂

在一般表面活性剂不能使用或者使用效果较差的领域内，以及考虑对环保的需求，已经研发了一些特殊性能的表面活性剂。特殊类型表面活性剂包括含氟表面活性剂、含硅表面活性剂、含硫表面活性剂、含硼表面活性剂、冠醚型表面活性剂、高分子表面活性剂以及生物表面活性剂等。其中生物表面活性剂因可以完全生物降解，无毒，对生态环境安全，且具有高表面活性和生物活性，近年来成为引人注目的一类表面活性剂，在食品、化妆品、医药等领域颇具应用前景。制得在价格上可与合成表面活性剂相竞争的生物表面活性剂，是其能否实现工业化应用的关键。

## 三、表面活性剂的作用

不同的化学结构决定了表面活性剂的多功能性。其主要作用有改变润湿性能、增溶、乳化、发泡、消泡、分散等，这里作简要介绍。

### 1. 改变润湿性能

表面活性剂在化学结构上的共同特点，是它们都是由亲水的极性基和亲油的非极性基构成，由于它们能显著降低水的表面张力，因而能够强烈地吸附在水的表面上，也能吸附在其他各种界面上，而且这种吸附往往都有一定的取向。正是表面活性剂分子在界面上的定向吸附，使得表面活性剂具有改变表面润湿性能的作用。

### 2. 增溶作用

一些非极性的碳氢化合物，如苯、乙烷等在水中溶解度本来很小，但浓度达到或超过临界胶束浓度的表面活性剂水溶液却能使这类物质的溶解度大大增加，形成完全透明，外观与真溶液相似的体系。表面活性剂的这种作用称为增溶作用。

增溶作用与表面活性剂在水溶液中形成胶束是分不开的。在胶束内部，相当于液态的碳氢化合物，根据相似互溶原理，非极性的溶质容易溶解到胶束内部，因而溶解度增大。显然，只有表面活性剂的水溶液浓度达到或超过临界胶束浓度时，才有增溶作用。

增溶与真正的溶解不同，溶解是使溶质分散为分子或离子，溶液具有依数性，而增溶后的溶液无明显的依数性，说明增溶后溶质并未拆成分子，而是以较大的分子基团存在。

增溶应用很广，如肥皂液、洗涤液等除去油污时，增溶起着相当重要的作用。一些生理现象也与增溶有关，例如不能被小肠直接吸收的脂肪，是靠胆汁的增溶作用才能被有效吸收。

### 3. 发泡和消泡作用

液体泡沫是气体高度分散在液体中的分散体系。"泡"是由液体薄膜包围着的气体，泡沫则是很多气泡的聚集物。由于气液界面张力较大，气体的密度较液体小，所以气泡很容易破裂。

在液体中加入表面活性剂，再向液体中鼓气，就能形成较为稳定的泡沫，这种作用称为发泡，所加的表面活性剂叫作发泡剂。

一些表面活性剂也可以作消泡剂，它们的表面张力比气泡液膜的低，容易从液膜表面顶走原来的发泡剂，而其本身不能形成坚固的吸附膜，导致气泡破裂，从而起到消泡作用。

### 4. 分散作用

在实际生产生活中，有时需要将固体粒子分散在液体中形成稳定且均匀的分散体系。例如，颜料分散于涂料中。把粉末浸没于一种液体中，通常不能形成稳定的分散体，粉末颗粒常常聚集成团，而且，即使粉末很好地分散在液体中形成分散体，也很难长时间保持稳定。这时分散作用往往通过表面活性剂来实现，表面活性剂对分散作用有很大影响。

### 四、典型表面活性剂 LAS 的生产

直链十二烷基苯磺酸钠（LAS）最主要的用途是配制各种类型的液体、粉状和粒状洗涤剂、擦净剂和清洁剂等。近年来为了获得更好的综合洗涤效果，LAS 常与 AEO 等非离子表面活性剂复配使用。

生产直链十二烷基苯磺酸钠阴离子表面活性剂的起始原料主要就是苯。因为苯可转化为烷基苯，而直链十二烷基苯则是一种中间体，经磺化、中和后，便转化为直链十二烷基苯磺酸盐。

**1. 烷基苯的制备**

烷基苯的原料路线中，以煤油路线应用最多。煤油来源方便，成本较低，工艺成熟，产品质量也好。目前利用煤油中得到的正构烷烃来合成正构烷基苯较多。正构烷烃可以经过两条途径制得烷基苯，脱氢法和氯化法。

脱氢法生产烷基苯是美国环球油品公司（UOP）开发并于 1970 年实现工业化的一种生产方法。由于其生产的烷基苯质量比氯化法的好，又不存在氯气和副产盐酸的处理与利用问题，因此这一技术很快在许多国家被采用和推广。生产过程如图 6-5 所示。

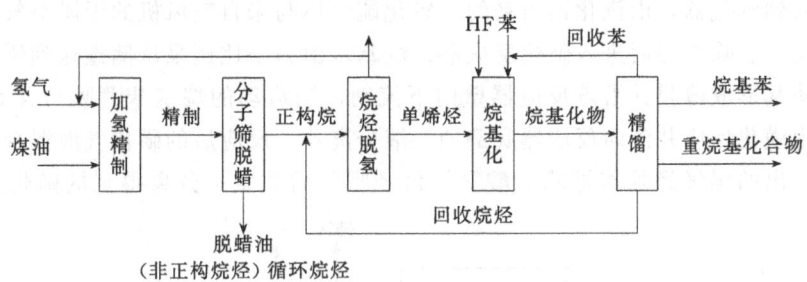

图 6-5 脱氢法生产烷基苯

煤油通过选择性加氢精制，除去所含的 S、N、O、双键、金属、卤素、芳烃等杂质，以使分子筛脱蜡和脱氢催化剂的效率及活性更高。高纯度正构烷烃提出后，经催化脱氢制取相应的单烯烃，单烯烃作为烷基化剂在 HF 催化下与苯进行烷基化反应，制得烷基苯。精馏回收未反应的苯和烷烃，使其循环利用。此时，便得到品质优良的精烷基苯。

**2. 十二烷基苯的磺化反应**

目前，以十二烷基苯为原料来生产 LAS 主要有三氧化硫磺化法和发烟硫酸磺化法两种。长期以来，烷基苯的磺化一直采用发烟硫酸作为磺化剂。当硫酸浓度降至一定数值时，磺化反应就终止，因而其用量必须大大过量。它的有效利用率仅为 32%，且产生废酸。但其工艺成熟，产品质量较为稳定，工艺操作易于控制，所以至今仍有采用。

近年来，三氧化硫磺化在我国已逐步采用，而国外 20 世纪 60 年代就已发展。这是因为三氧化硫磺化得到的单体含盐量低，可用于多种产品的配制（如用于配制液体洗涤剂、乳化剂、纺织助剂等）；又能以化学计量与烷基苯反应，同时具有无废酸生成、节约烧碱、降低成本、三氧化硫来源丰富等优点。因此三氧化硫替代发烟硫酸作为磺化剂已成趋势。下面重

点介绍一下三氧化硫磺化法。

三氧化硫磺化与发烟硫酸磺化非常相似。三氧化硫磺化烷基苯的反应原理如下：

$$C_{12}H_{25}-C_6H_4-H + SO_3 \longrightarrow C_{12}H_{25}-C_6H_4-SO_3H$$

三氧化硫磺化的特点：

(1) 属气-液非均相反应　三氧化硫作为磺化剂，首先要扩散到液体表面并溶解在液体中，因此磺化反应在液体中进行。磺化的总反应速度由扩散速度和化学反应速度来决定，而在大多数情况下，扩散速度是控制因素。

(2) 反应速度快　三氧化硫磺化反应活化能低，反应速率常数极大，是发烟硫酸磺化反应速率常数的100多倍。但是由于受到扩散速度的影响，实际反应速度要比理论上慢得多。

(3) 放热量大　三氧化硫磺化放出的热量为发烟硫酸磺化的1.5倍。整个系统的温度显著高于发烟硫酸磺化法，引起副反应也显著增多，特别是在磺化反应的初始阶段。由于磺化反应速度极快，大部分热量在此时放出，温度显著升高，随着反应的进行，反应速度逐渐降低，放热量也随之减少，温度也就逐渐下降。

(4) 反应系统的黏度急剧增加　由于烷基苯磺酸的黏度远远高于烷基苯的黏度，同时，反应过程中没有水生成，因此，随着高黏度的烷基苯磺酸的生成，反应系统的黏度显著增加，使传质、传热阻力增加，引起局部过热和磺化现象。

三氧化硫气相薄膜磺化法的工艺流程如图6-6所示。其工艺过程如下：用比例泵将液态三氧化硫打入到汽化器，由汽化器出来的三氧化硫气体与来自鼓风机的干燥空气混合并稀释到规定的浓度，经除雾器后进入磺化反应器；烷基苯由另一比例泵从储罐送到磺化反应器顶部分配区，使其形成薄膜并沿着反应器壁向下流动，当流动的烷基苯薄膜与含SO₃气体接触时即刻发生磺化反应并流向反应器底部的气液分离器。反应后的磺化气液混合物经气液分离器分离，分出的尾气经除雾器除去酸雾，再经吸收后放空；分离得到的磺化产物经循环

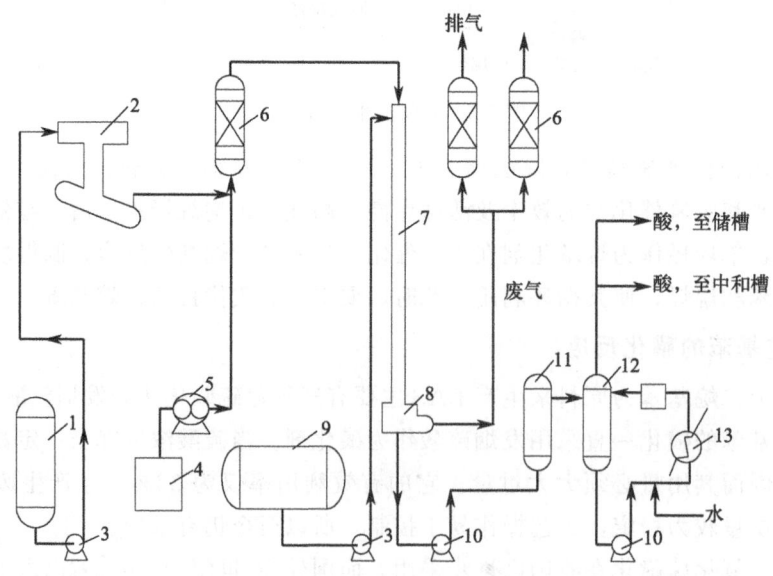

图6-6　气体$SO_3$薄膜磺化连续生产十二烷基苯磺酸工艺流程

1—液体$SO_3$储罐；2—汽化器；3—比例泵；4—干空气；5—鼓风机；6—除雾器；7—磺化反应器；
8—气液分离器；9—十二烷基苯储罐；10—循环泵；11—老化罐；12—水解罐；13—热交换器

泵、热交换器后部分返回磺化反应器底部，用于磺酸的急冷，部分送至老化罐、水解罐。磺化产物在老化罐中老化 5~10min，以降低其中的游离硫酸酐和未反应原料的含量，然后进到水解罐中，加入约 0.5% 的水以破坏少量残存的硫酸酐，之后再经中和罐中和，即制得十二烷基苯磺酸。

### 3. 十二烷基苯磺酸的中和反应

由三氧化硫或发烟硫酸磺化后得到的烷基苯磺酸与氢氧化钠水溶液发生中和反应，得到浆状十二烷基苯磺酸钠，俗称单体。反应方程式如下：

$$R-\text{C}_6\text{H}_4-SO_3H + NaOH \longrightarrow R-\text{C}_6\text{H}_4-SO_3Na + H_2O$$

$$H_2SO_4 + 2NaOH \longrightarrow Na_2SO_4 + 2H_2O$$

烷基苯磺酸与硫酸的酸碱中和反应不同，这是一个复杂的胶体化学反应。在高浓度下，烷基苯磺酸钠分子间有两种不同的排列形式：一种为胶束状排列，另一种为非胶束状排列。前者活性物含量高，流动性好；后者为絮状，稠厚，流动性差。磺酸的黏度很大，尤其是遇到水以后即结团成块。因此，中和反应是在磺酸粒子的表面进行的。

中和后的产物，工业上称为单体，其组成恒定，有效物含量高。其中不与烧碱反应的物质称为不皂化物，主要是不溶于水、无表面活性的油类，如石油烃、高分子烷基及其衍生物等。

目前我国普遍采用半连续式的中和工艺，即进料连续、出料间歇，使单体经过 pH 值调整确保质量指标。此工艺比较适合发烟硫酸磺化工艺流程。而三氧化硫磺化流程一般采用连续中和工艺，以大量单体循环移走反应热，并采用 pH 自动调节系统，严格控制单体的 pH 值，因此单体质量较好，连续中和是今后的发展方向。

## 进度检查

### 一、填空题

1. 习惯上把那些溶入少量就能显著_____，_____的物质称为表面活性剂。表面活性剂至少含有_____、_____两种基团。
2. 磺化反应是指向有机分子中引入_____的反应。工业上常用的磺化剂有_____和_____。
3. AEO 是_____的简称。
4. 根据分子能否解离出离子及解离后所带电荷类型来分类，表面活性剂可分为_____、_____、_____和_____。

### 二、判断题（正确的在括号内画"√"，错误的画"×"）

1. 临界胶束浓度越大，则表面活性剂性能越好。（    ）
2. AEO 属于非离子表面活性剂。（    ）

### 三、简答题

1. 表面活性剂具有哪些特点？
2. 简述三氧化硫磺化的特点。
3. 简述十二烷基苯磺酸钠的合成路线并写出相应的反应式（用三氧化硫磺化）。

# 模块 7　高分子化工产品生产技术

编号 FJC-124-01

## 学习单元 7-1　高分子化工简介

**学习目标**：完成本单元的学习之后，能够了解高分子化工的发展现状，理解高分子化工生产的发展趋势。
**职业领域**：化工、石油、环保、医药、冶金、汽车、食品、建材等工程。
**工作范围**：分析检验。

高分子概念于 20 世纪 20 年代开始形成，到 50 年代，国外开发的硫化橡胶、醋酸纤维、酚醛树脂、尼龙等不同性能的高分子材料已经应用于生产、生活以及国防科技等各个领域。我国高分子的研究始于新中国成立后的 50 年代初，到 80 年代初形成了自己的学科体系。当时在一穷二白的基础上，国内一批高分子研究的先驱者在不同领域开展了相关研究，涌现出了一批著名的高分子科学家。

王葆仁（1907—1986 年），中国有机化学研究的先驱者之一和高分子化学事业的主要奠基人之一，他将毕生精力奉献给祖国的教育事业与科研工作，为中国科技人才的培养和高分子化学的发展做出卓越的贡献。王葆仁先生在新中国经济恢复之初，毅然选择了还处于发展初期的高分子化学作为重点研究方向，并临危受命，带领课题组完成了聚甲基丙烯酸和聚己内酰胺的研制和工业化生产这两项军工任务，首次在我国试制出第一块有机玻璃和第一根尼龙 6 合成纤维。

钱人元（1917—2003 年），我国高分子物理研究与教学的奠基人，开创了我国导电高分子和凝聚态研究，为中国聚丙烯纤维工业的开发奠定了科学基础。

冯新德（1915—2005 年），高分子化学家、高分子化学教育家，曾留学美国，新中国成立后回国工作，在生物医用高分子领域取得了开创性的成果，重点研究抗凝血材料与药物控释体系以及高分子老化与生物老化的初始反应机理。

### 一、高分子化工产品的分类

高分子化工是高分子化学工业的简称，是高分子化合物（简称高分子）及以其为基础的复合或共混材料的制备和成品制造工业。按材料和产品的用途分类，高分子化工包括的行业有塑料工业、橡胶工业、化学纤维工业，也包括涂料工业和胶黏剂工业。由于原料来源丰富、制造方便、加工简易、品种多并具有天然产物所不具有或较天然产物更为卓越的性能，高分子化工已成为发展速度最快的化学工业部门之一。

高分子化工经历了对天然高分子化合物的利用和加工，对天然高分子的改性，以煤化工为基础生产基本有机原料合成高分子，以石油化工为基础生产烯烃、双烯烃合成高分子四个阶段。高分子化工是新兴的合成材料工业。多数聚合物（或称树脂）需要经过成型加工才能制成产品。热塑性树脂的加工成型方法有挤出成型、注射成型、压延成型、吹塑成型和热成型等；热固性树脂加工的方法一般采用模压或传递模塑，也用注射成型。将橡胶制成橡胶制品需要经过塑炼、混炼、压延或挤出成型和硫化等基本工序。化学纤维的纺丝包括纺丝熔体或溶液的制备、纤维成形和卷绕、后处理、初生纤维的拉伸和热定型等。在功能高分子材料特别是在高分子分离膜、感光高分子材料、光导纤维、高分子液晶、超电导高分子材料、医用高分子材料、仿生高分子材料等方面的应用、研究、开发工作将更加活跃。

高分子化工产品是高分子化合物及以其为基础的复合或共混材料制品，品种非常多，作为用途广泛的材料，新产品层出不穷，更新换代迅速。

按功能分类，高分子可分为通用高分子和特种高分子。通用高分子是产量大、应用面广的高分子，主要有聚乙烯、聚丙烯、聚氯乙烯、聚苯乙烯、涤纶、锦纶、腈纶、维纶和丁苯橡胶、顺丁橡胶、异戊橡胶和乙丙橡胶等。特种高分子包括工程塑料（能耐高温和在苛刻的环境中作为结构材料使用的塑料，例如：聚碳酸酯、聚甲醛、聚砜、聚芳醚、聚芳酰胺、聚酰亚胺、有机硅树脂和氟树脂等）、功能高分子（具有光、电、磁等物理功能的高分子材料）、高分子试剂、高分子催化剂、仿生高分子、医用高分子和高分子药物等。

按材料和产品的用途分，有塑料、合成橡胶、合成纤维、橡胶制品、涂料和胶黏剂等。

## 二、高分子化工的现状及趋势

高分子化工是一种新兴的合成材料工业。进入 21 世纪以来，我国合成材料产业呈加速发展态势，取得了举世瞩目的成绩。

高分子合成工业的原料，在今后相当长时期内，仍将以石油为主。过去对高分子的研究，着重于全新品种的发掘、单体的新合成路线和新聚合技术的探索。目前，则以节能为目标，采用高效催化剂开发新工艺，同时从生产过程中的工程因素考虑，围绕强化生产工艺（装置的大型化，工序的高速化、连续化），产品的薄型化和轻型化以及对成型加工技术的革新等方面进行研究。值得注意的是，利用现有原料单体或聚合物，通过复合或共混，可以制取一系列具有不同特点的高性能产品。近年来，从事这一方面的开发研究日益增多，新的复合或共混产品不断涌现。军事技术、电子信息技术、医疗卫生以及国民经济等各个领域迫切需要具有高功能、新功能的材料。在功能高分子材料方面，特别是在高分子分离膜、感光高分子材料、光导纤维、变色高分子材料（光致变色、电致变色、热致变色等）、高分子液晶、超电导高分子材料、光电导高分子材料、压电高分子材料、热电高分子材料、高分子磁体、医用高分子材料、高分子医药以及仿生高分子材料等方面的应用和研究工作十分活跃。

合成塑料、合成橡胶、合成纤维是重要的三大高分子合成材料。三大高分子合成材料主要品种见图 7-1。高分子合成材料的主要特点是原料来源丰富，用化学合成方法进行生产，品种繁多，性能多样化，某些性能远优于天然材料，可满足现代科学技术、工农业生产以及国防工业的特殊要求，并且加工成型方便，可制成各种形状的材料与制品。因此，高分子合成材料已成为近代技术部门中不可缺少的材料。

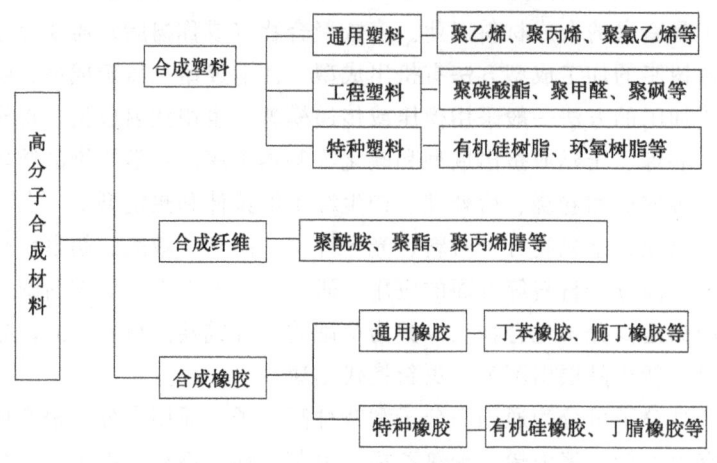

图 7-1 三大高分子合成材料主要品种

## 进度检查

### 一、填空题

1. 按功能分类，高分子可分为通用高分子和_____。
2. _____、_____、_____是重要的三大高分子合成材料。

### 二、简答题

1. 什么是高分子化工？
2. 高分子合成材料具有哪些特点？

编号 FJC-124-02

# 学习单元 7-2　合成树脂生产技术

**学习目标**：完成本单元的学习之后，能够了解常用塑料的用途、生产原理和工艺过程。
**职业领域**：化工、石油、环保、医药、冶金、汽车、食品、建材等工程。
**工作范围**：分析检验。

1905 年，美国化学家贝克兰有一次将苯酚（石炭酸）和甲醛（福尔马林）放在烧瓶里，以酸作催化剂，进行加热反应。他发现烧瓶里的反应物渐渐变成黄色的胶状物，类似于桃树、松树上的树脂，牢牢地粘在烧瓶壁上。贝克兰多次用水冲刷，怎么也洗不掉。后来，他又用高温烘烤，想使它熔融。谁知这一烤，胶状物反而变成了硬块。这情况倒给贝克兰一个启示，他想，这东西既不怕水，又不熔融，岂不可作为一种很好的材料吗？

为了弄清这一物质的性质，贝克兰又花费了多年的时间进行研制，到 1909 年，总算有了眉目。因为产物是酚和醛反应得来的，形态又类似树脂，所以取名酚醛树脂。它色泽呈淡黄色，又不大透明，粗看极像象牙，因此刚问世时，一些商人竞相贩卖，不少人把它当作象牙买进而上当受骗。

贝克兰的功绩在于，人类历史上第一次用纯粹化学方法，把小分子化合物合成了高分子化合物。他合成的塑料在今天仍有着十分广泛的用途。

## 一、塑料的分类

塑料是以合成树脂或化学改性的天然高分子为主要成分，再加入填料、增塑剂和其他添加剂制得。通常，塑料按合成树脂的特性分为热固性塑料和热塑性塑料。加热后软化，形成高分子熔体的塑料称为热塑性塑料。主要的热塑性塑料有聚乙烯（PE）、聚丙烯（PP）、聚苯乙烯（PS）、聚甲基丙烯酸甲酯（PMMA，俗称有机玻璃）、聚氯乙烯（PVC）、聚碳酸酯（PC）、聚氨酯（PU）、聚四氟乙烯（特氟龙，PTFE）、聚对苯二甲酸乙二醇酯（PET）。加热后固化，形成交联的不熔结构的塑料称为热固性塑料。常见的有环氧树脂、酚醛树脂、聚酰亚胺、三聚氰胺甲醛树脂等。

塑料按用途分为通用塑料和工程塑料。通用塑料产量大，生产成本低，性能多样化，主要用来生产日用品或一般工农业用材料。例如聚氯乙烯塑料可制成人造革、塑料薄膜、泡沫塑料、耐化学腐蚀用板材、电缆绝缘层等。工程塑料通常产量不大，成本较高，但具有优良的机械强度或耐摩擦、耐热、耐化学腐蚀等特性，可作为工程材料，制成轴承、齿轮等机械零件以代替金属、陶瓷等。

绝大多数塑料制造的第一步是合成树脂的生产（由单体聚合而得），然后根据需要，将树脂（有时加入一定量的添加剂）进一步加工成塑料制品。有少数品种（如有机玻璃），其树脂的合成和塑料的成型是同时进行的。

## 二、聚乙烯

聚乙烯是半结晶热塑性材料,是聚烯烃中产量最大的一个品种,是由乙烯聚合而成的聚合物。它们的化学结构、分子量、结晶度和其他性能很大程度上均依赖于使用的聚合方法。聚合方法决定了支链的类型和支链度。结晶度取决于聚合物的化学结构和加工条件。聚乙烯产品有高压低密度聚乙烯(LDPE)、中密度聚乙烯(MDPE)、高密度聚乙烯(HDPE)、线性低密度聚乙烯(LLDPE)、超高分子量聚乙烯(UHMWPE)、改性聚乙烯(CPE)、交联聚乙烯(PEX)等。

聚乙烯无臭,无毒,手感似蜡,具有优良的耐低温性能(最低使用温度可达$-100 \sim -70℃$),化学稳定性好,能耐大多数酸碱的侵蚀(不耐具有氧化性的酸),常温下不溶于一般溶剂,吸水性小,且不发生溶胀,电绝缘性能优良。由于其为线性分子,可缓慢溶于某些有机溶剂。另外,聚乙烯对于环境应力(化学与机械作用)是很敏感的,耐热老化性差。

聚乙烯用途十分广泛,主要用来制造薄膜、容器、管道、电线电缆、日用品等,并可作为电视、雷达等的高频绝缘材料。随着石油化工的发展,聚乙烯生产得到迅速发展,产量约占塑料总产量的1/4。

### 1. 生产原理

聚乙烯(PE)是塑料的一种,我们日常使用的塑料袋就是由聚乙烯材料制成的。聚乙烯是结构最简单的高分子材料,也是应用最广泛的高分子材料。它是由重复的—$CH_2$—单元连接而成。聚乙烯是通过乙烯($CH_2=CH_2$)的加成聚合而成的。其反应方程式为:

$$nCH_2=CH_2 \longrightarrow \text{—}[CH_2\text{—}CH_2\text{—}CH_2\text{—}CH_2]_n\text{—}$$

聚乙烯的性能取决于它的聚合方式。在中等压力($1.5 \sim 3$ MPa)、有机化合物催化条件下进行聚合而成的是高密度聚乙烯(HDPE)。这种条件下聚合的聚乙烯分子是线性的,且分子链很长,分子量高达几十万。如果是在高压($100 \sim 300$MPa)、高温($190 \sim 210℃$)、过氧化物催化条件下自由基聚合,生产出的则是低密度聚乙烯(LDPE),它是支化结构的。

### 2. 聚乙烯生产工艺

(1) 低密度聚乙烯生产工艺　高压低密度聚乙烯生产流程如图 7-2 所示。乙烯原料与低压分离器的循环乙烯及分子量调节剂混合后,由压缩机升压后再与高压分离器的循环乙烯混合进行二次压缩至要求压力,冷却后进入聚合反应器,引发剂用高压泵送入,聚合后的物料经冷却后进入高压分离器,减压至要求压力,分离未反应的乙烯,经冷却脱去低聚合物后返回压缩机循环使用。聚乙烯则进入低压分离器减压,使残存的乙烯进一步分离循环使用。聚乙烯经挤出切粒、干燥、密炼、混合、造粒等制成粒状。

(2) 高密度聚乙烯生产工艺　高密度聚乙烯生产工艺如图 7-3 所示。经纯化并压缩至要求压力的乙烯、氢气和催化剂加入流化床反应器中进行聚合反应,未反应的乙烯经反应器上部扩大段后离开反应器,经过多级旋风分离器除去聚乙烯粉末,经冷却、压缩后循环使用。生成的聚乙烯在产品排出器中分离出乙烯,再用惰性气体输送到产品净化器,除去夹带的乙烯,然后送至贮仓。

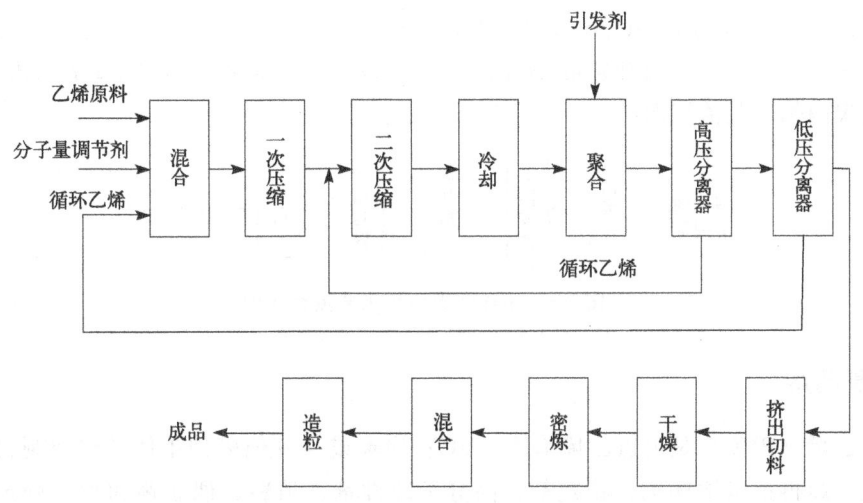

图 7-2 高压低密度聚乙烯生产流程简图

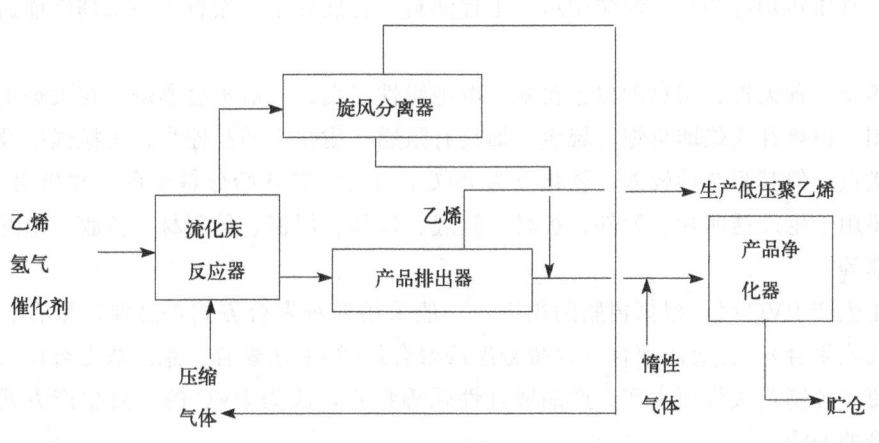

图 7-3 高密度聚乙烯生产工艺流程简图

## 三、聚丙烯

聚丙烯（PP）是由丙烯单体聚合而形成的高分子聚合物，是一种通用合成塑料。它既可以用于生产单组分塑料，又可与聚乙烯等共混作为改性的复合塑料使用。与聚乙烯、聚氯乙烯和聚苯乙烯一样，聚丙烯属于热塑性塑料。

聚丙烯树脂具有许多优良的特性和加工性能。它透明度高、无毒性、相对密度小、易加工、抗冲击、强度高、耐化学腐蚀、抗挠曲性与电绝缘性好，并易于通过共聚、共混、填充、增强等工艺措施进行性能改进，使其将韧性、挺性、耐热性等结合起来，因此用途很广。加上原料来源广、价格低廉，使聚丙烯的应用范围日益扩大。目前，聚丙烯已被广泛应用到化工、化纤、建筑、轻工、家电、包装、农业、国防、交通运输、民用塑料制品等各个领域，可用来制作地膜、食品袋、饮料包装瓶、编织袋、家具等。在聚烯烃树脂中，是仅次于聚乙烯、聚氯乙烯的第三大塑料，在市场上占有越来越重要的地位。

目前，聚丙烯的生产工艺按聚合类型可分为溶液法、淤浆法、本体法、气相法和本体法-气相法组合工艺 5 大类。具体工艺主要有 BP 公司的气相 Innovene 工艺、Chisso 公司的气相法工艺、Dow 公司的 Unipol 工艺、Novolen 气相工艺、Sumitomo 气相工艺、Basell 公司的本体法工艺、三井公司开发的 Hypol 工艺以及 Borealis 公司的 Borstar 工艺等。图 7-4 为本体法聚丙烯工艺流程图。

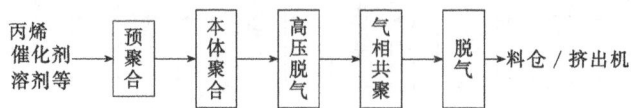

图 7-4　本体法聚丙烯工艺流程简图

## 四、聚氯乙烯

聚氯乙烯（PVC）是由氯乙烯单体（VC）均聚或与其他多种单体共聚而制得的合成树脂，聚氯乙烯再配以增塑剂、稳定剂、高分子改性剂、填料、偶联剂和加工助剂，经过混炼、塑化、成型加工成各种材料。所选用树脂和加工助剂种类和数量不同，可以制造出硬质热塑性塑料、软质热塑性塑料、泡沫塑料、工程塑料、合成纤维、涂料等一系列性能迥然不同的制品。

聚氯乙烯是一种无毒、无臭的白色粉末。电绝缘性优良，一般不会燃烧，在火焰上能燃烧并放出 HCl，但离开火焰即自熄。聚氯乙烯具有阻燃、耐化学药品性高、机械强度及电绝缘性良好的优点，但其耐热性较差，软化点为 80℃，于 130℃ 开始分解变色，并析出 HCl。聚氯乙烯主要用于生产透明片、管件、板材、鞋底、玩具、门窗、异型材、薄膜、电绝缘材料、电缆护套等。

在工业化生产 PVC 时，根据树脂的用途，一般采用四种聚合方式：悬浮法聚合、本体法聚合（含气相聚合）、乳液法聚合（含微悬浮法聚合）、溶液法聚合。悬浮法聚合以其生产过程简单、便于控制及大规模生产、产品适宜性强等特点，成为 PVC 的主要生产方式，生产量约占总量的 80%。

悬浮法生产聚氯乙烯工艺流程如图 7-5 所示。先将去离子水用泵打入聚合釜中，启动搅拌器，依次将分散剂溶液、引发剂及其他助剂加入聚合釜内。然后向聚合釜夹套内通入蒸汽和热水，当聚合釜内温度升高至聚合温度后，改通冷却水，控制聚合温度不超过规定温度的 ±0.5℃。待釜内压力达要求时，可泄压出料，使聚合物膨胀。因为聚氯乙烯粒的疏松程度与泄压膨胀的压力有关，所以要根据不同要求控制泄压压力。未聚合的氯乙烯单体经泡沫捕集器排入氯乙烯气柜，循环使用。被氯乙烯气体带出的少量树脂在泡沫捕集器被捕集下来，流至沉降池中，作为次品处理。

聚合物悬浮液送碱处理釜，用 NaOH 溶液处理，加入量为悬浮液的 0.05%～0.2%，用蒸汽直接加热至 70～80℃，维持 1.5～2.0h，然后用氮气吹气降温至低于 65℃ 时，再送去过滤和洗涤。

先进行过滤，再用 70～80℃ 热水洗涤二次。经脱水后的树脂具有一定含水量，经螺旋输送器送入气流干燥管，以 140～150℃ 热风为载体进行第一段干燥，出口树脂含水量小于 4%；再送入以 120℃ 热风为载体的沸腾床干燥器中进行第二段干燥，得到含水量小于 0.3% 的聚氯乙烯树脂。最后经筛分、包装后入库。

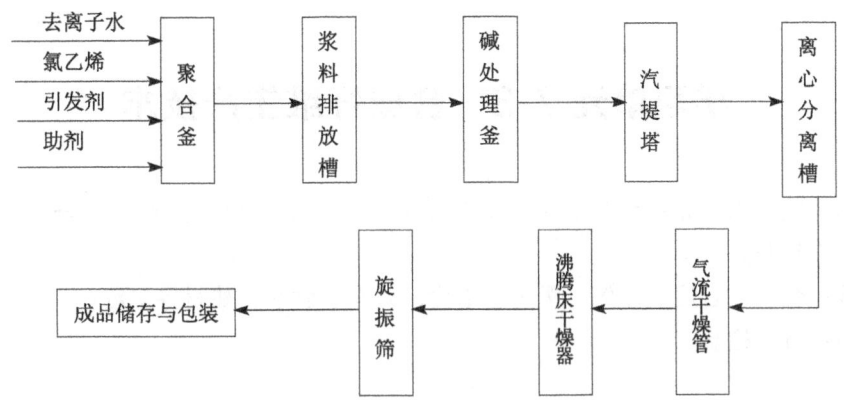

图 7-5  悬浮法生产聚氯乙烯工艺流程简图

## 进度检查

### 一、填空题

1. 通常，塑料按合成树脂的特性分为_____塑料和_____塑料。
2. 塑料按用途分为通用塑料和_____。
3. 聚丙烯的生产工艺按聚合类型可分为_____、_____、_____、气相法和本体法-气相法组合工艺 5 大类。

### 二、简答题

1. 说明高密度聚乙烯生产工艺过程中每个步骤的目的。
2. 简述聚乙烯的性能和聚合方式之间的关系。

编号 FJC-124-03

# 学习单元 7-3　合成纤维生产技术

**学习目标**：完成本单元的学习之后，能够了解常见合成纤维的用途、生产原理和工艺过程。
**职业领域**：化工、石油、环保、医药、冶金、汽车、食品、建材等工程。
**工作范围**：分析检验。

100 多年前，纺织用的材料全部来自天然物质。为了种植棉、麻，养蚕，牧羊，要占用大量土地，消耗许多人力物力，但仍然供不应求。1926 年，美国最大的工业公司——杜邦公司的董事斯蒂恩出于对基础科学的兴趣，建议该公司开展相关基础研究。经过多年的努力，终于研究出世界上第一种合成纤维——尼龙。尼龙的出现使纺织品的面貌焕然一新，产品从丝袜、衣着到地毯、渔网等，种类繁多。尼龙的合成不仅奠定了合成纤维工业的基础，而且更是高分子化学发展的一个重要里程碑。尼龙的出现，使合成纤维行业得到了飞速的发展。至此，纺织工业的原料完全依赖农牧业的情况开始发生变化。现今，三大合成纤维包括涤纶、锦纶和腈纶，涤纶多年来一直是产量增长最快的合成纤维品种，也是持续拉动合成纤维产量增长的主要品种。相关数据反映出：世界合成纤维的第一大产地是中国，世界生产中心正由传统的美、欧、日等发达经济体转移至中国、印度及亚洲其他新兴地区。

## 一、合成纤维简介

合成纤维是高分子材料的另外一个重要应用。它是以小分子有机化合物为原料，经加聚反应或缩聚反应合成的线型有机高分子化合物。工业生产的合成品种有聚酯纤维（涤纶纤维）、聚丙烯腈纤维（腈纶纤维）、聚酰胺纤维（锦纶纤维或尼龙纤维）、聚乙烯醇缩甲醛纤维（维尼纶纤维）、聚丙烯纤维（丙纶纤维）、聚氯乙烯纤维（氯纶纤维）等。

合成纤维与天然纤维相比，具有强度高、质轻、易洗快干、弹性好、不怕霉蛀等优点。缺点是不易着色，易产生静电荷，多数合成纤维吸湿性和透气性差。所以，人们通常把它们和天然纤维混纺，这样制成的混纺织物兼有两类纤维的优点，极受欢迎。除用作纺织各种衣料外，还可用于制作运输带、渔网、绳索、滤布和轮胎帘子线等。高性能特种纤维可用于国防和航空航天等领域。

## 二、聚酯纤维

聚酯纤维是由有机二元酸和二元醇缩聚而成的聚酯经纺丝所得。工业化大量生产的聚酯纤维是用聚对苯二甲酸乙二醇酯制成的，通常所称的聚酯纤维即指这种纤维。中国的商品名为涤纶，是当前合成纤维的第一大品种。

聚酯纤维的相对密度为 1.38，熔点为 255～260℃，在 205℃时开始黏结，安全熨烫温度为135℃，吸湿度很低，仅为0.4%。聚酯纤维具有优良的耐皱性、弹性和尺寸稳定性，有良好的电绝缘性能，耐日光，耐摩擦，不霉不蛀，有较好的耐化学试剂性能。在室温下，有一定耐强酸的能力，但耐强碱性较差。

聚酯纤维具有许多优良的纺织性能，用途广泛，可以纯纺织造，也可与棉、毛、丝、麻等天然纤维和其他化学纤维混纺交织，制成花色繁多、易洗易干、免熨烫、可穿性能良好的仿毛、仿棉、仿丝、仿麻织物。聚酯纤维适用于男女衬衫、外衣、儿童衣着、室内装饰织物和地毯等。由于涤纶具有良好的弹性和蓬松性，也可用作絮棉。在工业上，高强度涤纶可用来制作轮胎帘子线、运输带、消防水管、缆绳、渔网等，也可用来制作电绝缘材料、耐酸过滤布和人造毛毯等。用涤纶制作的无纺织布可用作室内装饰物、地毯底布、医药工业用布、絮绒、衬里等。

**1. 生产原理**

以对苯二甲酸二甲酯（DMT）和乙二醇（EG）为原料，经酯化或酯交换和缩聚反应制得高聚物聚对苯二甲酸乙二醇酯（PET），再经纺丝和后处理制成聚酯纤维。

**2. 聚酯纤维生产工艺**

PET树脂的合成工艺路线有三种，即酯交换法、直接酯化法（也称直接缩聚法）和环氧乙烷法。下面主要介绍直接酯化法。其工艺流程如图7-6所示。

对苯二甲酸二甲酯和乙二醇按一定物质的量比加入打浆罐，同时计量催化剂及酯化和缩聚回收后的乙二醇。配制好的浆液用计量泵送入第一酯化釜进行酯化，再以压差送入第二酯化釜继续进行酯化。然后酯化产物以压差送入预缩聚釜进行预缩聚；预缩聚物再送入缩聚釜继续缩聚。缩聚产物经泵送入终缩聚釜进行到缩聚终点。PET熔体直接纺丝或铸条冷却切粒。

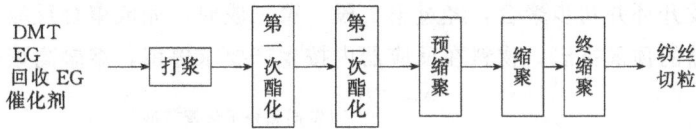

图7-6 PET树脂生产工艺流程简图

## 三、聚酰胺纤维

聚酰胺纤维（PA）是用主链上含有酰胺键的高分子聚合物纺制的合成纤维。商品名为锦纶，也称为尼龙。聚酰胺纤维的主要品种是尼龙66和尼龙6。尼龙66熔点为255～260℃，软化点约为220℃；尼龙6熔点为215～220℃，软化点约为180℃。两者的相对密度相同（1.14），许多其他性质也都类似，如强度高，回弹性好，耐磨性在纺织纤维中最高，耐多次变形性和耐疲劳性接近于涤纶，高于其他化学纤维，有良好的吸湿性，可以用酸性染料和其他染料直接染色。尼龙66和尼龙6的主要缺点是耐光和耐热性能较差，尼龙66的耐热性高于尼龙6。在聚合物中添加耐光剂和热稳定剂可以改善尼龙66和尼龙6的耐光和耐热性能。

聚酰胺纤维的用途很广，长丝可制作袜子、内衣、衬衣、运动衫、滑雪衫、雨衣等；短纤维可与棉、毛和黏胶纤维混纺，混纺织物具有良好的耐磨性和强度。还可以用于制作尼龙搭扣带、地毯、装饰布等；在工业上主要用于制造帘子布、传送带、渔网、缆绳、篷帆等。

### 1. 聚酰胺 66

聚酰胺 66 又称为尼龙 66，1938 年由美国杜邦公司发明，是当前最重要的合成纤维之一。

聚酰胺 66 是用己二胺和己二酸为原料，先将两者制成己二酰己二胺（简称 66 盐），再以 66 盐为中间体进行缩聚而成。66 盐中的己二胺在反应中容易挥发，所以聚合时先在高压（约 18 atm）下预缩聚，再在常压或真空下进行后缩聚。

聚合方式有间歇式和连续式两种。间歇式所用的主要设备为高压釜，优点是设备简单、产品更换比较灵活，适合于多品种和小批量生产，但生产效率低。一般多采用连续缩聚工艺，其工艺流程如图 7-7 所示。将一定浓度的 66 盐水溶液在混合器内与分子量稳定剂（乙酸或己二酸）和消光剂（二氧化钛）等混合，通过预缩聚器使 66 盐转化为低聚物。然后进入闪蒸器，使水分蒸发，再进入后缩聚釜。物料在后缩聚釜内进一步排除水分，黏度控制在要求范围内。聚合物最后挤出、铸带、切粒、烘干。

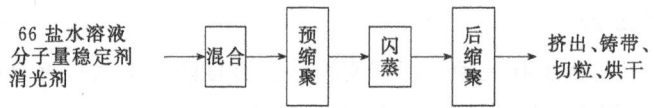

图 7-7　聚酰胺 66 连续缩聚工艺流程简图

### 2. 聚酰胺 6

聚酰胺 6 又称为尼龙 6，一般是由己内酰胺开环聚合制得。其工艺流程如图 7-8 所示。投料前先用氮气排除聚合管内的空气，再将熔融的己内酰胺过滤后，用计量泵送入反应器顶端，同时加入引发剂和分子量调节剂，物料由上而下在反应器内曲折流下。在反应器第一段，己内酰胺引发开环并初步聚合，经过第二段、第三段时，完成聚合反应。反应过程中的水分不断从反应器的顶部排出，物料在反应器内按生产要求停留，熔融高聚物可直接纺丝。

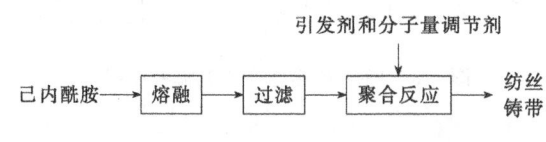

图 7-8　常压连续生产聚酰胺 6 工艺流程简图

## 四、聚丙烯腈纤维

聚丙烯腈纤维在中国被称为腈纶，通常是指 85% 以上的丙烯腈与第二和第三单体的共聚物，经湿法纺丝或干法纺丝制得的合成纤维。第二单体为含有酯基的化合物，第三单体常用含磺酸基团或羧甲基基团的单体或含碱性基团的单体。丙烯腈含量在 35%～85% 之间的共聚物纺丝制得的纤维称为改性聚丙烯腈纤维。

聚丙烯腈纤维的性能极似羊毛，有"人造羊毛"之称。腈纶纤维弹性较好，伸长 20% 时回弹率仍可保持 65%，蓬松卷曲而柔软，保暖性比羊毛高 15%，强度比羊毛高 1～2.5 倍。耐晒性能优良，露天暴晒一年，强度仅下降 20%。能耐酸、耐氧化剂和一般有机溶剂，但耐碱性较差。纤维软化温度为 190～230℃。综上所述，腈纶纤维具有柔软、蓬松、易染、色泽鲜艳、耐光、抗菌、不怕虫蛀等优点，根据不同用途的要求，可以纯纺或与天然纤维混纺，其纺织品被广泛地用于服装、装饰产业等领域，制成多种毛料、毛线、毛毯、人造毛皮、长毛绒、膨体纱、水龙带、阳伞布等。

聚丙烯腈是丙烯腈的三元共聚物，一般采用自由基聚合方法。常用的工业生产方法有溶液聚合法和水相沉淀聚合法。溶液聚合法是单体溶于某一溶剂进行聚合，而生成的聚合物也溶于该溶剂中的聚合方法。聚合结束后，聚合液可直接纺丝，又称一步法。水相沉淀法是用水作介质，利用水溶性引发剂引发聚合，聚合物不溶于水而沉淀出来，由于在纺丝前还要进行聚合物的溶解，所以称为二步法。

图 7-9 所示为溶液法生产聚丙烯腈工艺流程图。先将第三单体与氢氧化钠溶液配成水溶液，再与溶剂、引发剂和浅色剂混合，调至要求 pH 值，然后在混合器中与丙烯腈、第二单体混合，经预热后进入聚合釜聚合。聚合后的浆液进入脱单体塔，在负压下脱除单体，单体冷却后返回混合器。聚合液经二次脱单体冷却后送去纺丝。

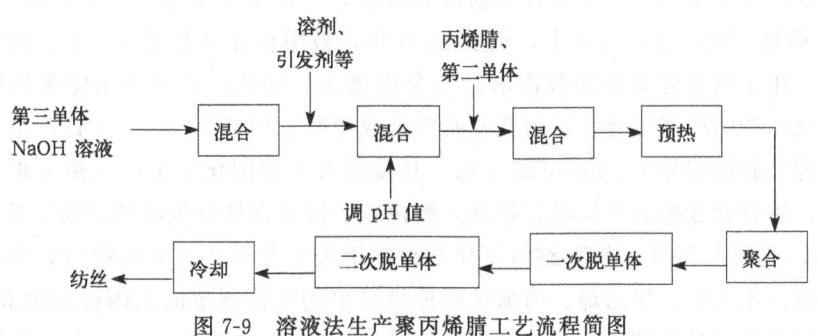

图 7-9 溶液法生产聚丙烯腈工艺流程简图

## 进度检查

**一、填空题**

1. 聚丙烯腈纤维的性能极似羊毛，有"＿＿＿＿＿＿"之称。
2. 通常所说的涤纶，是指＿＿＿＿＿＿纤维。

**二、简答题**

1. 合成纤维与天然纤维相比较，其优缺点是什么？
2. 写出聚丙烯腈合成的反应方程式。

编号 FJC-124-04

# 学习单元 7-4　合成橡胶生产技术

**学习目标：** 完成本单元的学习之后，能够了解常用合成橡胶的用途、生产原理和工艺过程。
**职业领域：** 化工、石油、环保、医药、冶金、汽车、食品、建材等工程。
**工作范围：** 分析检验。

合成橡胶广义上指用化学方法合成制得的橡胶，以区别于从橡胶树生产出的天然橡胶。1890年，轮胎被正式用在自行车上，到了1895年，被用在各种老式汽车上。随着汽车数量的大量增加，用于制造轮胎的橡胶需求量也急剧增大。如此广泛的应用使天然橡胶供不应求。面对橡胶生产的严峻形势，各国竞相研制合成橡胶。1909年9月12日，第一个"人造橡胶生产流程"获得编号为250690的专利。其发明者是德国化学家弗里茨·霍夫曼。一战和二战期间，尽管合成橡胶产量没有超越天然橡胶，但是在部分领域却起到了举足轻重的作用。1955年，美国人利用齐格勒-纳塔催化剂首次用人工方法合成了结构与天然橡胶基本一样的合成橡胶。不久后，用乙烯、丙烯这两种最简单的单体制造的乙丙橡胶也获得了成功。此外，还出现了各种具有特殊性能的橡胶。现在合成橡胶的总产量已经大大超过了天然橡胶。合成橡胶一般在性能上不如天然橡胶全面，但它具有高弹性、绝缘性、耐油、耐高温或低温等性能，因而广泛应用于工农业、国防业及日常生活中。

## 一、合成橡胶简介

合成橡胶是人工合成的高弹性聚合物，也称合成弹性体，是三大合成材料之一，其产量仅次于合成塑料和合成纤维。

根据产量和使用情况，合成橡胶可分为特种合成橡胶与通用合成橡胶两大类。

特种合成橡胶主要制造耐热、耐老化、耐油或耐腐蚀等特殊用途的橡胶制品，包括有机硅橡胶、丁腈橡胶、聚氨酯橡胶、氯醇橡胶等。通用合成橡胶主要代替部分天然橡胶，生产轮胎、胶鞋、橡胶管、胶带等橡胶制品，包括丁苯橡胶、顺丁橡胶（顺式聚丁二烯橡胶）、丁基橡胶、乙丙橡胶、异戊橡胶等品种，其中应用较广的通用橡胶是丁苯橡胶和顺丁橡胶。

## 二、丁苯橡胶

丁苯橡胶（SBR）是由丁二烯和苯乙烯共聚制得的，是产量最大的通用合成橡胶，有乳聚丁苯橡胶、溶聚丁苯橡胶和热塑性橡胶。丁苯橡胶的物理性能、加工性能及制品的使用性能接近于天然橡胶，有些性能如耐磨、耐热、耐老化及硫化速度较天然橡胶更为优良，可与天然橡胶及多种合成橡胶并用，广泛用于轮胎、胶带、胶管、电线、电缆、医疗器具及其他各种橡胶制品的生产等领域。

丁苯橡胶的工业生产方法有乳液聚合法和溶液聚合法，乳液聚合法更为常见。

### 1. 生产原理

丁苯橡胶是由 1，3-丁二烯（$CH_2\!=\!CH\!-\!CH\!=\!CH_2$）与苯乙烯（$C_6H_5C_2H_3$）共聚而得，其聚合反应式如下：

$n CH_2\!=\!CH\!-\!CH\!=\!CH_2 + C_6H_5\!-\!CH\!=\!CH_2 \longrightarrow \!\!+\!\!CH_2\!-\!CH\!=\!CH\!-\!CH_2\!-\!CH(C_6H_5)\!-\!CH_2\!\!+_n$

### 2. 低温乳液聚合生产丁苯橡胶工艺

如图 7-10 所示，用计量泵将规定数量的分子量调节剂和苯乙烯在管路中混合溶解，在管路中与处理好的丁二烯混合。然后与乳化剂混合液（乳化剂、去离子水）在管路中混合后进入冷却器，冷却至 10℃。再与活化剂溶液（还原剂、螯合剂等）混合，从第一个釜的底部进入聚合系统，氧化剂直接从第一个釜的底部进入。

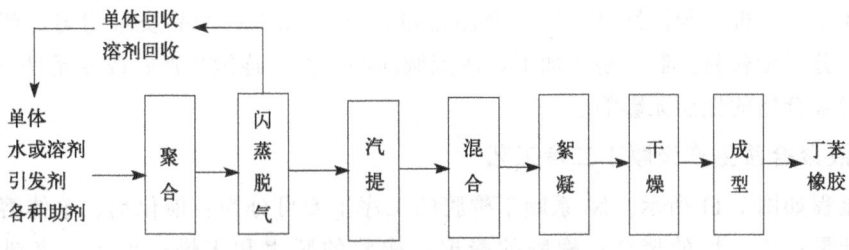

图 7-10　低温乳液聚合生产丁苯橡胶工艺流程简图

聚合系统由 8～12 台聚合釜组成，采用串联方式操作。当聚合达到规定转化率后，通过加入终止剂终止反应。聚合反应的终点主要根据门尼黏度和单体转化率来控制，转化率是根据取样测定固体含量来计算，门尼黏度由取样测定来确定。生产中转化率通常控制在 60% 左右。

从终止釜流出的胶乳液进入缓冲罐。然后经过两个不同真空度的闪蒸器回收未反应的丁二烯。回收的丁二烯经压缩液化，再冷凝除去惰性气体后循环使用。脱除丁二烯的胶乳液进入苯乙烯汽提塔上部，塔底用蒸汽直接加热，苯乙烯与水蒸气由塔顶出来，经冷凝后，分离水和苯乙烯，苯乙烯循环使用。塔底得到含胶 20% 左右的胶乳，苯乙烯含量 <0.1%。胶乳进入混合槽，在此与计量的防老剂进行混合，经搅拌混合均匀后，送入后处理工段。

混合好的乳胶用泵送到絮凝器槽中，加入食盐水进行破乳，形成浆状物，然后与一定浓度的稀硫酸混合后连续流入胶粒化槽，在剧烈搅拌下生成胶粒，溢流到转化槽，完成乳化剂转化为游离酸的过程。

从转化槽中溢流出来的胶粒和清浆液经振动筛进行过滤分离后，湿胶粒进入洗涤槽用清浆液和清水进行洗涤。洗涤后的胶粒再经真空旋转过滤器脱除一部分水分，使胶粒含水低于 20%，然后进入湿粉碎机粉碎成 5～50mm 的胶粒，用空气输送器送到干燥箱中进行干燥。干燥至含水量低于 0.1%，然后经称量、压块、检测后包装得成品丁苯橡胶。

## 三、顺丁橡胶

顺丁橡胶（BR）即聚丁二烯橡胶，是 1，3-丁二烯单体在齐格勒催化剂体系的作用下，溶液聚合而制成的系列聚合物。顺丁橡胶是仅次于丁苯橡胶的世界第二大通用合成橡胶。顺丁橡胶的主要特点是具有优异的耐磨耗性、耐屈挠性、回弹性，滞后损失小，生热低，耐低温性能好。其缺点是撕裂强度比较低，抗湿滑性能差。其生橡胶有冷流现象，硫化时易于流动，特别适用于注压和注射成形。该橡胶主要用于轮胎制造，用其制造的轮胎胎面，在苛刻的行驶条件下（如高速、路况差、气温低等），可以显著改善耐磨损性能，提高轮胎的使用寿命。此外，还可以用来制造其他耐磨制品（如胶鞋、胶带、胶辊等）以及各种耐寒性要求较高的橡胶制品。

目前世界上生产顺丁橡胶大部分采用溶液聚合法。

### 1. 生产原理

丁二烯聚合反应的机理属于连锁聚合反应，遵循链引发、链增长、链终止及链转移等基元反应机理。其总反应式为：

$$n\text{CH}_2=\text{CH}-\text{CH}=\text{CH}_2 \longrightarrow \text{[CH}_2-\text{CH}=\text{CH}-\text{CH}_2\text{]}_n$$

生产采用的催化剂主要有 Ni 系、Ti 系、Co 系、Li 系等。国内工业上主要采用的是 Ni 系催化剂体系，该催化剂活性高；顺式产品含量在 97% 以上；产品质量均匀，产物的力学性能较好，分子量较易控制，易于加工，冷流倾向小，便于连续生产；改变条件（温度，单体浓度）对聚合物的性能无影响。

### 2. 溶液聚合法生产聚顺丁二烯工艺

工艺流程如图 7-11 所示。Ni 系顺丁橡胶的工序主要可分为：催化剂、单体溶液和助剂的配制与计量；丁二烯的聚合；橡胶的凝聚；橡胶的脱水和干燥；单体、溶剂的回收和精制。

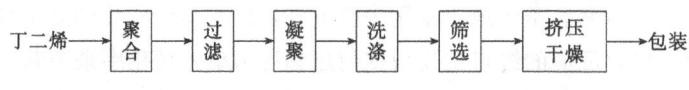

图 7-11　溶液聚合法生产聚顺丁二烯工艺流程简图

丁二烯经流量控制阀控制合适流量，入文氏管与溶剂油进行混合，再进入预热器（预冷器）进行换热，控制一定入釜温度。主引发剂镍组分和助引发剂铝组分分别由镍计量泵和铝计量泵送出，经铝-镍文氏管混合后，与出预热器（预冷器）的丁油溶液混合。第三组分硼组分由硼计量泵送出与稀释油经文氏管混合后，在釜底与丁油混合进入首釜。丁油溶液在聚合釜中，发生聚合反应，生成高分子量的聚丁二烯。

首釜胶液自釜顶流出，由第二釜釜底进入第二釜继续进行反应；再从第二釜的釜顶流出，由第三釜釜底进入第三釜继续进行反应；由第三釜的釜顶流出，进入第四釜继续进行反应；当达到一定黏度和转化率后，在第四釜的出口管线（终止釜的入口管线）与终止剂一起由终止釜釜底进入终止釜进行终止处理；最后，胶液从终止釜顶流出，经胶液过滤器和压力控制阀进入成品工段凝聚岗的胶液罐。

终止处理后的胶液进入胶液罐后，部分未转化的丁二烯经罐顶压控调节阀，盐水冷凝冷却器，进入丁二烯贮罐，再送至丁二烯回收罐区。胶液在罐中根据黏度高低进行相互混配合格后，经过胶液泵送往凝聚岗。

合格胶液被喷到凝聚釜内，在热水、机械搅拌和蒸汽加热的作用下，进行充分凝聚形成颗粒，并蒸出溶剂油和少量丁二烯。釜顶被蒸发的气体经过两个并联的循环水冷凝器冷却，冷凝物进入油水分离器进行油水分离，溶剂油用油泵送往溶剂回收罐区，水经油水分离罐底部经二次净化分离罐排入地沟。釜底胶粒和循环热水经颗粒泵送入洗胶岗的缓冲罐，再经1号振动筛分离出胶粒送至洗胶罐。

在洗胶罐中，用40～60℃的水对胶粒进行洗涤，经洗涤的胶粒和水由2号振动筛进行分离，并将含水40%～60%的胶粒送往挤压干燥工序。

通过挤压机挤压将胶粒含水量降到8%～15%，然后，切成条状进入膨胀干燥机加热、加压，除去胶粒中的绝大部分水分，再送入干燥箱干燥，使胶粒的含水量达到0.75%以下。

干燥合格后的胶条经提升机送入自动称量秤进行称量压块。压好的胶块用薄膜包好后装入纸袋封好入库。

## 进度检查

**一、填空题**

1. 生产丁苯橡胶的原料包括_____和_____。
2. 应用较广的通用橡胶是_____和_____。

**二、简答题**

1. 简述合成橡胶的分类。
2. 通用合成橡胶的主要用途是什么？

## 参考文献

[1]　张荣.工业化学.2版.北京:化学工业出版社,2011.
[2]　彭德萍,陈忠林.化工单元操作及过程.北京:化学工业出版社,2014.
[3]　张述伟.化工单元操作及工艺过程实践.大连:大连理工大学出版社,2015.
[4]　窦锦民.有机化工工艺.北京:化学工业出版社,2006.
[5]　颜鑫.无机化工生产技术与操作.3版.北京:化学工业出版社,2021.
[6]　郑广俭,张志华.无机化工生产技术.2版.北京:化学工业出版社,2010.
[7]　李峰.甲醇及下游产品.北京:化学工业出版社,2008.
[8]　张荣,张晓东.危险化学品安全技术.北京:化学工业出版社,2009.
[9]　揭芳芳,曹子英.精细化工生产技术.北京:化学工业出版社,2015.
[10]　薛叙明.精细有机合成技术.2版.北京:化学工业出版社,2010.
[11]　梁凤凯,舒均杰.有机化工生产技术.2版.北京:化学工业出版社,2011.
[12]　贺小兰.有机化工生产技术.北京:化学工业出版社,2014.
[13]　中国石油和石化工程研究会.合成橡胶.3版.北京:中国石化出版社,2012.
[14]　钱立军,王澜.高分子材料.北京:中国轻工业出版社,2020.